高等院校网络与
新媒体新形态系列教材

剪映

短视频剪辑与运营 全能一本通

何叶 官培财◎主编
夏金弟 杨金 苏海颜◎副主编

Capcut Short Video
Clip and Operation

人民邮电出版社
北京

图书在版编目（CIP）数据

剪映短视频剪辑与运营全能一本通 : 微课版 / 何叶，官培财主编. -- 北京 : 人民邮电出版社，2023.1（2024.1 重印）
高等院校网络与新媒体新形态系列教材
ISBN 978-7-115-59984-1

Ⅰ. ①剪… Ⅱ. ①何… ②官… Ⅲ. ①视频编辑软件－高等学校－教材 Ⅳ. ①TN94

中国版本图书馆CIP数据核字(2022)第163694号

内 容 提 要

本书从短视频创作的基础理论出发，由浅入深，系统、全面地介绍了短视频的前期拍摄、后期制作和平台运营，以及使用剪映软件剪辑短视频的方法和技巧。全书共 9 章，具体包括短视频概述，手机拍摄短视频的前期准备，素材的剪辑与处理，短视频的后期调整，制作短视频字幕，短视频音频的应用，短视频画面的优化处理，短视频的发布与共享，短视频的运营、推广与变现等内容。

本书提供 PPT 课件、教学大纲、电子教案、参考答案、素材文件等资源，授课教师可登录人邮教育社区免费下载。

本书适合作为影视编辑、新媒体等专业的课程教材，也可作为从事短视频或摄影摄像等工作的人员的培训教材和参考用书。

◆ 主　　编　何　叶　官培财
副 主 编　夏金弟　杨　金　苏海颜
责任编辑　孙燕燕
责任印制　李　东　胡　南

◆ 人民邮电出版社出版发行　　北京市丰台区成寿寺路 11 号
邮编　100164　　电子邮件　315@ptpress.com.cn
网址　https://www.ptpress.com.cn
雅迪云印（天津）科技有限公司印刷

◆ 开本：700×1000　1/16
印张：14.75　　2023 年 1 月第 1 版
字数：329 千字　　2024 年 1 月天津第 4 次印刷

定价：69.80 元

读者服务热线：(010)81055256　印装质量热线：(010)81055316
反盗版热线：(010)81055315
广告经营许可证：京东市监广登字 20170147 号

前言

Preface

伴随着移动互联网的飞速发展，社交、电商等领域的企业纷纷开始采用短视频作为内容的展现方式，他们希望通过短视频的方式进行推广和营销。短视频具有年轻化、去中心化的特点，它使每一个人都有可能成为主角，符合当下年轻人彰显自我和追求个性的特点，因此，短视频深受年轻人的欢迎。

短视频行业的快速发展也使社会对短视频策划、剪辑等人才的需求增加，一些院校纷纷开始开设相关专业或课程。同时，党的二十大报告也明确了“坚持科技是第一生产力、人才是第一资源、创新是第一动力”等战略，为了紧跟日新月异的短视频行业，落实国家发展战略方针，培养精准对接市场需求的全面型短视频人才，满足当前企业的需求，我们编写了本书。

本书具有如下特点。

1. 强化应用，注重技能

本书立足于短视频创作的实际应用，从短视频的前期拍摄，到短视频的后期制作，再到短视频的平台运营，全面系统地讲解了短视频创作的全过程。全书内容由浅入深，介绍了剪映的相关应用，突出“以应用为主线，以技能为核心”的编写特点，体现了“知行合一”的教学思想。

2. 案例主导，实操性强

本书囊括了大量短视频创作的精彩案例，并详细介绍了案例的操作过程与方法，使读者能够通过案例演练来加深对所学知识的理解，真正获得举一反三的学习效果。

3. 图解教学，应用性强

本书采用图文结合的方式进行讲解，操作明晰，使读者能够更加直观地理解相关理论知识，更加快速地掌握短视频的制作方法与技巧。

前言

Preface

4. 立德树人，提高个人素养

本书中精心设置了“素养提升”模块，其内容融入了文化传承、职业道德、正确的设计理念等元素，有利于提高读者的个人素养。

5. 资源丰富，支持教学

本书提供丰富的教学案例、视频制作素材、教学大纲、PPT、电子教案等立体化教学资源，授课教师可登录人邮教育社区（www.ryjiaoyu.com）免费下载。

本书由何叶、官培财担任主编，夏金弟、杨金、苏海颜担任副主编。在编写本书的过程中，编者参考了国内多位专家、学者的著作和文献，也参考了许多同行的相关教材和案例资料，在此对他们表示崇高的敬意和衷心的感谢。

编　者

目录

Contents

第1章　短视频概述 1

【学习目标】 1

1.1　初识短视频 2

1.1.1　短视频的定义 2

1.1.2　短视频的特点 2

1.1.3　短视频的发展态势 2

1.2　常见的短视频内容类型 5

1.2.1　吐槽搞笑类 5

1.2.2　知识技能类 5

1.2.3　时尚美妆类 5

1.2.4　街头采访类 6

1.2.5　电影解说类 7

1.3　短视频创作和发布的一般流程 7

1.3.1　组建团队 7

1.3.2　策划剧本 8

1.3.3　开始拍摄 8

1.3.4　剪辑包装 9

1.3.5　上传发布 9

1.4　习题 10

1.4.1　课堂练习——分析常见短视频内容类型的具体案例 10

1.4.2　课后习题——制作短视频创作和发布流程的思维导图 11

第2章　手机拍摄短视频的前期准备 12

【学习目标】 12

2.1　拍摄设备的选择 13

2.1.1　手机 13

2.1.2　自拍杆 13

2.1.3　拍摄支架及三脚架 14

2.1.4　手机云台 16

2.1.5　手机外接镜头 17

2.1.6　音频设备 17

2.2　了解对焦与分辨率 20

2.2.1　什么是对焦 20

2.2.2　进行手机的对焦拍摄 21

2.2.3　什么是分辨率 23

2.2.4　实训：设置视频拍摄的分辨率 24

2.3　短视频的拍摄技巧 25

2.3.1　运镜的基本手法 25

2.3.2　拍摄构图的方法 27

2.3.3　拍摄画幅的设置 31

2.3.4　拍摄稳定画面的技巧 34

2.4　剪映快速入门 35

2.4.1　剪映的功能 35

2.4.2　认识剪映的主界面 37

2.4.3　使用抖音账号登录剪映并查看模板作品 39

目录

Contents

2.5 习题 ……41

2.5.1 课堂练习——使用“录屏”功能录制视频素材 ……41

2.5.2 课后习题——使用“图文成片”功能生成文字短视频 ……42

第3章 素材的剪辑与处理 …43

【学习目标】 ……43

3.1 素材的基本处理 ……44

3.1.1 添加素材 ……44

3.1.2 分割素材 ……48

3.1.3 调整素材时长 ……48

3.1.4 调整素材顺序 ……50

3.1.5 调整素材所处的时间点 …50

3.1.6 实现视频变速 ……51

3.1.7 调整画幅比例 ……53

3.1.8 复制与删除素材 ……55

3.1.9 替换素材 ……56

3.2 视频画面的基本调整 ……56

3.2.1 手动调整画面大小 ……57

3.2.2 旋转画面 ……57

3.2.3 镜像画面 ……58

3.2.4 裁剪画面 ……59

3.2.5 定格视频画面 ……62

3.3 视频画面的美化调整 ……63

3.3.1 调整画面的混合模式 ……63

3.3.2 为画面添加动画效果 ……64

3.3.3 剪映的“画中画”功能…65

3.3.4 实训：使用“画中画”功能制作穿越效果视频 ……66

3.3.5 添加与设置背景画布 ……67

3.4 视频的设置与管理 ……69

3.4.1 设置视频分辨率 ……69

3.4.2 添加与删除片尾 ……70

3.4.3 去除剪映水印 ……71

3.4.4 管理剪辑和模板草稿 ……72

3.5 习题 ……73

3.5.1 课堂练习——制作简单的幻灯片视频 ……73

3.5.2 课后习题——合成拍立得效果 ……74

第4章 短视频的后期调整 ……75

【学习目标】 ……75

4.1 视频画面调色 ……76

4.1.1 视频滤镜的应用 ……76

4.1.2 画面色彩调节选项 ……78

4.1.3 实训：风景视频调色 ……79

4.2 认识剪映素材库 ……81

4.2.1 常用的素材类别 ……82

4.2.2 实训：绿幕素材的具体应用 ……84

目录

Contents

4.3 添加视频转场效果 …… 86

4.3.1 常用的转场类别 …… 87

4.3.2 实训：制作音乐卡点转场视频 …… 89

4.4 蒙版的添加与应用 …… 93

4.4.1 添加蒙版 …… 93

4.4.2 移动蒙版 …… 94

4.4.3 调整蒙版大小 …… 95

4.4.4 旋转蒙版 …… 95

4.4.5 蒙版的羽化和反转 …… 95

4.4.6 实训：利用蒙版创作特效短视频 …… 96

4.5 习题 …… 99

4.5.1 课堂练习——进行视频调色 …… 99

4.5.2 课后习题——制作蒙版卡点视频 …… 99

第5章 制作短视频字幕 …… 100

【学习目标】 …… 100

5.1 字幕的运用技巧 …… 101

5.1.1 认真选择字幕的颜色 …… 101

5.1.2 注重字幕的背景 …… 101

5.1.3 认真设计和选择字幕的呈现方式 …… 101

5.1.4 灵活调整字幕的排列方式及位置 …… 102

5.2 字幕的创建及调整 …… 103

5.2.1 添加基本字幕 …… 103

5.2.2 调整字幕形式 …… 104

5.2.3 实训：制作文字粒子消散效果 …… 104

5.2.4 调整字幕大小及位置 …… 106

5.2.5 花字及气泡效果 …… 107

5.2.6 实训：在视频中添加花字 …… 108

5.3 为字幕添加动画效果 …… 111

5.3.1 添加入场动画 …… 111

5.3.2 添加出场动画 …… 111

5.3.3 添加循环动画 …… 112

5.3.4 实训：设置字幕的滚动动画 …… 112

5.4 字幕的特殊应用 …… 115

5.4.1 识别字幕 …… 115

5.4.2 实训：利用“识别字幕”功能快速生成字幕 …… 116

5.4.3 识别歌词 …… 120

5.5 习题 …… 122

5.5.1 课堂练习——给视频添加歌词 …… 122

5.5.2 课后习题——给片尾视频添加滚动字幕 …… 122

第6章 短视频音频的应用 …… 123

【学习目标】 …… 123

目录

Contents

6.1 认识剪映音乐素材库 …… 124

6.1.1 在音乐素材库中选取音乐 …… 124

6.1.2 添加抖音热门音乐 …… 125

6.1.3 实训：调用抖音中收藏的音乐 …… 126

6.1.4 导入本地音乐 …… 129

6.1.5 提取视频中的音乐 …… 129

6.1.6 录制音频素材 …… 130

6.2 音频素材的处理 …… 132

6.2.1 添加音效 …… 132

6.2.2 分割音频素材 …… 133

6.2.3 调节音量 …… 133

6.2.4 对视频进行静音处理 …… 134

6.2.5 音频的淡化处理 …… 135

6.2.6 实训：淡化音乐 …… 135

6.2.7 复制和删除音频素材 …… 139

6.2.8 对视频进行降噪处理 …… 140

6.3 对音频素材进行变声处理 …… 141

6.3.1 使用“变速”功能 …… 142

6.3.2 实训：对短视频音频进行变速处理 …… 142

6.3.3 使用“变声”功能 …… 144

6.4 音乐的踩点操作 …… 145

6.4.1 卡点视频的分类 …… 145

6.4.2 音乐手动踩点 …… 145

6.4.3 实训：手动踩点制作卡点视频 …… 146

6.4.4 音乐自动踩点 …… 152

6.5 习题 …… 153

6.5.1 课堂练习——为短视频录制一段旁白 …… 153

6.5.2 课后习题——为短视频添加趣味背景音效 …… 154

第7章 短视频画面的优化处理 …… 155

【学习目标】 …… 155

7.1 为视频添加趣味贴纸 …… 156

7.1.1 添加自定义贴纸 …… 156

7.1.2 实训：添加自定义卡通贴纸 …… 157

7.1.3 添加普通贴纸 …… 160

7.1.4 添加特效贴纸 …… 161

7.2 短视频动画特效的应用 …… 162

7.2.1 短视频动画特效的类型 …… 162

7.2.2 添加与删除动画特效 …… 163

7.2.3 实训：制作热门三分屏视频 …… 164

7.2.4 关键帧的创建与应用 …… 167

7.2.5 实训：创建关键帧动画效果 …… 168

7.3 利用特殊功能实现特殊效果 …… 173

7.3.1 智能抠像 …… 173

7.3.2 实训：运用“智能抠像”功能快速抠出画面人物 …… 174

7.3.3 美颜美体 …… 176

目录

Contents

7.3.4 色度抠图 ······177

7.3.5 短视频的创意玩法 ······178

7.3.6 实训：利用“抖音玩法”功能制作大头特效 ······178

7.4 特效模板的应用 ······181

7.4.1 “剪同款”功能的介绍 ······181

7.4.2 搜索及收藏短视频模板 ······183

7.4.3 实训：利用“剪同款”功能制作漫画变脸效果视频 ······185

7.5 习题 ······186

7.5.1 课堂练习——制作老照片修复短视频 ······186

7.5.2 课后习题——制作时尚大片效果短视频 ······187

第8章 短视频的发布与共享 ······188

【学习目标】······188

8.1 常用的短视频发布平台 ······189

8.1.1 抖音——记录美好生活 ······189

8.1.2 快手——拥抱每一种生活 ······191

8.1.3 西瓜视频——点亮对生活的好奇心 ······192

8.1.4 微信视频号——人人皆可创作 ······194

8.1.5 微博视频号——微博内容运营助手 ······195

8.1.6 好看视频——轻松有收获 ······196

8.1.7 小红书——标记你的生活 ······198

8.1.8 哔哩哔哩——你感兴趣的视频都在B站 ······199

8.2 发布短视频时需要注意的要点 ······200

8.2.1 掌握发布短视频需遵守的规则 ······201

8.2.2 发布短视频应该掌握的技巧 ······202

8.3 习题 ······204

8.3.1 课堂练习——将短视频发布到抖音 ······204

8.3.2 课后习题——将短视频发布到哔哩哔哩 ······205

第9章 短视频的运营、推广与变现 ······207

【学习目标】······207

9.1 短视频运营平台的选择 ······208

9.1.1 了解各个平台的运营推广情况 ······208

目录

Contents

9.1.2 结合自身情况选择合适的平台……209

9.2 用户运营与推广……209

9.2.1 了解流量的原理……210

9.2.2 增加账号及内容曝光量……211

9.2.3 提高粉丝黏度……213

9.3 数据运营与推广……215

9.3.1 明确数据分析的意义……215

9.3.2 数据分析的关键指标……216

9.3.3 获取数据并实现运营……216

9.4 短视频运营变现的常见模式……218

9.4.1 广告变现模式……219

9.4.2 电商变现模式……220

9.4.3 粉丝变现模式……222

9.4.4 其他变现模式……224

9.5 习题……226

9.5.1 课堂练习——概述短视频变现的几种常见模式，并用抖音达人账号举例说明……226

9.5.2 课后习题——选择一个快手达人账号进行运营分析……226

第 1 章 短视频概述

短视频即短片视频，是一种新兴的互联网内容传播方式，它是随着新媒体行业的不断发展应运而生的。短视频与传统的视频不同，它具备生产流程简单、制作门槛低和参与性强等特点，因此深受视频爱好者及新媒体创业者的青睐。

本章将为读者详细介绍短视频的基础知识，帮助读者快速了解短视频这一新兴的视频形式，为之后读者学习短视频的拍摄与制作奠定良好的基础。

【学习目标】

- 掌握短视频的定义和特点。
- 掌握短视频的发展态势。
- 掌握短视频的常见内容类型。
- 掌握短视频创作和发布的一般流程。

1.1 初识短视频

短视频作为一种影音结合体，能够给人带来较为直观的感受，它利用用户的碎片化时间，极大地满足了用户获取信息和休闲娱乐的需求。

↘ 1.1.1 短视频的定义

单从名字，我们可以得知短视频的内容比较精简、时长较短。它作为互联网内容的一种新型传播模式，掀起了一股热潮。我们通常将播放时长在5分钟以内的视频统称为短视频。

随着智能手机和4G、5G网络的普及，时长短、互动性强的短视频逐渐获得各大平台、用户等的青睐。

↘ 1.1.2 短视频的特点

通常来说，短视频具备以下几个特点。

1. 制作门槛低

以前的视频制作是一项需要细致分工的团队工作，个人难以完成，但短视频的制作门槛低，用户不需要经过专业训练就可以上手。对于短视频创作者而言，短视频的内容无论是几十秒的生活小片段或几分钟的小技能介绍，还是一个简短的自拍视频，都可以轻松制作，并且只要平台审核通过后都可以发布。

2. 视频时长短

短视频时长相比传统视频要短，基本在5分钟以内。因此短视频的整体节奏较快，内容一般都比较紧凑。

3. 内容生活化

短视频的内容五花八门，大多贴近日常生活，用户可以选择自己感兴趣的内容观看。短视频通过记录生活中的琐碎片段，或是传递生活中实用、有趣的内容，可以让用户更有代入感，也更愿意利用休闲时间去观看。

4. 易于传播分享

随着短视频的大热，越来越多的平台开始重视短视频领域，类似抖音、快手这类专注于短视频的App日益增多。这些短视频App不仅具备丰富的编辑功能，还支持短视频创作者将短视频实时分享到微信、微博等社交平台。

素养提升

中国网络视听节目服务协会在2019年发布的《网络短视频平台管理规范》中强调，网络短视频平台实行节目内容先审后播制度。平台上播出的所有短视频均应经内容审核后方可播出，包括节目的标题、简介、弹幕、评论等内容。

↘ 1.1.3 短视频的发展态势

短视频的诞生与兴起，改变了许多用户原本的生活习惯。平台及企业如果能加以利用，就能够得到更多的发展机遇。

1. 短视频成为一种新的社交语言

在过去传统的社交模式下，用户往往通过文字和图片的形式来向他人传递自己的所见所感，这种社交往往局限于熟人之间，而短视频不仅可以被分享到用户自己的社交圈，同时还支持平台的实时分享，能够将用户的社交范围扩大。

以抖音为例，用户上传了自己的短视频后，平台会在首页进行推荐。点赞量、分享量越高，即热度越高的短视频，在首页被推荐的次数会越多，从而可使越来越多的用户看到这条短视频，如图1-1所示。

图1-1

2. 促进线下场景的线上转移

短视频行业的不断发展，也促进了线下场景的线上转移。在传统行业领域必须要经过实体操作的内容也开始逐渐向虚拟过渡。这其中存在许多发展机遇与挑战，而能否抓住机遇是各个行业面临的一个严峻的考验。下面就以几个行业作为例子，来讨论短视频是如何促进线下场景向线上转移的。

（1）广告业。广告业是受短视频发展冲击较大的行业之一。传统的广告往往由广告公司为企业提供创意设计，然后制成展板等在线下进行推广。很长时间内广告在线上的推广只是对线下模式的照搬，只是把展板换成了适合在计算机或手机上观看的详情图。随着短视频的兴起，越来越多的企业开始为自己的产品或企业文化拍摄短视频，毕竟相对于图片来说，视频具有无可比拟的传播优势。

短视频可以在展示产品特点的基础上，对企业的文化、精神加以宣传，能够为企业树立更加正面的形象。原本单一形式的广告策划案，也逐渐变成了短视频脚本设计。如一条解释天猫Logo背后故事的短视频表明：天猫的Logo，其实是由一只黑猫趴在互联网的“对外窗口”上，配合红色的背景而形成的（见图1-2），这生动诠释了天猫Logo的由来。

（2）零售业。随着电商的发展，零售业受到了较大的冲击。但由于网络图片与实物可能存在一定的差异，许多购买者还是会选择线下购买的方式。由于短视频的广泛运用，商家通过短视频能全面地对产品加以展示，有效地解决了与购买者之间信息不对称的问题。

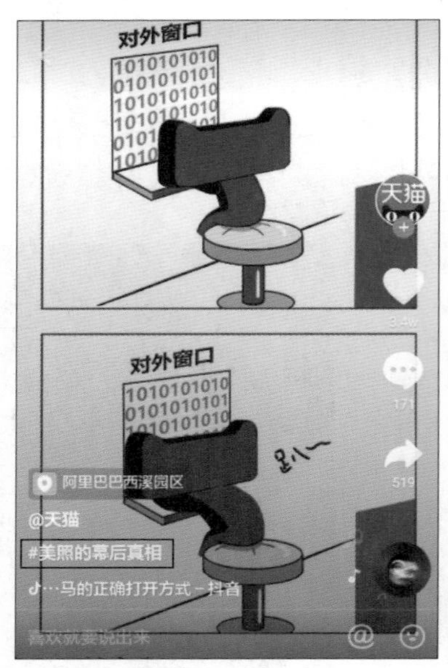

图1-2

以服装行业为例，服装行业原本非常依赖线下购货，购买者通过实体购货才能确定服装的材质以及样式是否满足自己的需求。随着短视频的发展，许多商家会雇用一些模特进行试穿，并以短视频的形式将过程记录下来，如图1-3所示，然后让购买者通过观看短视频来确定产品是否满足其需求。

图1-3

1.2 常见的短视频内容类型

随着新媒体平台的不断发展，短视频的内容越来越多元化，形式也不断更新。短视频的内容类型多种多样，不同的内容具备不同的特色，能够向用户展示出不一样的风采。下面为大家介绍几种目前比较受欢迎的短视频内容类型。

↘ 1.2.1 吐槽搞笑类

吐槽搞笑类短视频是广大用户喜闻乐见的一种短视频形式，其中“吐槽”是指在他人的话里或者某件事中，找到一个切入点进行调侃的一种行为。如果短视频中的吐槽元素使用得当，就可以为观众带来极大的乐趣。这类短视频的创作可以从日常生活入手，加入或多或少的表演成分来打造搞笑情节，一般都能获得不错的播放量，如图1-4所示。

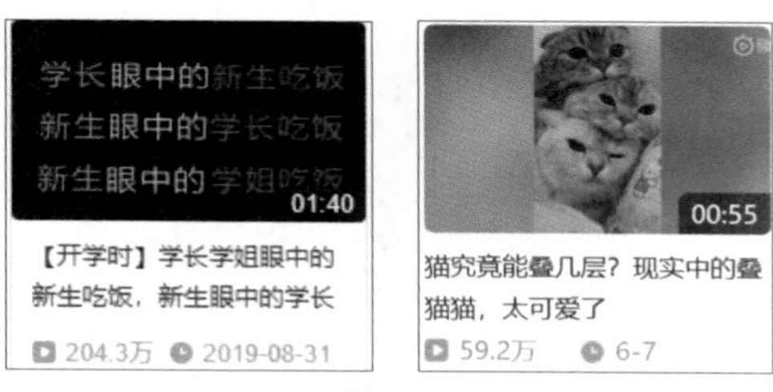

图1-4

↘ 1.2.2 知识技能类

知识技能类短视频的内容多为常识干货。这类短视频的解说清晰明了，在短时间内就能让观众学到一个小技能，这种实用性是观众所认同的，其一般能获得较多的转发与保存。常见的知识技能类短视频有两种，分别是生活小技能短视频（见图1-5）与软件小技能短视频（见图1-6）。

图1-5

图1-6

↘ 1.2.3 时尚美妆类

短视频针对的目标用户群体包括一些对美有追求和向往的女性，她们希望通过观看短视频，学习到一些实践技巧来帮助自身变美。时尚美妆类短视频的兴起体现了人们对于美的一种强烈追求的心理，这类短视频的制作者要具备一定的审美及潮流意识。这类短视频通常可以分为3种：测评类、技巧类和仿妆类，如图1-7至图1-9所示。

图1-7

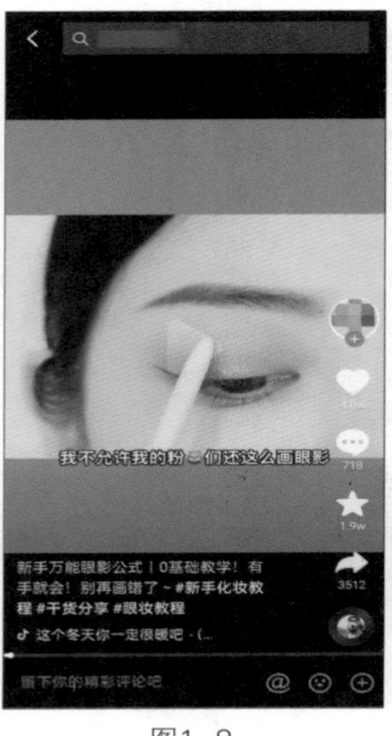

图1-8

图1-9

1.2.4 街头采访类

街头采访类短视频是时下比较热门的一种短视频形式，该类短视频除了能够利用热点内容制造话题以外，还能对商品起到很好的推广和营销作用。图1-10所示为抖音短视频平台上比较有代表性的街头采访类短视频。

图1-10

↘ 1.2.5　电影解说类

电影解说类短视频是近期流行起来的一种短视频形式，其将一部电影浓缩为几分钟的内容进行大致讲解与点评，方便观众利用碎片化时间进行观看，并对电影有一个初步了解，再以此来决定是否观看完整影片，这无疑为用户提供了便利。如今在短视频领域专注于电影解说的账号数不胜数，常见的有“独立电影解说”和“分类电影盘点”两类。

图1-11所示为抖音一电影解说账号推出的一期影评，其解说带有讽刺和搞笑的元素，个人风格十分鲜明，很容易引起观众的兴趣。图1-12所示为抖音某博主推出的一期电影盘点视频，该博主通过制作不同专题的短视频来满足不同用户的需求，每个专题都选择了大量的同类影片进行盘点。

图1-11

图1-12

1.3　短视频创作和发布的一般流程

一谈到短视频创作，很多人首先想到的是设计剧本，实际上，创作短视频首先需要组建一个团结高效的团队，只有借助众人的智慧，才能够将短视频打造得更加完美。

短视频创作流程

↘ 1.3.1　组建团队

创作和发布短视频需要做的工作很多，包括策划、拍摄、表演、剪辑、包装及运营等，可以参照图1-13。具体需要多少人员，是根据拍摄内容来决定的，一些简单的短视频即使一个人也能拍摄，如体验、测评类短视频。因此在组建团队之前，负责人员需要认真思考拍摄方向，从而确定团队需要哪些人员及为他们分配什么任务。

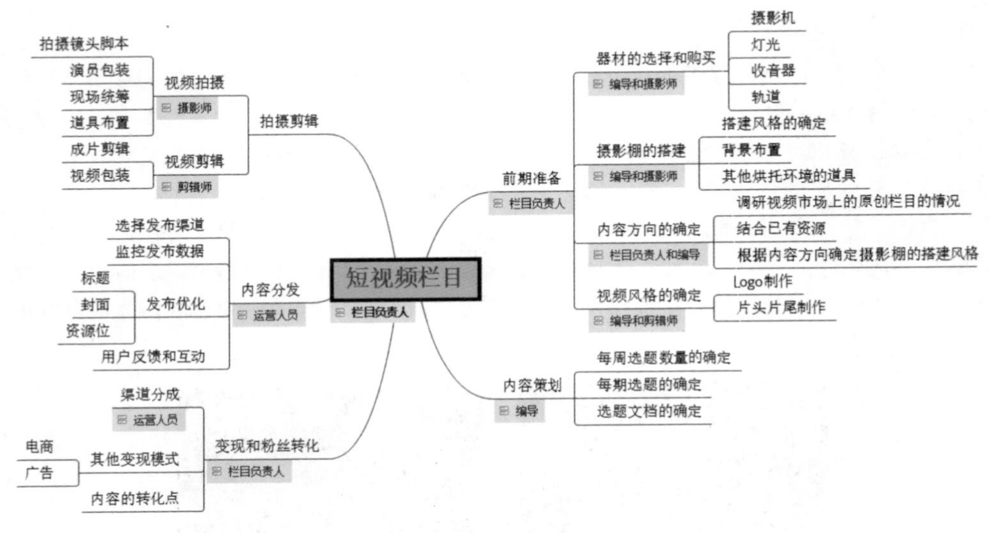

图1-13

例如，拍摄生活垂直类短视频，每周计划推出2～3集内容，每集为5分钟左右，那么团队安排4～5个人就够了，可设置编导、拍摄、剪辑及运营岗位，然后针对这些岗位进行详细的任务分配。

（1）编导：负责统筹整体工作，包括策划主题、督促拍摄、确定内容风格及方向。

（2）拍摄：主要负责视频的拍摄工作，同时还要对摄影相关的工作，如拍摄的风格及工具等进行把控。

（3）剪辑：主要负责视频的剪辑和加工工作，同时也要参与策划与拍摄工作，以便更好地打造视频效果。

（4）运营：在视频创作完成后，负责视频的推广和宣传工作。

↘ 1.3.2 策划剧本

短视频能否成功取决于内容的打造，而这与短视频的剧本有关。剧本就如同作文，需要具备主题思想、开头、中间及结尾。情节的设计就是丰富剧本的组成部分，也可以看成小说中的情节设置。一部成功的、吸引人的小说必定少不了跌宕起伏的情节，剧本也是一样的。在进行剧本策划时，短视频创作者需要注意以下两点。

（1）在剧本构思阶段，要思考什么样的情节能满足观众的需求，好的情节应当是能直击观众内心、引发强烈共鸣的。因此掌握观众的喜好是十分重要的。

（2）注意角色的定位，台词的设计要符合角色性格，并且有爆发力和内涵。

↘ 1.3.3 开始拍摄

在拍摄短视频之前，短视频创作者需要提前做好相关准备工作。例如，如果是拍摄外景，就要提前对拍摄地点进行勘察，看看哪个地方更适合拍摄。此外，短视频创作者还需要注意以下几点。

（1）根据实际情况，对策划的剧本进行润色加工，不断完善以达到最佳效果。

（2）提前安排好具体的拍摄场景，并对拍摄时间做详细的规划。

（3）确定拍摄的工具和道具等，分配好演员、摄影师等人员的工作任务，如有必要，可以提前核对一下台词等。

↘ 1.3.4　剪辑包装

对于短视频创作而言，剪辑是不可或缺的重要环节。在后期剪辑中，剪辑师需要注意素材之间的关联性，如镜头运动的关联、场景之间的关联、逻辑的关联及时间的关联等。剪辑素材时，要做到细致、有新意，使素材之间的衔接自然又不缺乏趣味性。

剪辑师在对短视频进行剪辑包装时，不仅仅要保证素材之间有较强的关联性，其他方面的补充也是必不可少的。剪辑包装短视频的主要工作包括以下几点。

（1）添加背景音乐，用于渲染视频氛围。

（2）添加特效，营造良好的画面效果，吸引观众。

（3）添加字幕，帮助观众理解视频内容，同时提升视觉体验。

↘ 1.3.5　上传发布

短视频的上传和发布渠道众多，操作也比较简单。如果是手机拍摄的短视频，那么上传和发布就更加便捷简单。以在抖音发布短视频为例，剪辑完成后，会进入视频“发布”界面，在该界面中可以输入与短视频内容相关的文案，或添加话题、提醒好友，以吸引更多人观看，设置完成后点击“发布”按钮即可上传发布，如图1-14所示。

待短视频上传成功后，短视频创作者可在动态中预览上传的短视频，并进入分享界面，将短视频同步分享到其他社交平台上，如朋友圈、QQ空间、今日头条等，如图1-15所示。

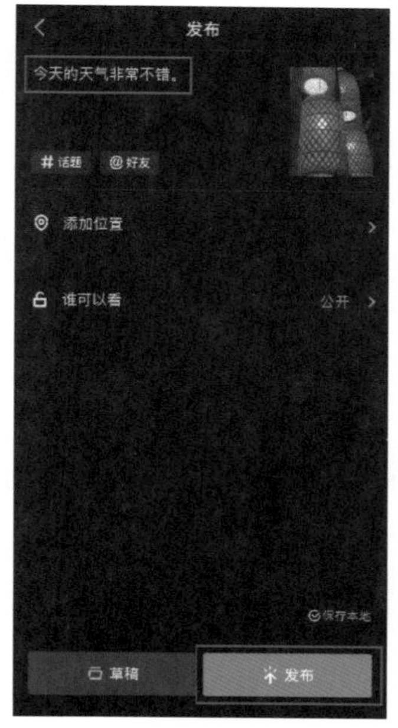

图1-14

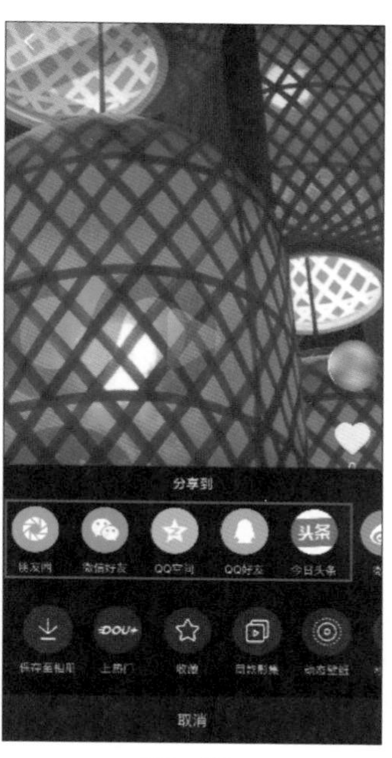

图1-15

这里以分享到微信朋友圈为例，在图1-16所示的分享界面中点击“朋友圈”按钮，短视频将会自动保存至本地相册，完成后会弹出提示框，如图1-17所示。

进入微信朋友圈，将保存至本地的视频上传，完成视频上传后，短视频创作者可在动态发布界面输入文字或提醒好友查看，最后点击界面右上角的“发表”按钮即可，如图1-17所示。

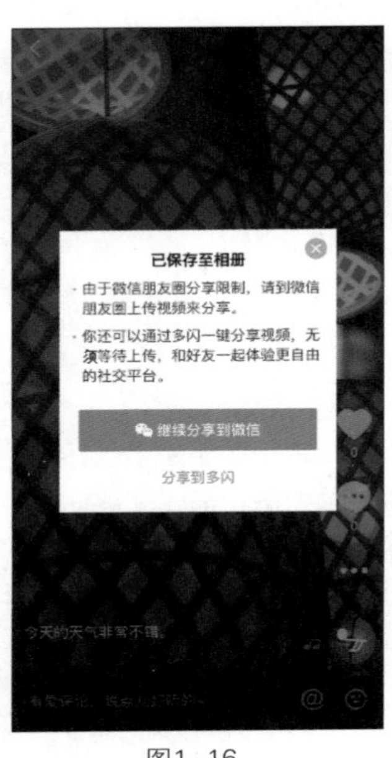

图1-16

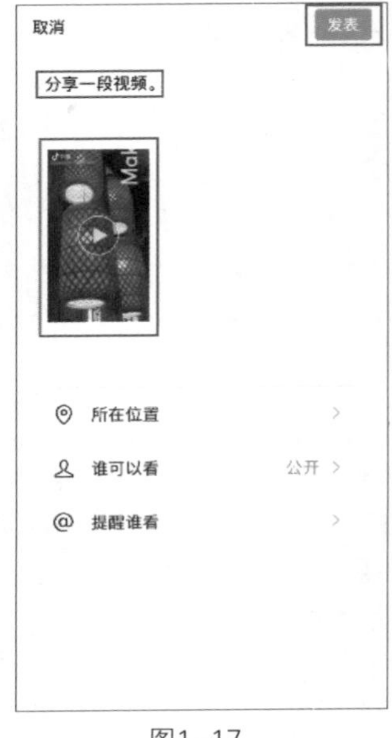

图1-17

短视频在专业平台上的上传发布还是很方便的，只需要点击几下即可。如果希望自己创作的内容被更多人发现、欣赏，短视频创作者就要学会“广撒网”，在渠道上多下功夫。

高手秘技

短视频创作者在发布视频时，需要注意选择合适的时间段。一般而言，早上7～9点、中午12～13点、下午18～19点、晚上21～22点是发布视频的黄金时间段。

1.4 习题

1.4.1 课堂练习——分析常见短视频内容类型的具体案例

1. 任务

列举1.2节中五大短视频内容类型的具体案例，并对不同类型短视频的主要表现形式进行分析。

2. 任务要求

数量要求：每个类型的案例不少于3个。

内容要求：每个短视频内容类型都需列举出具体案例，并对其表现形式进行具体分析。

学习要求：掌握短视频的常见内容类型。

↘ 1.4.2 课后习题——制作短视频创作和发布流程的思维导图

1. 任务

归纳短视频创作和发布的基本流程，并制作一张概括短视频创作和发布流程的思维导图。

2. 任务要求

内容要求：该图需涵盖短视频创作和发布的所有环节，以及每个环节的工作内容和负责人员。

格式要求：参考图1-13。

学习要求：熟悉短视频创作和发布的基本流程。

第 2 章 手机拍摄短视频的前期准备

如今手机已经成为大多数人生活中常用的工具，手机镜头的像素也从当初的30万像素、50万像素、100万像素，提高到现在的500万像素、800万像素，甚至是2000万像素。对于手机镜头而言，这样的像素已经完全可以拍摄短视频了。本章就为读者介绍手机拍摄短视频的前期准备工作，使其拍摄更加得心应手。

【学习目标】

- 了解拍摄设备的选择。
- 了解对焦与分辨率。
- 掌握短视频的拍摄技巧。
- 掌握剪映快速入门的相关知识。

2.1 拍摄设备的选择

短视频创作者要用手机拍摄短视频，还需要选择一些合适的辅助设备，并针对手机型号进行各项拍摄参数的设置。下面就为读者介绍使用手机拍摄短视频时常用到的一些设备。

2.1.1 手机

手机是生活中常见的拍摄器材。在最初的起步阶段，短视频创作者如果没有专业相机及相关设备，使用手机进行拍摄也是一个很好的选择。

手机十分小巧，拍摄短视频时十分便捷且操作难度较低，可以随时拍摄。现在大多数手机的镜头具有较高的清晰度与分辨率，能满足日常拍摄的需求。在光线充足的情况下，手机也可拍摄出优秀的视频。在运用手机拍摄视频素材后，短视频创作者可以直接使用手机端的剪辑软件进行视频剪辑，省去视频素材的转移步骤，方便快速出片。

素养提升

算法对于手机影像系统的作用很大。由于体积有限，手机的光学模块和传感器自然无法和专业相机相比，所以手机只能通过提高算法能力，来弥补物理光学方面的先天缺陷。我国许多手机在视频算法方面都是非常优秀的。

2.1.2 自拍杆

在拍摄自拍类短视频时，由于人的手臂长度有限，因此拍摄范围自然就有一定的限制。如果想进行全身拍摄，或者让身边的人都入镜，那就要用到一种常见的拍摄辅助工具——自拍杆。

在适合拍摄自拍类短视频的工具中，自拍杆绝对是一个不错的选择。自拍杆主要有两个优点：便宜，性价比高；操作简单，但功能强大。

自拍杆的安装比较简单，只需将手机安装在自拍杆的支架上，并调整支架下方的旋钮来固定住手机即可。支架上的夹垫通常使用软性材料制作，稳固且不伤手机，如图2-1所示。自拍杆可以分成手持式自拍杆和支架式自拍杆两类，一般来说手持式自拍杆较为常见，支架式自拍杆则相对更专业。

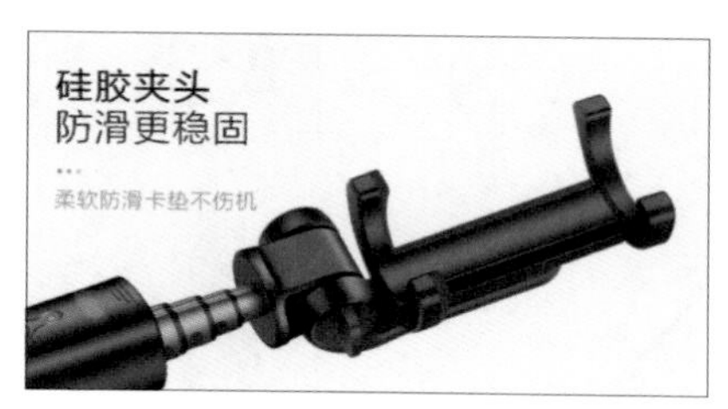

图2-1

1. 手持式自拍杆

手持式自拍杆一般分为两种，一种是线控自拍杆，如图2-2所示；另一种是蓝牙自拍杆，如图2-3所示。使用线控自拍杆时，拍摄者在拍摄视频前需将这种自拍杆上的插头插入手机上的3.5mm耳机插孔中，连接成功后就可以对手机进行遥控操作，而不需要进行软件设置。

除此之外，针对一些没有3.5mm耳机插孔的手机，市面上也有蓝牙自拍杆，其免去了烦琐的连接步骤，拍摄者只需要打开手机蓝牙，搜索蓝牙设备，这种自拍杆就会自动与手机进行配对并连接。

图2-2

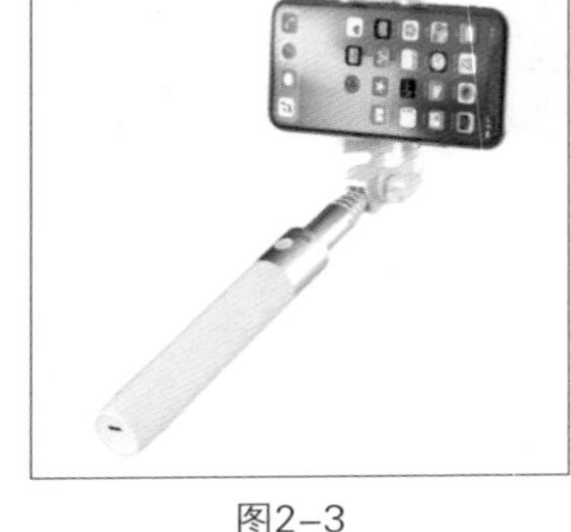

图2-3

高手秘技

蓝牙自拍杆外观简洁，使用方便，但是比较耗电；线控自拍杆不需要使用电池，不用担心使用过程中没有电，售价相对来说也较低。市面上还有线控自拍杆和蓝牙自拍杆二合一的自拍杆，其在三者之中性能最好，价格也最贵。

2. 支架式自拍杆

支架式自拍杆只能通过蓝牙遥控器进行操控，如图2-4所示。相较于手持式自拍杆，支架式自拍杆最大的优势在于它可以解放拍摄者的双手，稳定性更强，也更能保证拍摄出平稳的画面。此外，手持式自拍杆无法离开拍摄者太远，而支架式自拍杆则可完全作为第三方进行拍摄，只要在蓝牙能覆盖到的范围内，都可以进行一定距离的拍摄，如图2-5所示，给了拍摄者更多的活动空间。

图2-4

图2-5

2.1.3 拍摄支架及三脚架

无论是业余拍摄还是专业拍摄，拍摄支架和三脚架的作用都不可忽视，如图2-6和

图2-7所示。特别是在拍摄一些固定机位、特殊的大场景或进行延时拍摄时，这类辅助设备可以很好地对拍摄设备进行固定，并能帮助拍摄者更好地完成一些平移拍摄动作。

图2-6

图2-7

市面上有许多不同形态的拍摄支架和三脚架，且越来越轻便化，体积更小，更方便随身携带，便于随时使用。

在常规的拍摄支架和三脚架的基础上，甚至衍生出了一些创意工具，如壁虎支架。这类支架除了继承了普通拍摄支架的稳定性之外，其特殊的材质使其能随意变化形态，因此可以攀附固定在诸如汽车后视镜、栏杆等物件上，如图2-8和图2-9所示，从而让拍摄者获得独特的镜头视角。

图2-8

图2-9

目前还有一些拍摄支架和三脚架支持安装补光灯、机位架等配件，可以满足更多场景和镜头的拍摄需求，如图2-10所示。

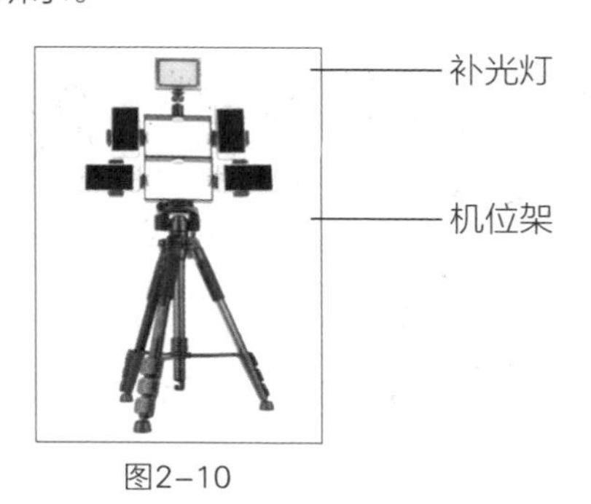

图2-10

2.1.4 手机云台

在手持拍摄中，最重要的就是保持画面的稳定性，这也是最容易区分专业和业余拍摄者的指标之一。如果画面的抖动幅度比较大，视频观看起来会很不舒服。虽然现在很多手机都具备防抖功能，手机厂商们也希望通过五轴防抖、电子防抖、OIS光学防抖等技术来提高手机的防抖性能，然而不管是哪一种防抖技术，都不如一个手机云台管用。作为一种辅助稳定设备，手机云台通过陀螺仪来检测设备的抖动情况，并用3个电机来抵消抖动。图2-11所示为大疆灵眸Osmo Mobile 2防抖三轴手机云台。

图2-11

三轴手机云台可以很好地消除运动产生的细微颠簸和抖动，确保画面流畅、稳定。三轴手机云台握持方便，可以适应多种场景的拍摄需求。很多从事手机短视频拍摄的人都会购买一个手机云台，而专业拍摄者的作品之所以好看，除了有创意之外，画面稳定、不抖动也是一个重要原因。

高手秘技

如前文所述，要想稳定拍摄，最好的办法还是使用手机云台。但如果受限于经济或其他原因不能使用手机云台时，则建议大家在手持拍摄时最好打开手机自带的防抖功能，同时尽量横持手机进行拍摄，如图2-12所示，这样的好处就是能够双手握持手机，使机身更加稳定，减少画面的抖动。这种方法在拍摄特写、横向镜头等时尤其重要。此外，拍摄者还可以借助外部环境，将双手靠在一些固定的地方来保持稳定，如栏杆、墙壁、地面等，如图2-13所示，这样不仅能改变视频的拍摄角度，还能增强镜头的稳定性，从而让视频的拍摄效果进一步提升。

图2-12

图2-13

↘ 2.1.5　手机外接镜头

在接触了一段时间的手机拍摄后，相信大多数人都会产生这样一个疑问：为什么我拍的视频始终不如别人的好看？其实这可能与镜头有关。手机镜头是定焦镜头，由于焦距固定，因此要想将更多的元素拍进画面，或是想强化画面里近大远小的透视效果时，就无法满足需求了。这时就可以使用手机外接镜头。

手机外接镜头的作用是在手机原有的摄影功能上提升拍摄效果。目前市面上常见的手机外接镜头有广角镜头、微距镜头和鱼眼镜头，拍摄者在使用时只需将外接镜头安装在镜头夹上，然后夹在手机镜头前方即可，如图2-14所示。

图2-14

↘ 2.1.6　音频设备

对于短视频拍摄而言，声音与画面其实同等重要，很多新人容易忽略掉这一点。为了提高短视频质量，拍摄者可使用音频设备，它会对短视频的音质起到一定的提升作用，也能让之后的声音处理工作变得简单高效。

下面为大家介绍几款用手机拍摄短视频时常用的音频设备。

1. 线控耳机

线控耳机是大家在日常拍摄时常用的音频设备，如图2-15所示。拍摄者在使用时只需要将其插入手机的耳机孔，就可以实时进行声音的传输。相较于昂贵的专业音频设备，线控耳机虽然价格较低，但音质一般，不能很好地对环境进行降噪处理。

如果是个人进行简单拍摄，对音质没有太高的要求，线控耳机是个不错的选择。此外，在进行短视频创作时，拍摄者应尽量在安静的环境下进行声音录制，话筒不宜距离嘴巴太近，以免爆音，必要的话可以尝试在话筒上贴上湿巾，这样可以有效减少噪声和爆音情况的发生。

2. 智能录音笔

智能录音笔是基于人工智能技术，集高清录音、录音转文字、同声传译、云端存储等功能于一体的智能硬件，体积较小，非常适合日常携带，如图2-16所示。

与上一代的数码录音笔相比，新一代智能录音笔最显著的特点是可以将录音实时转为文字，录音结束后即时成稿并支持分享，大大方便了后期的字幕处理工作。此外，市面上大部分智能录音笔支持OTG文件互传，或可通过App进行录音控制、文件实时上传等，非常适用于手机短视频的制作。

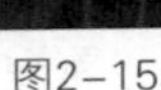

图2-15

图2-16

3. 外接话筒

手机外接话筒的优点是易携带、重量轻，与线控耳机和智能录音笔相比，音质和降噪效果会更好。使用时，拍摄者只需将外接话筒自带的3.5mm接口的连接线与手机相连，就可以轻松地拾取声音，并与画面同步。市面上的外接话筒种类众多，图2-17和图2-18所示分别为外接指向话筒和外接话筒。前者适合近距离或者在较为安静的环境下进行拾取声音；后者配有较长的音频线，声音录入者手持话筒，可以进行远距离拾取声音。

图2-17

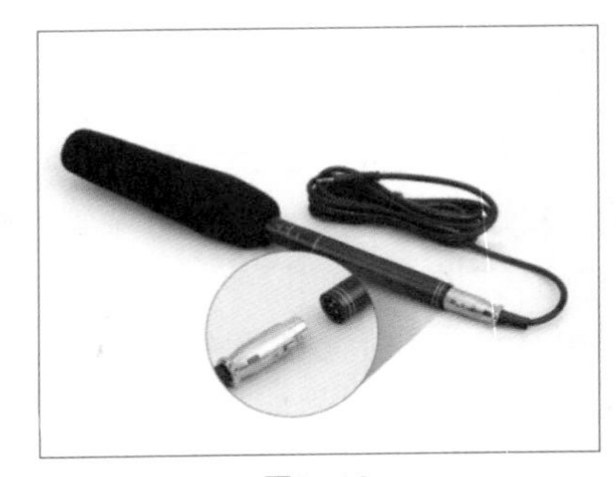

图2-18

高手秘技

单靠一支外接话筒有时无法满足拾取声音需求，拍摄者要想获得高质量的音频还需要借助一些辅助设备，如吊杆、防雨罩、减震架、防风海绵罩等，这些可以根据具体的拍摄场景进行选择。

领夹话筒适用于捕捉人物对白，分为有线领夹话筒和无线领夹话筒两种，如图2-19和图2-20所示。有线领夹话筒适用于舞台演出、场地录制、广播电视等不需要拍摄人员和设备移动的场合，而无线领夹话筒适用于同期录音、户外采访、教学讲课、促销宣传等场合。领夹话筒具有体积小、重量轻等特点，可以轻易地隐藏在衣领或外套下。

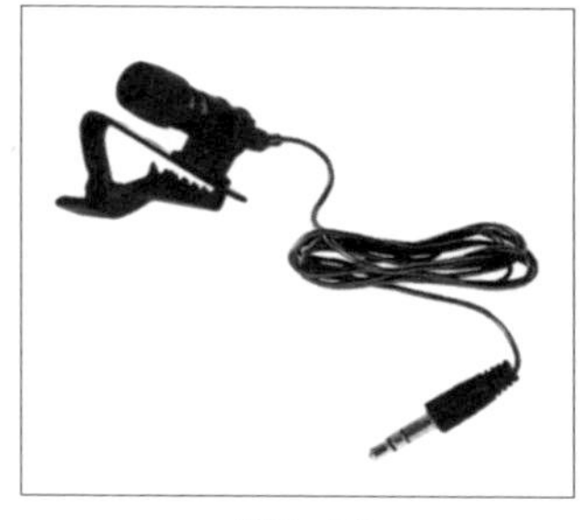

图2-19

图2-20

高手秘技

无线领夹话筒一般配备有发射器与接收器，需在有效范围内进行连接和使用。有线领夹话筒一般支持手机即插即用（须具备3.5mm耳机孔），部分情况下可搭配转接线、音频一分二转接头进行扩展使用。

无线话筒主要通过接收器与发射器传输声音信号，并且配备了独立的电源，因此可以进行长距离无线传输，如图2-21和图2-22所示。

无线话筒使用时可以接入领夹话筒，并应尽可能地将话筒靠近嘴巴，避免因距离较远或是调整音量而产生噪声。部分无线话筒带有低切功能，建议将此功能开启。

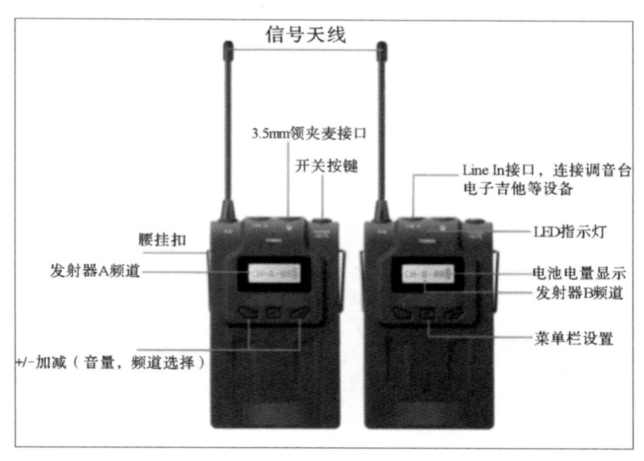

图2-21

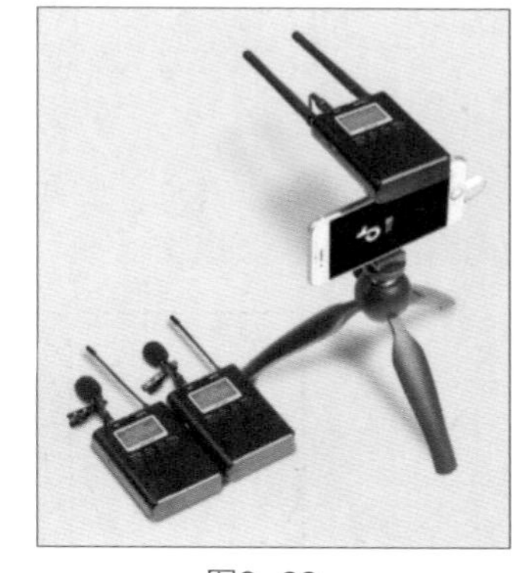

图2-22

高手秘技

低切功能可以把某一段音频过滤掉，能有效地把过大的环境噪声过滤掉，从而使人声更清晰。

外接话筒的选择非常关键，话筒质量直接影响到声音识别的质量和有效作用距离。好的外接话筒录音的频响曲线比较平整，电噪音低，可以在比较远的距离录入清晰的人声，声音还原度高。因此最好多看、多比较，根据自己的拍摄情况，选择合适的外接话筒。

2.2 了解对焦与分辨率

使用手机拍摄短视频简单可行，而且成本也不高，可以说是门槛较低的一种拍摄方式。不同的手机型号拍摄短视频的功能如分辨率等也会有差别，但总体出入不大，操作步骤也基本相同。但要想使用手机拍摄出清晰度较高的短视频，就需要先了解两个概念——对焦与分辨率。

2.2.1 什么是对焦

对焦，指的是调整镜头焦点与被拍摄对象之间的距离，对焦决定了视频画面的清晰度。在使用手机拍摄短视频时，如果未进行正确的对焦，那么整个画面将呈现一种模糊的状态，如图2-23所示。

图2-23

进行正确的对焦后，画面就会变得清晰，如图2-24所示。因此，正确对焦是保证画面清晰度的第一要素。

图2-24

拍摄者用手机拍摄视频时，除了可以对焦，还可以自由变焦，即在画面中将远处的景物拉近，然后再进行拍摄。在进行视频拍摄的过程中，采用变焦拍摄的好处就是免去了拍摄者来回走动的麻烦，拍摄者只需固定站在一处，便可以拍摄到远处的景物。

高手秘技

如果不是人为设置了对焦方式，大多数手机默认的对焦方式为自动对焦，这样在拍摄静态物体时，手机能自动调整距离从而快速找到拍摄的焦点。但在拍摄动态物体的时候，自动对焦会因为物体的动作而产生焦点的变化，因此拍摄时就会时而清晰、时而模糊。要想避免这种情况的出现，拍摄者可以在拍摄过程中关闭自动对焦功能，通过自身走位来随时调整与被拍摄对象之间的距离。

2.2.2 进行手机的对焦拍摄

手机拍摄视频时的对焦方式主要分为自动对焦和手动对焦两种。手机的自动对焦本质上是集成在手机ISP（Image Signal Processor，图像信号处理器）中的一套数据计算方法，手机会以此自动判断拍摄者所拍摄的主体。而手动对焦是拍摄者点击屏幕某处来完成该处的对焦，部分手机还可以通过设置快捷键来实现手机对焦。

下面就以iPhone X为例，为大家讲解如何进行手机的对焦拍摄。

打开手机的相机，进入拍摄界面后，切换至视频拍摄模式，我们可以看到画面中出现的黄色方框，如图2-25所示，这就是画面的对焦点。默认情况下，手机为自动对焦状态，因此在拍摄过程中，对焦点不会固定跟随某个对象，而是会随着环境与主体的变化而发生位置的改变。

图2-25

下面讲解手动对焦的方法。将镜头对准需要进行取景拍摄的地方，然后点击画面中需要对焦的位置（即主体所在的位置），便可以实现对焦，如图2-26所示。点击拍摄按钮进行拍摄，此时可以用手指轻触画面中的任意区域，改变对焦点的位置。

此外，手机的“自动曝光/自动对焦锁定”功能可以使对焦点始终固定在一个位置，从而拍摄出文艺感十足的失焦效果。以夜间拍摄灯光为例，图2-27所示为未锁定对焦点时的拍摄效果，画面表现力非常一般。

图2-26

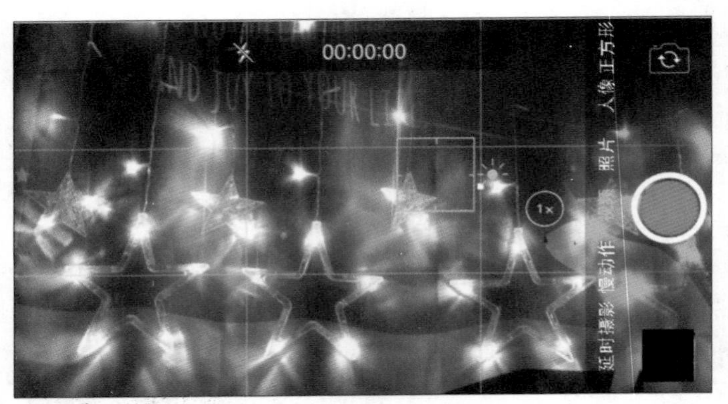

图2-27

对距离较近的物体，比如对焦手掌、衣服，然后长按手机屏幕（对焦点所在位置），在屏幕顶部将出现“自动曝光/自动对焦锁定”字样，如图2-28所示，这代表此时对焦点已被锁定。

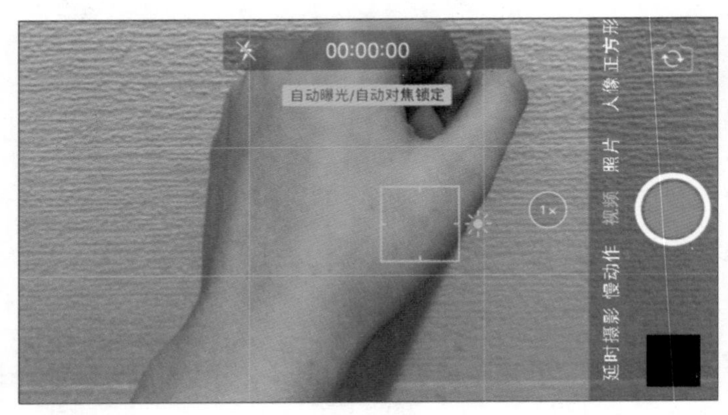

图2-28

锁定对焦点后，迅速移动手机，将镜头对准要拍摄的灯光，此时会发现镜头中的灯光呈现出虚化状态，如图2-29所示。

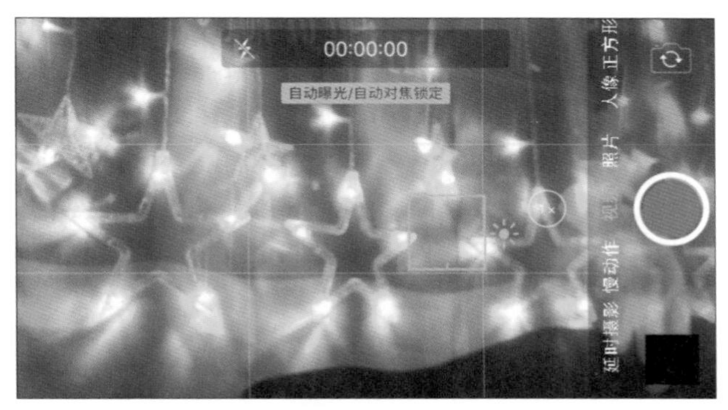

图2-29

利用上述方法，结合创意设计，拍摄者可以拍摄出各种有趣的失焦效果。

在进行对焦拍摄时，拍摄者需要注意以下几点。

（1）黄色对焦框旁的小太阳代表画面曝光，上滑可增加亮度，下滑可降低亮度。在拍摄时，对焦的部位不同，画面的亮度也会有所不同，因此务必进行正确的对焦，不要令画面过暗。

（2）在对近距离物体进行对焦时，要在有效的距离内对焦，以保证物体的清晰度。

（3）在进行失焦效果的拍摄时，对近距离物体对焦成功后，不要改变对焦点的位置（再点击屏幕其他地方）。此时调整镜头拍摄远景时，要注意时刻保持镜头的失焦状态。在上下滑动屏幕调整亮度时，动作要轻柔，避免误触再次对焦。

↘ 2.2.3　什么是分辨率

分辨率是指屏幕图像的精密度，它决定了图像细节的精细程度。通常情况下，图像的分辨率越高，所包含的像素就越多，图像就越清晰。同时，它也会增加文件占用的存储空间；而分辨率越低，所包含的像素就越少，图像就越模糊，但文件所占储存空间也会减少。

手机上的相机可以自由设置分辨率，满足各种拍摄需求。对于视频而言，我们常说的480P、720P、1080P、4K就是指视频的分辨率。拍摄者使用手机拍摄视频时也可以自己选择分辨率。分辨率越高的视频或图片所占的内存也将会越大。

1. 480P标清分辨率

480P属于比较基础的分辨率，用它拍摄的视频画质偏差，清晰度一般，占手机内存小。如果网络不太好，这个分辨率的视频也能够正常播放。

2. 720P高清分辨率

720P一般在手机中表示为HD 720P，它的分辨率为1280像素×720像素。用720P拍摄的视频，不仅比用480P拍摄的视频画质更加清晰，而且用手机观看的体验更好。

3. 1080P全高清分辨率

1080P的像素分辨率为1920像素×1080像素，在手机中表示为FHD 1080P。拍摄者用1080P拍摄的视频清晰度更高，对于画面细节的展示更加清楚，观看时对网络的要求更高。

4. 4K超高清分辨率

4K的像素分辨率为4096像素×2160像素。影院如果采用惊人的4096像素×2160像素，无论是在影院的哪个位置，用4K拍摄的视频都可以清晰地展示画面中的每一个细节和特写，色彩也非常鲜艳，能带给观众极佳的观影体验。

↘ 2.2.4 实训：设置视频拍摄的分辨率

实训：设置视频拍摄的分辨率

需要注意的是，分辨率越高，拍摄出来的视频画质就越好，但是占用的内存也会越大。以主流的1080P为例，拍摄一个1分钟的短视频所需的内存最少为100MB，如果拍摄2K或者4K的视频，所需的内存就会更大。而在实际拍摄中，拍摄者要实现预想的创意或效果，一般会拍摄多遍或多段素材，所以手机务必要预留一定的内存，以确保拍摄工作能正常进行。

手机的视频拍摄分辨率是可以自行设置的，如果觉得默认分辨率不合适，或者是占用内存过大，可以进行调整。下面以iPhone为例，为大家简单讲解视频拍摄分辨率的设置方法。

（1）进入手机的“设置”界面，下拉找到“相机”选项，如图2-30所示。

（2）点击“相机”选项，进入“相机”设置界面，在这里可以看到手机默认的视频拍摄分辨率为“1080P，30 fps”，如图2-31所示。

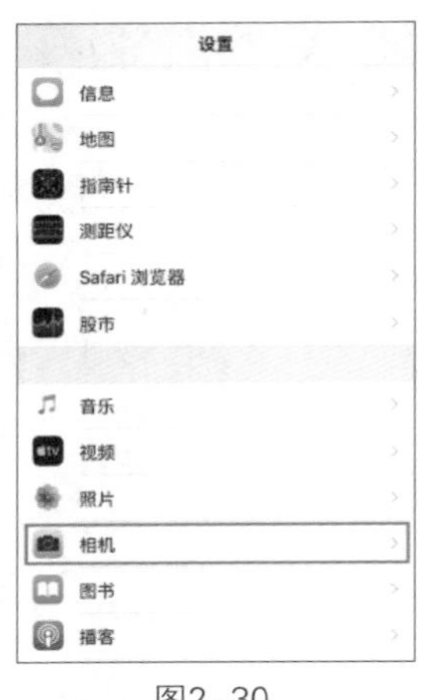

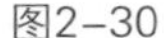

图2-30

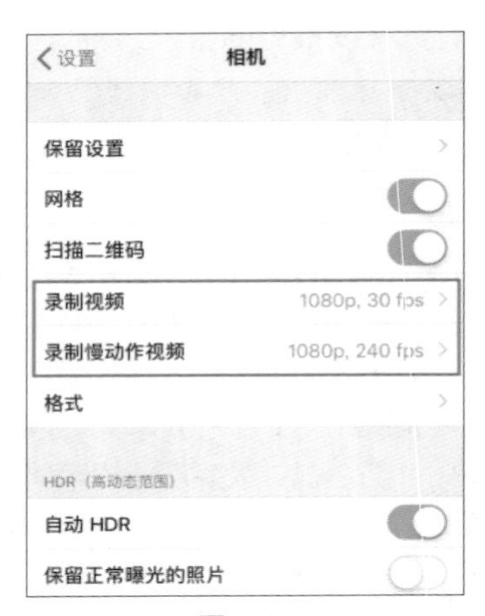

图2-31

（3）点击“录制视频”选项，进入“录制视频”设置界面，在其中可以选择不同的视频拍摄分辨率，越往下分辨率越高，所拍视频的清晰度越高；在界面下方还显示了不同选项所需的内存空间大小等详细信息，如图2-32所示。

（4）需要注意的是，如果拍摄4K超高清分辨率的视频，那么除了要在“录制视频”设置界面里选择对应分辨率选项以外，还要在“相机”设置界面对“格式”选项进行设置，将相机拍摄视频的格式设置为“高效”，如图2-33所示。

图2-32

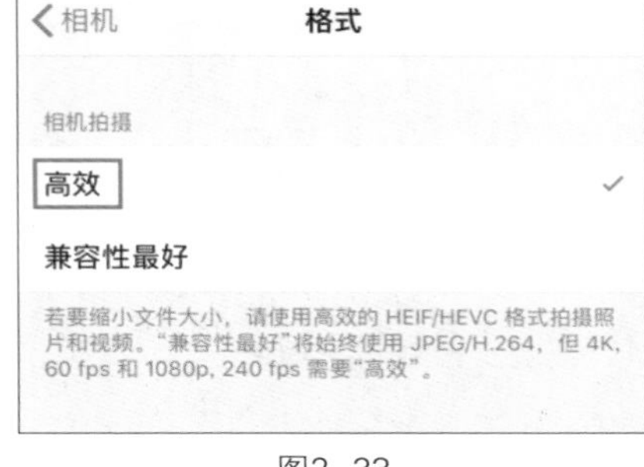

图2-33

高手秘技

市面上部分安卓系统的手机可以在视频拍摄界面中直接进行拍摄分辨率的设置。一般是在视频拍摄界面中点击齿轮形状的设置按钮，进入设置界面对拍摄分辨率进行调整。部分手机的设置方式会有所差异，大家需根据自己所用机型进行相关操作。

2.3 短视频的拍摄技巧

许多新手拍摄不出专业的视频效果，其实是方法没用对。作为一个专业的短视频拍摄者，除了要掌握拍摄设备的使用方法，还要借助拍摄技巧来达到理想的拍摄效果。本节将为大家详细介绍一些短视频拍摄的技巧及相关操作，帮助大家为之后学习短视频的拍摄与制作奠定良好的基础。

2.3.1 运镜的基本手法

运动镜头是指在一个镜头中通过移动摄像机机位，或者改变镜头光轴，或者变化镜头焦距所进行的拍摄。通过这种拍摄方式拍到的画面，称为运动画面。例如，由推、拉、摇、移、跟、升降摄像和综合运动摄像形成的推镜头、拉镜头、摇镜头、移镜头、跟镜头、升降镜头和综合运动镜头等。很多短视频都是通过不同的运动镜头，拍摄出炫酷的画面，创造出独特的视觉艺术效果。

拍摄者在拍摄短视频时，基本的运镜手法包括推、拉、摇、移，大家在平时的拍摄中或多或少都会运用到这些运镜手法。下面为大家介绍这4种基本运镜手法的相关知识点。

1. 推

推是使镜头逐渐靠近被摄主体，画面中的景物逐渐放大，如图2-34所示，推可以使观众的视线从整体转移到某一局部。推镜头可以引导观众深刻地感受角色的内心活动，非常适合表现人物情绪。

推是拍摄短视频时常用的一种运镜手法，当拍摄者需要突出主要人物、细节，或是强调整体与局部的关系时，都可以使用推镜头进行拍摄。拍摄者使用推镜头进行拍摄时，景别由远景变为全、中、近景甚至特写，能够突出主体对象，使观众的视觉注意力集中，视觉感受得到加强。

图2-34

2. 拉

拉是使镜头逐渐远离被摄主体，画面从某个局部逐渐向外扩展，使观众的视点后移，看到局部和整体之间的联系，如图2-35所示。

拍摄者使用拉镜头拍摄时，镜头空间由小变大，保持了空间的完整性和连贯性，有利于调动观众对画面中某一对象逐渐出现，直至完整呈现这一过程的想象和猜测。

图2-35

3. 摇

摇是使摄像机的位置保持不动，只靠镜头变动来调整拍摄的方向，如图2-36所示，这类似于人站着不动，仅靠转动头部来观察周围的事物，可以模拟人眼效果进行内容叙述。

摇镜头分为几类，可以左右摇，也可以上下摇，还可以斜摇，或者与移镜头结合在一起使用。拍摄者在拍摄时，使用缓慢的摇镜头，对所要呈现给观众的场景进行逐一展示，可以有效地拉长时间和空间效果，从而给观众留下深刻的印象。摇镜头可以使拍摄内容表现得有头有尾、一气呵成，因此要求开头和结尾的画面目的明确。拍摄者使用摇镜头时，从一个被拍摄目标摇起，到另一个被拍摄目标结束，两个画面之间的一系列过程也应该是被表现的内容。

图2-36

4. 移

移是使镜头在水平方向上按一定的运动轨迹进行移动拍摄。拍摄者使用手机拍摄短视频时，如果没有滑轨设备，可以尝试双手持手机，保持身体不动，然后缓慢移动双臂来平移手机，如图2-37所示。

图2-37

移镜头的作用是表现场景中的人与物、人与人、物与物之间的空间关系，或者是将一些事物连贯起来加以表现。移镜头与摇镜头都是为了表现场景中的主体与陪体之间的关系，但是在画面上给人的视觉效果是完全不同的。摇镜头是摄像机的位置不动，拍摄角度和被摄物体的角度在变化，适用于拍摄距离较近的物体；而移镜头则是拍摄角度不变，摄像机移动（或在摄像机不动的情况下，改变焦距或移动被摄物体），以形成跟随的视觉效果，可以创造出特定的情绪和氛围。

↘ 2.3.2　拍摄构图的方法

拍摄短视频与拍摄照片相似，拍摄者都需要对画面中的主体对象进行恰当的摆放，使画面看上去更加和谐、美观，这便是构图的意义所在。拍摄者在拍摄短视频时，好的构图能够突出作品的重点，使画面有条理且富有美感，令人赏心悦目。下面为大家介绍拍摄短视频时常用的几种构图方法。

1. 中心构图

中心构图是一种简单且常见的构图方法，通过将主体放置在画面的中心位置进行拍摄，能很好地突出主体，让观众一眼看到短视频的重点，从而将目光锁定在主体上，了解画面所要传递的信息。

拍摄者使用中心构图法拍摄短视频最大的优点在于主体突出、明确，画面容易达到左右平衡的效果，非常适合用来表现物体的对称性，如图2-38所示。

图2-38

高手秘技

当拍摄主体只有一个时，拍摄者可以采用中心构图法来拍摄短视频。这种构图法操作简单，对技术的要求不高，对新手来说极易上手。拍摄者在采用中心构图法拍摄短视频时，应尽量保证画面背景简洁、干净，以免其他对象喧宾夺主。

2. 前景构图

前景构图是指拍摄者在拍摄短视频时，利用离镜头最近的物体来遮挡，体现画面的虚实、远近关系，起到突出主体、增加照片空间感和深度感的构图方法。

拍摄者使用前景构图法拍摄短视频可以增加画面的层次，在使画面内容更丰富的同时，又能很好地展现拍摄的主体。前景构图分为两种情况，一种是将主体作为前景进行拍摄，如图2-39所示，将主体——小黄花直接作为前景进行拍摄，背景则做虚化处理，这样不仅使主体更加清晰醒目，而且还使画面更有层次感。

图2-39

另一种就是将主体以外的事物作为前景进行拍摄，如图2-40所示，利用杂草作为前景，让观众在视觉上有一种向里的透视感的同时，又有一种身临其境的感觉。

图2-40

3. 边框构图

边框构图是指在取景时，可以有意地寻找一些边框元素，如窗户、门框、山洞等，将主体安排在边框之中，如图2-41和图2-42所示。

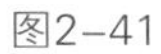

图2-41

图2-42

需要注意的是，拍摄者在拍摄时有些边框元素会很明显地出现在我们的视野中，比如常见的窗户、门框等，但有些边框元素并不会很明显，比如在拍摄风景时，有些倾斜的树枝可以作为边框元素。

4. 透视构图

透视构图是指画面中的某一条线或某几条线由近及远产生延伸感，能使观众的视线沿着线条汇聚到一点。

透视构图可大致分为单边透视和双边透视两种。单边透视是指画面中只有一边有由近及远形成延伸感的线条，如图2-43所示；双边透视则是指画面两边都有由近及远形成延伸感的线条，如图2-44所示。

5. 景深构图

景深构图是指在拍摄视频时，镜头聚焦于某一物体，即从该物体前面到后面的一段距离内的所有景物都很清晰，而其他的地方则很模糊，如图2-45所示。这种构图方法能使照片具有层次感，也更容易突出拍摄主体。

图2-43

图2-44

图2-45

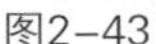
高手秘技

我们在使用手机拍摄视频时，一般都可以自由调节光圈的大小。在调整光圈时要注意，一旦光圈开得过大，可能会影响镜头的成像效果，视频画面会显得不够锐利。我们通常将光圈数值设置在F5.6～F8这个范围内即可。我们在拍摄视频时也可以多调整、多试拍，以便找到合适的光圈数值。

6. 九宫格构图

九宫格构图又称井字形构图，是拍摄短视频中重要且常见的一种构图方法，就是把画面当作一个有边框的区域，把上、下、左、右4条边都三等分，然后用直线把分割点对应地连接起来，形成一个“井”字，4条直线为画面的黄金分割线，4条线的交点为画面的黄金分割点，也可称为“趣味中心”，将主体放在趣味中心上的构图方法就是九宫格构图法。图2-46所示的画面就采用了九宫格构图，作为主体的帆船被放在了黄金分割点的位置，整个画面看上去非常有层次感。

图2-46

九宫格构图中一共包含4个趣味中心，每一个趣味中心都可以将主体放置在偏离画面中心的位置，这在优化画面空间感的同时，又能很好地突出主体。九宫格构图是十分实用的构图方法。此外，拍摄者使用九宫格构图拍摄短视频，能够使画面相对平衡，拍摄出来的短视频也比较自然和生动。

高手秘技

九宫格构图的适用范围较广，非常适合用于日常拍摄。拍摄者在拍摄短视频时，只要不出现对画面有特殊要求或者背景过于杂乱、人物与背景关系不明显的情况，建议都尽量使用九宫格构图。

2.3.3 拍摄画幅的设置

在拍摄短视频的过程中，拍摄者要根据不同的场景、不同的拍摄主体，以及想要表达的不同思想来适当变换画幅。画幅在一定程度上影响着观众的视觉感受，选择一个合适的画幅，是拍摄优质短视频的关键。

在各大短视频平台上，最常见的就是横画幅和竖画幅的短视频。不要以为只有这两种画幅可以使用，其实还有正方形画幅、宽画幅和超宽画幅这几种好用的画幅可以选择。下面就为大家分别讲解这几种画幅的特点及其适用的拍摄场景。

1. 横画幅

拍摄者使用横画幅拍摄的画面呈现出水平延伸的特点，比较符合大多数人的视觉观察习惯，可以给人带来自然、舒适、平和、宽广的视觉感受，横画幅十分适用于拍摄风景类的短视频，能更好地呈现风景的壮阔美感，如图2-47所示。另外，横画幅还可以很好地展现物体水平运动的状态，如果要拍摄奔跑的运动员、行驶的车辆等动态场景，也可以考虑选择横画幅。

图2-47

2. 竖画幅

竖画幅是如今短视频中非常常见的一种画幅，尤其是人物主题的短视频。拍摄者竖持手机进行拍摄即可拍摄竖画幅短视频，较为方便。相对于横画幅来说，竖画幅可以把人物自然“拉长变瘦”而不是“变宽变胖”，能够更好地展现人物形象，因此人物主题的短视频多以该画幅为主，如图2-48所示。

图2-48

高手秘技

似乎“横屏观看”已成为一个基本共识，横屏16：9被认为是最符合用户观看习惯的设置。但过去几年，无论是用户的体验反馈，还是广告主的投放倾向，诸多数据都指向了短视频就该竖着看。2019年以来，75%的短视频在移动端播放，而94%的手机用户习惯把屏幕方向竖向锁定，如图2-49所示。

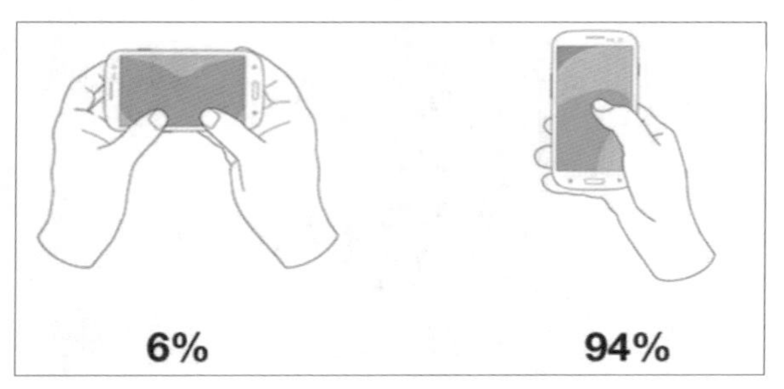

图2-49

目前大多数移动端视频App都采用竖式信息流的方式，用户只需单手上下或左右滑动即可切换视频，这带给用户更流畅的观看体验。因此从用户角度来说，竖屏视频极有可能是未来短视频领域的热点。

3. 正方形画幅

正方形画幅的长宽比例为1：1，是一种非常方正的视频拍摄画幅。一般来说，拍摄视频很少会采用形状标准的画幅，因为这样拍摄出的视频会带给观众非常奇怪的观看体验，会不自觉地将观众的注意力往中心点上引，不利于视频中其他部分的展示。

但是在手机视频的拍摄当中，正方形画幅可以充分利用手机的屏幕空间，比如视频上方可以添加说明性文字作为视频标题，这样反而能得到一些意想不到的效果，如图2-50所示。拍摄者也可以利用正方形画幅本身的特点，将主体放置在镜头中央的位置，以突出重点，大多数手工类或开箱实拍类视频都会采用这种方式，如图2-51所示。

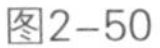
图2-50

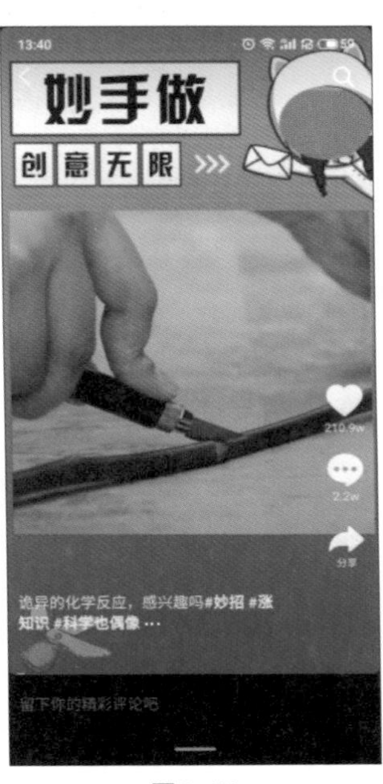

图2-51

4. 宽画幅

相对于横画幅，宽画幅具有更大的宽度，一般为2：1的比例，甚至更大。宽画幅能产生一种横向上扩展与延伸的视觉效果，能给人带来宽阔的视觉感受，适用于风光拍摄，如图2-52所示。

图2-52

5. 超宽画幅

超宽画幅是在宽画幅的基础上压缩而成的，使得画面形成一种从上下向中间挤压的视觉感。它是一种更有艺术感的画幅，能让人产生一种独特的全景感受，拓宽人眼左右两边的视野，也能使画面更具故事感，如图2-53所示。

图2-53

2.3.4 拍摄稳定画面的技巧

不管是拍摄视频还是照片，人们都更倾向于观看清晰的画面。视频的清晰度非常重要，而画面的稳定有时是决定视频清晰度的关键，所以在用手机拍摄视频时，要尽量拿稳手机。2.1节已经为大家介绍了拍摄稳定画面的一些辅助设备，除此之外，我们在拍摄中运用一些稳定技巧，也能大幅提高画面质量。

1. 尽量横持手机拍摄

许多人喜欢单手竖持手机拍摄视频，这样虽然方便拍摄，但是单手握持的稳定性始终欠佳。因此如果要追求视频画面的稳定性，且在没有辅助设备帮助的情况下，还是建议大家通过双手横持手机的方式进行拍摄，因为双手持机会使机身更加稳定，能有效减少画面的抖动，如图2-54所示。

图2-54

2. 利用其他物体作为支撑点

由于手机比较轻便，因此在手持拍摄时很容易抖动。在拍摄的过程中，拍摄者可以借助其他物体来保持稳定。例如，在拍摄静态画面时，如果身边有比较稳定的大型物体，如大树、墙壁、桌子等，可以借助它们来进行拍摄。拍摄者可以手持手机，同时轻靠大树、墙壁，或撑于桌面上，形成一个比较稳定的拍摄环境。需要注意的是，这种拍摄方法虽然能减少抖动，但灵活性较差，也很容易发生碰撞，因此建议尽量只在固定机位拍摄时使用。

3. 保持正确的拍摄姿势

手持拍摄时运用正确的姿势牢牢地固定住手机非常重要，拍摄者除了保持呼吸平稳外，还可以靠着墙、栏杆等，让身体保持相对稳定。在拍摄时，要避免大步行走，应使用小碎步移动拍摄，这样可以有效减少大幅度的抖动。此外，在拍摄过程中，拍摄者要尽量避免出现大幅度的手部动作，手肘可以紧靠身体内侧以保持稳定。

4. 拍摄过程中谨慎对焦

如果拍摄者不是刻意追求画面的虚化效果，那么最好在摄像前关闭自动对焦功能。另外拍摄者应在拍摄前尽量先找好焦点，避免在拍摄过程中频繁对焦。因为在拍摄的过程中重新选择焦点，会有一个画面由模糊变清晰的缓慢过程，这就破坏了画面的流畅度。此外，拍摄时对焦，手指频繁点击屏幕，难免会对设备的稳定性造成影响。

5. 选择稳定的拍摄环境

拍摄者除了在设备和拍摄手法上下功夫，选择一个稳定的拍摄环境同样有利于其拍出稳定的画面。拍摄者想要拍出稳定的画面，在拍摄环境的选择上，就要尽量避免选择坑洼不平、被杂草和乱石覆盖的地面，因为这样的地面很容易让人踏空或发生磕绊。拍摄者要尽量选择平整、结实的地面以消除导致抖动的外部环境因素，减少拍摄时不必要的镜头晃动。

2.4 剪映快速入门

随着短视频的流行，视频编辑软件成了许多资深短视频用户的“装机必备”。手机应用商店中各类视频编辑软件层出不穷，随着用户需求的不断增加，一款优质的视频编辑软件不仅要具备强大的视频处理功能，同时自身的操作还不能过于复杂。

作为抖音推出的视频编辑工具，剪映可以说是非常适合视频创作新手的视频编辑工具。它操作简单且功能强大，同时能与抖音衔接应用，这使其深受广大用户喜爱。

2.4.1 剪映的功能

剪映是深圳市脸萌科技有限公司于2019年5月推出的一款视频编辑软件。随着不断更新升级，它的功能逐步完善，操作界面也变得越来越简洁。图2-55所示为剪映推出的特色功能宣传海报。

进入剪映的视频编辑界面后，可以看到其底栏提供了全面且多样化的功能，如图2-56所示。

图2-55

图2-56

具体功能介绍如下。

➢ 剪辑：包含分割、变速、动画等多种编辑工具，拥有强大且全面的功能，是视频编辑工作中经常要用到的功能区。

➢ 音频：主要用来处理音频素材。剪映内置专属曲库，为用户提供了不同类型的音乐及音效。

➢ 文字：用于为视频添加描述文字，内含多种文字样式、字体及模板等，同时支持识别素材中的对话及歌词等。

➢ 贴纸：内含多种不同样式的贴纸，添加至视频后，可有效提升视频的美感及趣味性。

➢ 画中画：常在制作多重效果时使用，最多支持同时添加6段画中画素材。

➢ 特效：内含多种不同类型的特效模板，点击相应特效，即可制作全新风格的特效视频。

➢ 素材包：内含各种素材，能够满足各种需求。

➢ 滤镜：包含不同类型的滤镜效果，针对不同的场景使用相应的滤镜，更能烘托视频气氛，提升视频质感。

➢ 比例：集合了当下常见的视频尺寸，用户可根据视频类型或平台需求选择合适的尺寸。

➢ 背景：用于设置画布（背景）的颜色、样式及模糊程度等。

➢ 调节：用于调节视频的基本参数，优化视频细节。

↘ 2.4.2　认识剪映的主界面

剪映主要由“剪辑”“剪同款”“创作课堂”“消息”“我的”这5个板块组成，如图2-57所示，下面为大家简单介绍各板块及其功能。

图2-57

1. 剪辑

打开剪映，默认进入“剪辑”界面，即主界面，在主界面中点击“开始创作”按钮[+]，即可导入视频或图像素材。开始创作后，系统会自动将此项目保存在剪辑草稿中，以减少用户的意外损失。用户在“剪同款”中完成的创作，将自动保存在“本地草稿”中，点击“管理”按钮可对项目进行删除或修改。完成创作后，用户可以将项目工程文件上传至“剪映云”，此功能为用户节省了手机储存空间，同时也保障了文件的安全。点击“拍摄”按钮即可实时拍摄照片或视频。“一键成片”里面有大量的特效模板供用户使用。剪映的主界面及各项功能如图2-58所示。

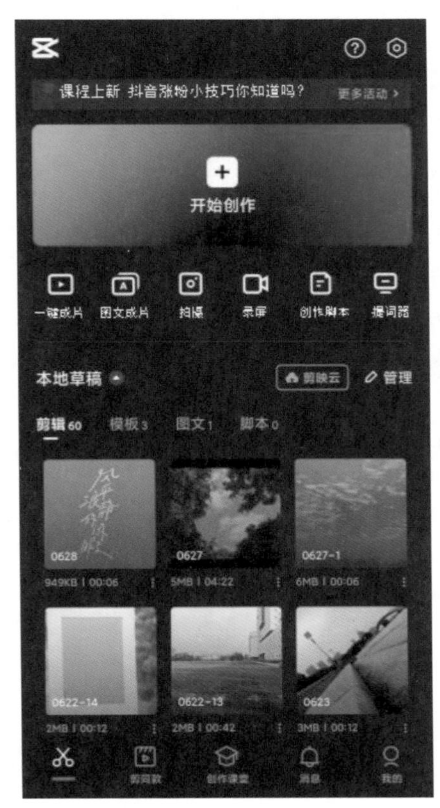

图2-58

2. 剪同款

在“剪同款”对应的功能区中，我们可以看到剪映为用户提供了大量不同类型的短视频模板，如图2-59所示。在选择模板后，用户只需将自己的素材添加进模板，即可生成同款短视频。

3. 创作课堂

“创作课堂”是剪映专为创作者打造的一站式服务平台，如图2-60所示，用户可以根据自身需求选择不同的领域进行学习，其为用户提供了授权管理、内容发布、互动管理，以及数据管理和音乐管理等服务。

图2-59

图2-60

4. 消息

官方活动提示以及其他用户和创作者的互动提示都集合在“消息”界面中，如图2-61所示。

5. 我的

“我的”即用户的个人主页，如图2-62所示。用户可以在这里编辑个人资料、管理发布的视频和点赞的视频，点击“抖音主页”按钮可以跳转至抖音界面。

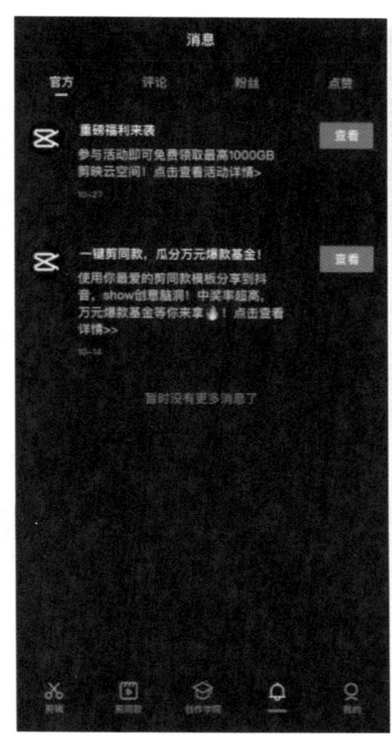

图2-61

图2-62

↘ 2.4.3 使用抖音账号登录剪映并查看模板作品

剪映与抖音有很深的联系，两者可以实现内容上的互通。用户利用抖音账号登录剪映后，在抖音账号中收藏的音乐可以直接在剪映中使用，在剪映中剪辑完的视频也可同步至抖音，操作非常便捷。用户打开剪映，在主界面中点击“我的”按钮，打开如图2-63所示的账号登录界面，点击“抖音登录”按钮，完成授权后，即可使用抖音账号登录剪映，如图2-64所示。

登录剪映后，在剪映主界面中点击底部的“剪同款”按钮，跳转至相应界面后可以查看剪映中的各类短视频模板，如图2-65所示。点击视频缩略图可以打开视频进行播放预览，如图2-66所示。

剪映与抖音有许多相似点，如都可以通过上下滑动浏览视频，视频画面右侧都有创作者头像、点赞收藏、评论、分享等。点击创作者头像缩略图，可以进入创作者的剪映主页查看其发布的模板、课程等，如图2-67所示。在创作者的剪映主页中，用户可以点击“抖音主页”跳转至创作者的抖音主页，这对短视频创作者来说是非常好的引流方式。

对于一些新手用户来说，剪映中的“剪同款”是一项十分高效和便捷的功能。用户在剪映中浏览到喜欢的短视频，想尝试做出同样的效果，可点击界面右下角的“剪同款”按钮，如图2-68所示，之后根据提示进行操作，就可以轻松地套用模板，完成同款短视频的制作。

图2-63

图2-64

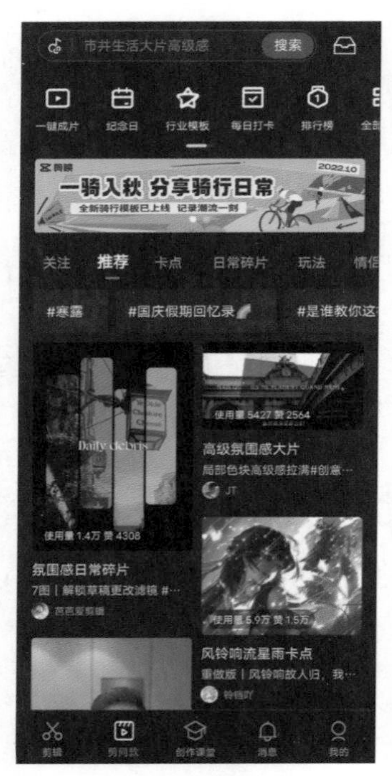

图2-65

图2-66

图2-67

图2-68

2.5 习题

2.5.1 课堂练习——使用“录屏”功能录制视频素材

1. 任务

利用手机“录屏”功能录制视频素材。

2. 任务要求

素材要求：录制的素材不少于3个。

制作要求：录制的素材画质清晰，使用录制的素材制作一个短视频。

学习要求：学会用“录屏”功能录制视频素材并进行短视频创作。

课堂练习——使用“录屏”功能录制视频素材

3. 最终效果

最终效果如图2-69和图2-70所示。

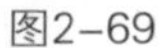

图2-69

图2-70

2.5.2 课后习题——使用“图文成片”功能生成文字短视频

1. 任务

利用剪映自带的“图文成片”功能生成一条文字短视频。

课后习题——使用“图文成片”功能生成文字短视频

2. 任务要求

素材要求：编写一段字数超过100字的文字。

制作要求：短视频生成后，对图像素材进行调整与替换，使视频内容更协调。

学习要求：熟练使用“图文成片”功能。

3. 最终效果

最终效果如图2-71和图2-72所示。

图2-71

图2-72

第 3 章 素材的剪辑与处理

短视频的编辑工作是一个不断完善和精细化原始素材的过程，作为合格的短视频创作者，大家要学会灵活运用各类视频编辑软件打磨出优秀的短视频。本章就为读者介绍剪映的一系列基本编辑处理操作，帮助读者快速掌握各种视频剪辑技法。

【学习目标】

- 掌握素材的基本处理方法。
- 掌握视频画面的基本调整操作。
- 掌握视频画面的美化调整操作。
- 掌握视频的设置与管理。

3.1 素材的基本处理

如果将视频编辑工作看作一个搭建房子的过程，那么素材就是搭建房子的基石。我们使用剪映进行视频编辑处理工作，首先要掌握素材的各项基本处理操作，如分割素材、调整时长、复制素材、删除素材、替换素材等。

素养提升

视频剪辑是使用软件对视频源进行非线性编辑，加入的图片、背景音乐、特效、场景等素材与视频进行重混合，生成具有不同表现力的新视频。从事剪辑的人员应该坚守职业精神，保证作品有正面价值的导向作用。

3.1.1 添加素材

剪映作为一款移动端应用软件，它与Premiere Pro、会声会影等PC端剪辑软件具有许多相似点，如在素材的轨道分布上同样是一个素材对应一条轨道。

打开剪映，在主界面点击“开始创作”按钮[+]，打开手机相册，用户可以在该界面中选择一个或多个视频或图像素材，完成选择后，点击底部的“添加”按钮，如图3-1所示。进入视频编辑界面，可以看到选择的素材分布在同一条轨道上，如图3-2所示。

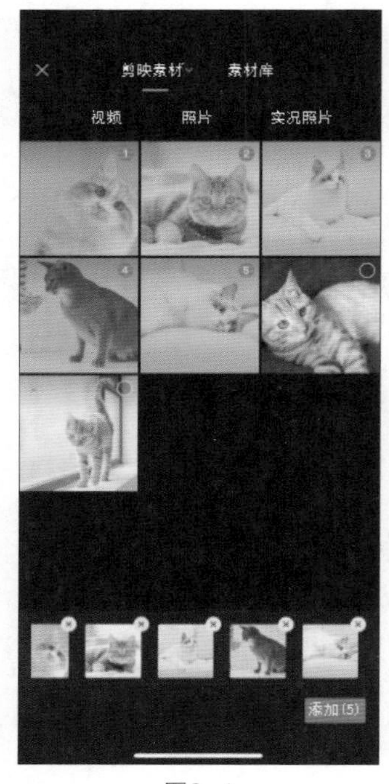

图3-1

图3-2

高手秘技

在选择素材时，点击素材缩略图右上角的圆圈可以选中目标；若点击素材缩略图，则可以展开素材进行预览。

在剪映中，用户除了可以添加手机相册中的视频和图像素材，还可以将剪映素材库中的视频及图像素材添加到项目中，如图3-3所示。关于素材库的具体应用，在第4章中将会为大家详细讲解。

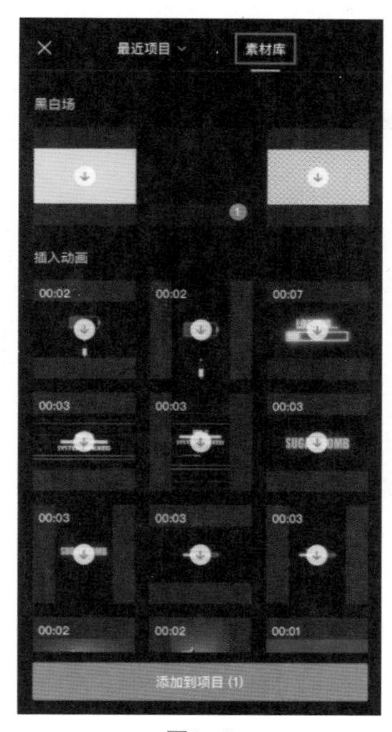

图3-3

一般情况下，通过点击“开始创作”按钮[+]，用户添加的素材会有序地排列在同一轨道上。若需要将素材添加至新的轨道，则可以通过“画中画”功能来实现。

1. 在同一轨道上添加素材

如果要在同一轨道上添加新素材，可以将时间线拖至一段素材上方，然后点击轨道区域右侧的[+]按钮，如图3-4所示。接着在素材添加界面中选择需要的素材，点击“添加”按钮，如图3-5所示。完成操作后，所选素材将自动添加至项目，并且会衔接在时间线停靠素材的后方（或前方）。

高手秘技

在添加素材的过程中，若时间线停靠的位置靠近一段素材的前端，则新增素材会衔接在该段素材的前方；若时间线停靠的位置靠近一段素材的后端，则新增素材会衔接在该段素材的后方。

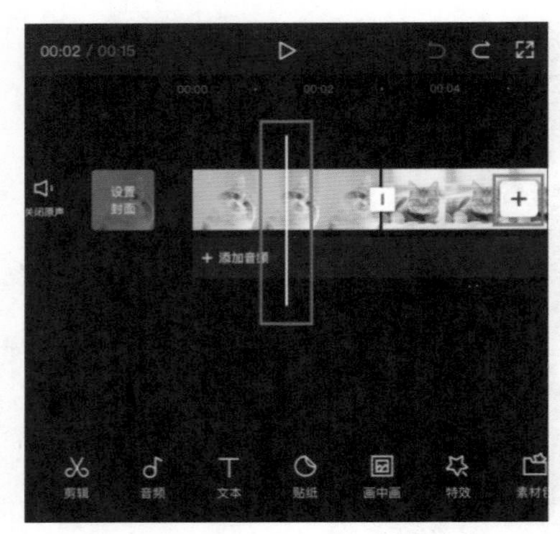

图3-4

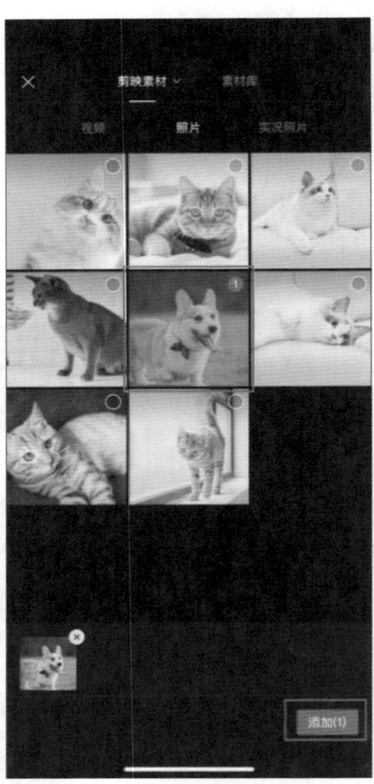

图3-5

2. 添加素材至不同轨道

如果要将素材添加到不同的轨道上，则先拖动时间线来确定一个时间点，然后在未选中任何素材的情况下，点击底部工具栏中的“画中画”按钮，继续点击“新增画中画”按钮，如图3-6和图3-7所示。

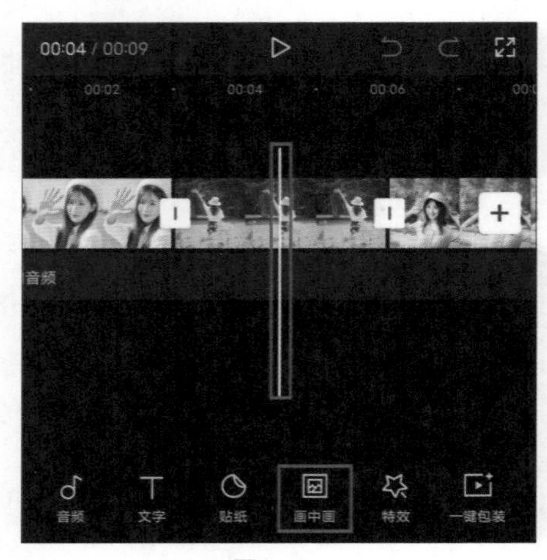

图3-6

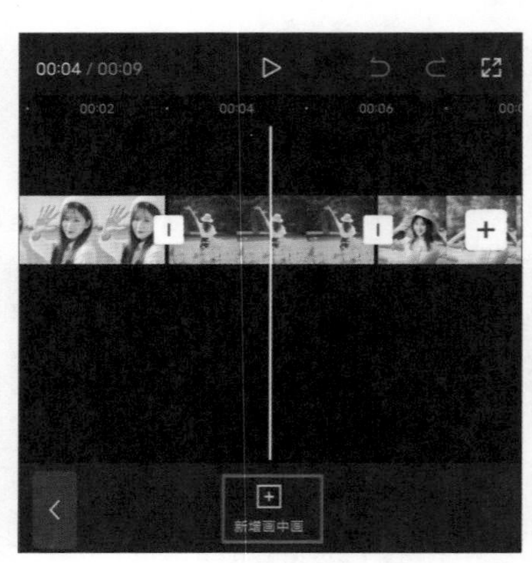

图3-7

接着在素材添加界面中选择需要的素材，点击“添加”按钮，如图3-8所示。操作完成后，所选素材将自动添加至新轨道，并且会衔接在时间线后方，如图3-9所示。

图3-8

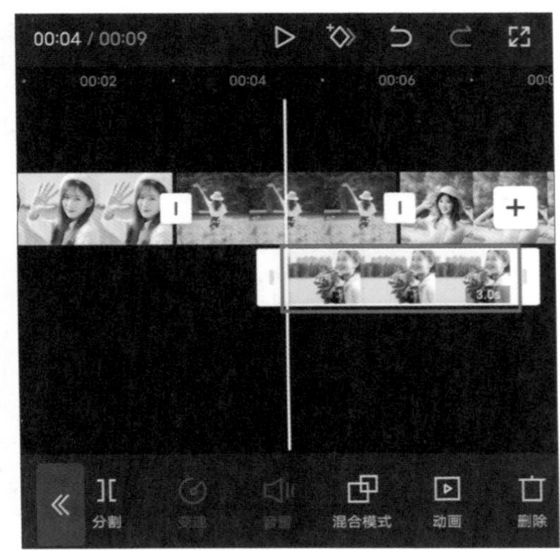

图3-9

高手秘技

当在同一时间点添加多个素材至不同轨道时，由于轨道显示区域有限，素材会以气泡或彩色线条的形式出现在轨道区域，如图3-10和图3-11所示。在剪映中，无论是视频素材、图像素材、音频素材还是文字素材，都可以分布在独立的轨道上。当用户需要再次选择素材进行编辑时，可点击素材缩览气泡，或者在底部工具栏中点击相应的素材工具来激活素材。

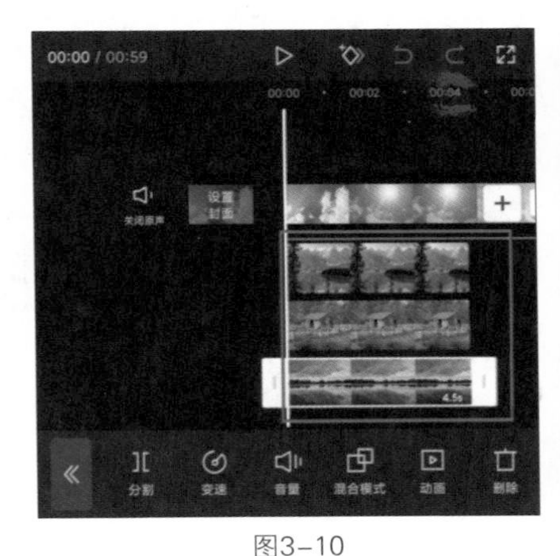

图3-10

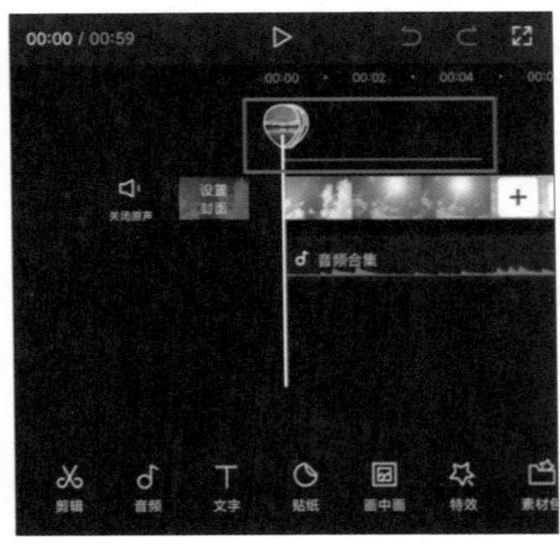

图3-11

↘ 3.1.2 分割素材

有时一段完整的视频素材过长，或者只需要使用其中一段，用户可以利用剪映的“分割”功能对视频素材进行分割处理，从而获得需要的素材。在剪映中分割素材的方法也很简单，首先需要将时间线定位到需要进行分割的时间点，如图3-12所示。

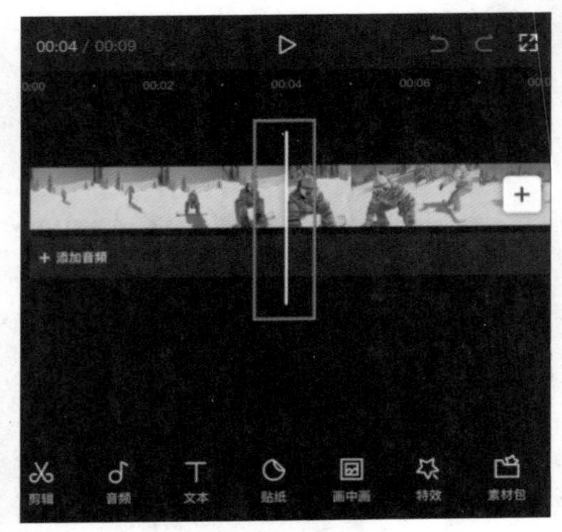

图3-12

接着选中需要进行分割的素材，在底部工具栏中点击“分割”按钮][，即可将选中的素材沿着时间线一分为二，如图3-13和图3-14所示。

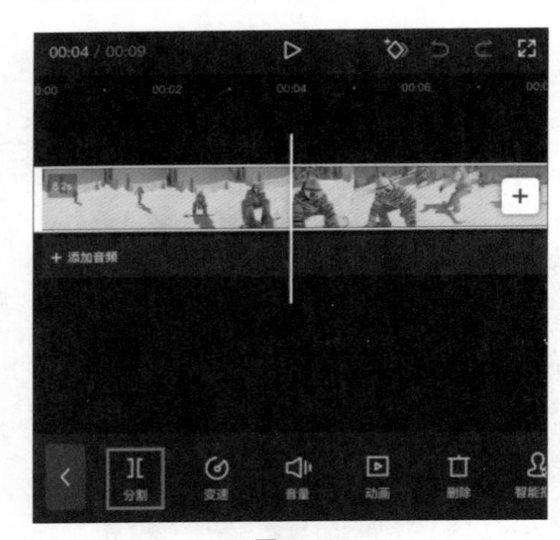

图3-13

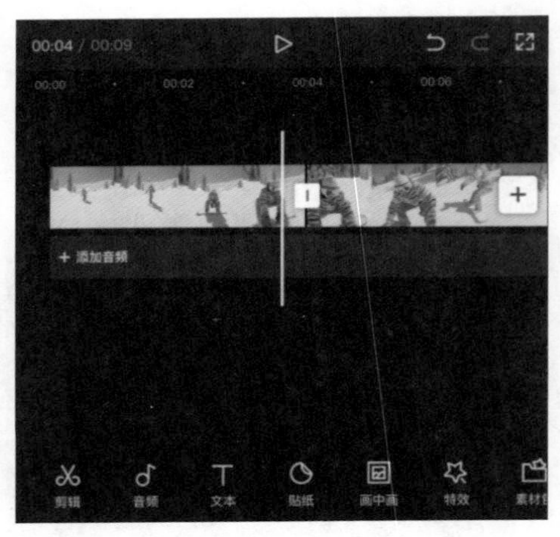

图3-14

↘ 3.1.3 调整素材时长

在轨道区域中选中一段素材后，可以在素材缩略图的左上角看到所选素材的时长，如图3-15所示。在不改变素材播放速度的情况下，如果想调整素材的时长，可以拖动素材的前端和后端。

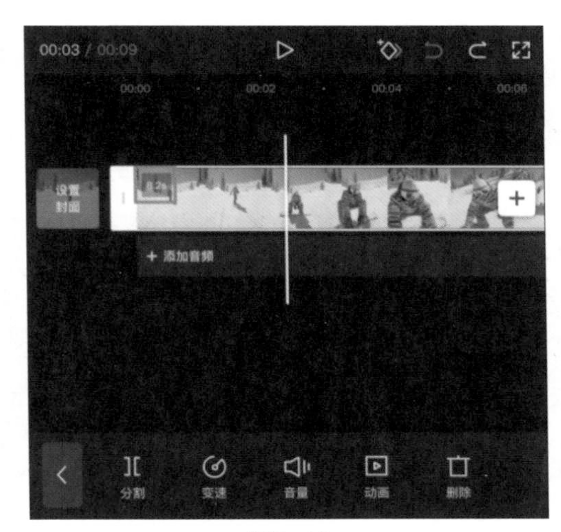

图3-15

在选中素材的状态下，按住素材后端的，向左拖动可使素材时长在有效范围内缩短，如图3-16所示；按住素材后端的，向右拖动可使素材时长在有效范围内延长，如图3-17所示。

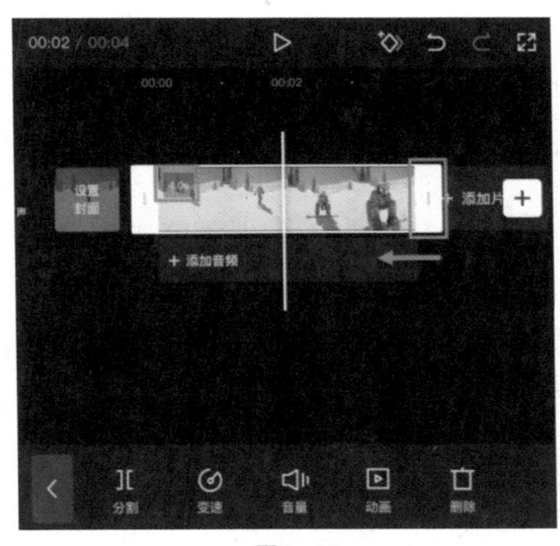

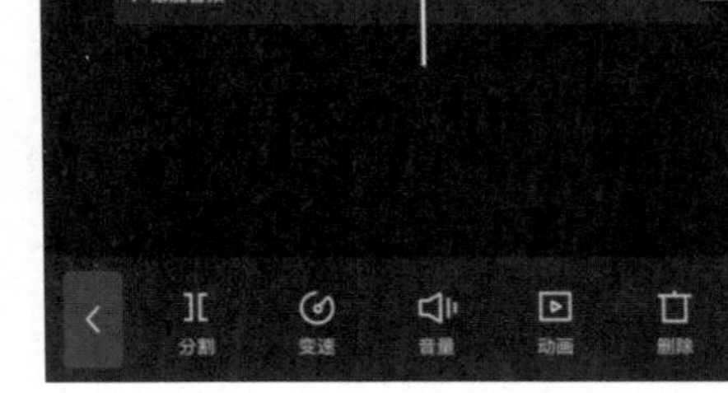

图3-16　　　　图3-17

在选中素材的状态下，按住素材前端的，向右拖动可使素材时长在有效范围内缩短，如图3-18所示；按住素材前端的，向左拖动可使素材时长在有效范围内延长，如图3-19所示。

高手秘技

在剪映中调整视频素材的时长时需要注意，无论是延长时长还是缩短时长都需要在有效范围内完成，既不可以超过素材本身的时长，也不可以过度缩短时长。

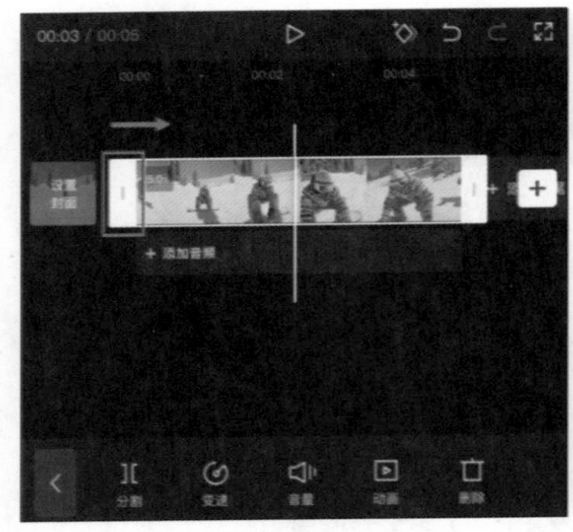

图3-18

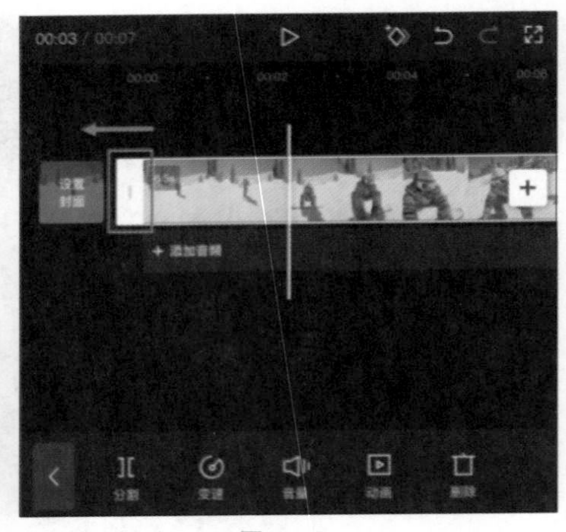

图3-19

↘ 3.1.4　调整素材顺序

视频的剪辑主要是通过在一个剪辑项目中放入多段素材，然后通过素材重组来形成一个完整的视频。用户在同一个轨道上添加多段素材后，如果要调整其中一段素材的前后播放顺序，可以长按此段素材，将其拖动到另一段素材的前方或后方，如图3-20和图3-21所示。

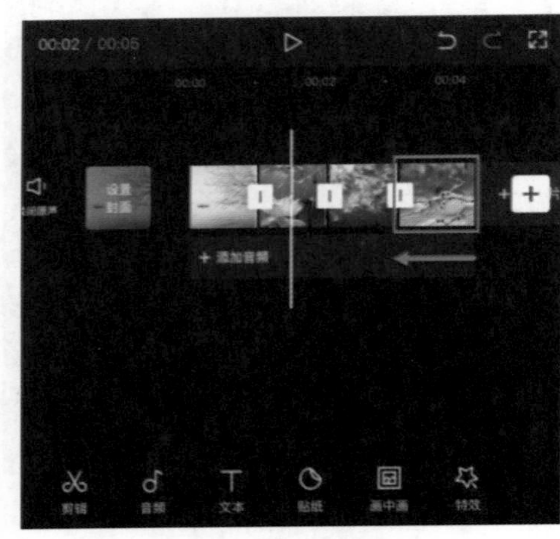

图3-20

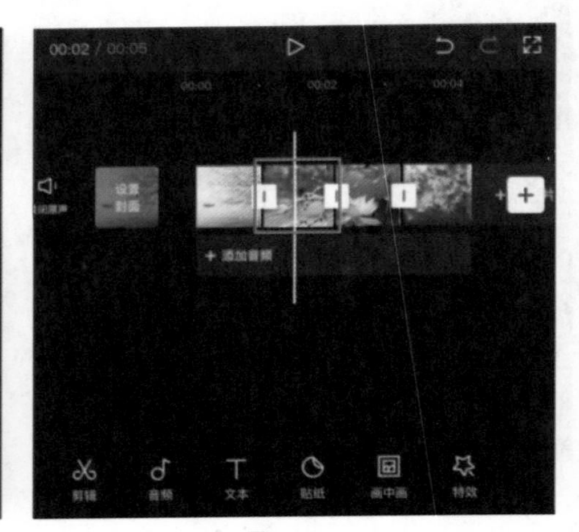

图3-21

↘ 3.1.5　调整素材所处的时间点

在剪辑视频时，可能需要将素材的起始或结束处调整到特定的时间点，以确保得到想要的视频效果。一般情况下，轨道区域中的时间显示区域并不是处于完全展开的状态，如图3-22所示。

如果要完全展开时间显示区域，则需要双指按于时间显示区域，然后朝不同方向拉伸，将其放大，如图3-23所示。

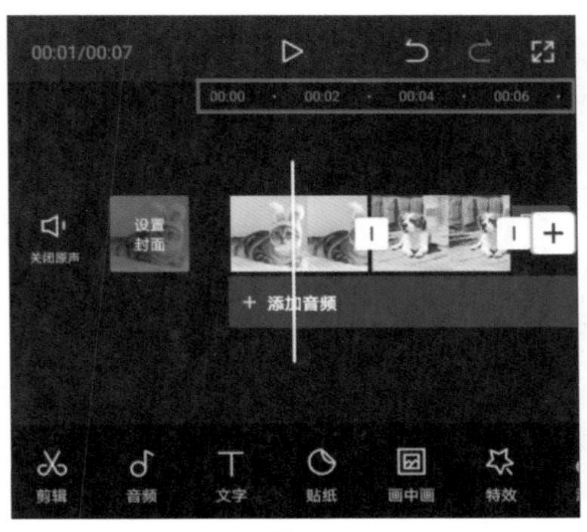

图3-22

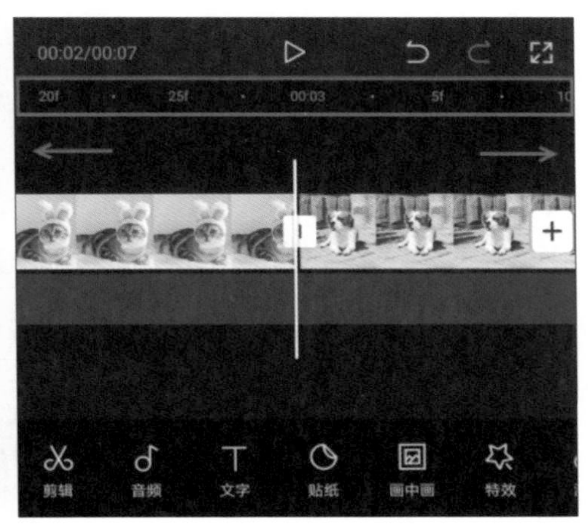

图3-23

完全展开时间显示区域后，可以直观地看到精确的时间点，此时如果要改变素材起始或结束处的时间点，可以选中素材，拖动素材前端或后端的▯来进行调整，如图3-24所示。

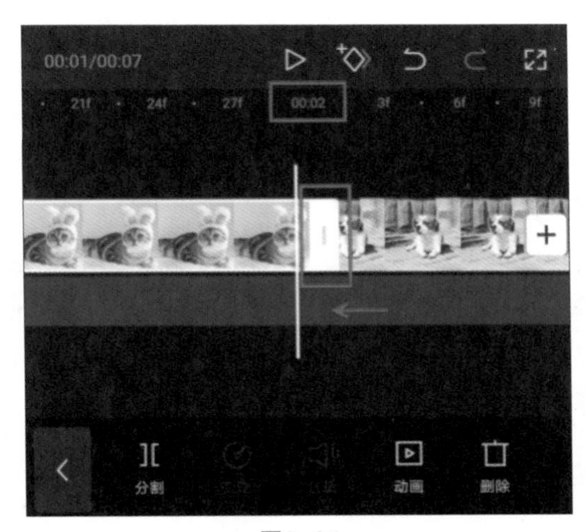

图3-24

↘ 3.1.6　实现视频变速

在制作短视频时，用户经常需要对素材进行变速处理，如使用快速镜头搭配快节奏音乐，使视频变得更加有动感，让观众情不自禁地跟随画面和音乐摇摆；而使用慢速镜头搭配慢节奏音乐，则可以使视频的节奏变得舒缓，让人心情放松。

在剪映中，视频素材的播放速度是可以进行自由调节的。在轨道区域中选中一段播放速度正常的视频素材（此时视频素材的时长为11.5秒），然后在底部工具栏中点击“变速”按钮，如图3-25所示。此时可以看到底部工具栏中有两个变速选项，如图3-26所示。

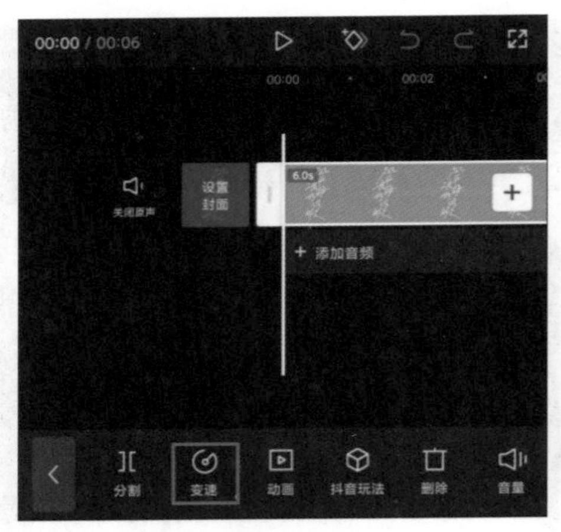

图3-25

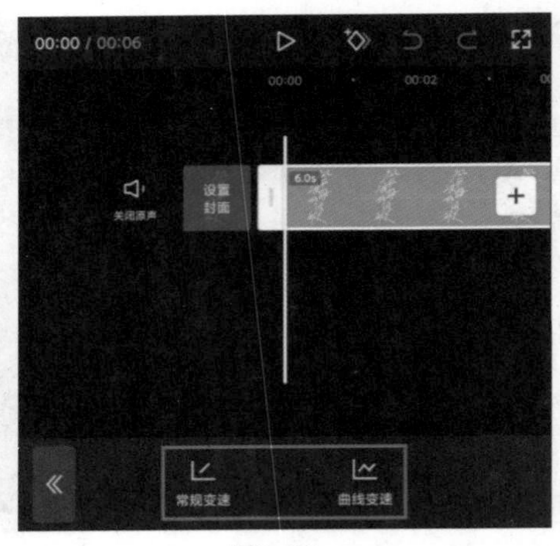

图3-26

1. 常规变速

点击“常规变速”按钮，可打开对应的“变速”选项栏，如图3-27所示。一般情况下，视频素材的原始倍速为“1x”，拖动变速滑块可以调整视频素材的播放速度。当数值大于“1x”时，视频素材的播放速度将变快；当数值小于“1x”时，视频素材的播放速度将变慢。

拖动变速滑块时，变速滑块上方会显示当前视频倍速，并且视频素材的左上角也会显示当前视频倍速，如图3-28所示。完成调整后，点击界面右下角的按钮即可实现变速。

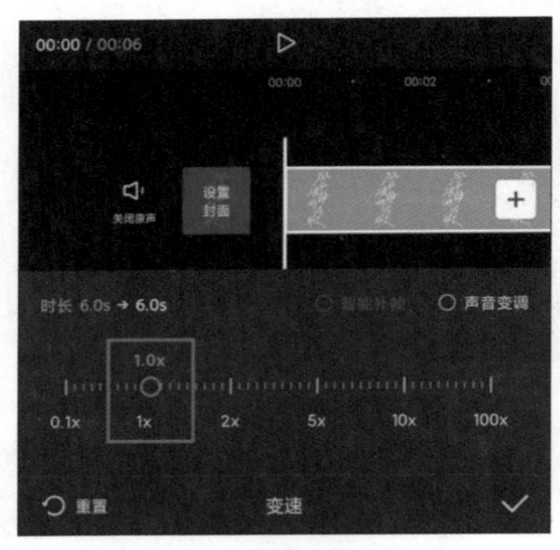

图3-27

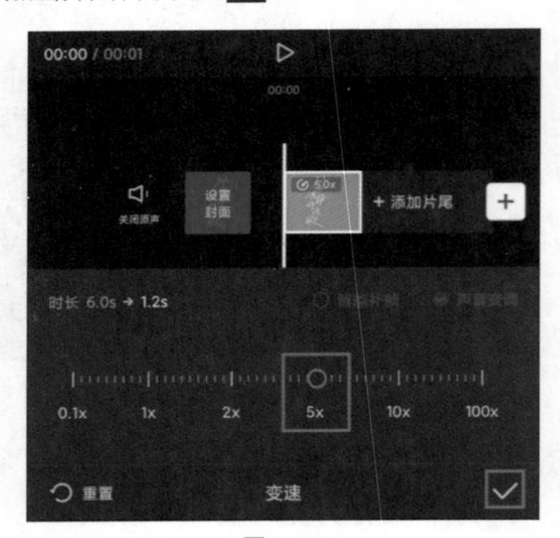

图3-28

高手秘技

需要注意的是，用户对素材进行常规变速操作时，素材的时长也会相应地发生变化。简单来说，就是当倍速增大时，素材的播放速度会变快，素材的时长会变短；当倍速减小时，素材的播放速度会变慢，素材的时长会变长。

2. 曲线变速

点击“曲线变速”按钮，可打开对应的“曲线变速”选项栏，如图3-29所示。“曲线变速”选项栏中罗列了不同的变速曲线选项，包括“原始”“自定”“蒙太奇”“英雄时刻”“子弹时间”“跳接”等。

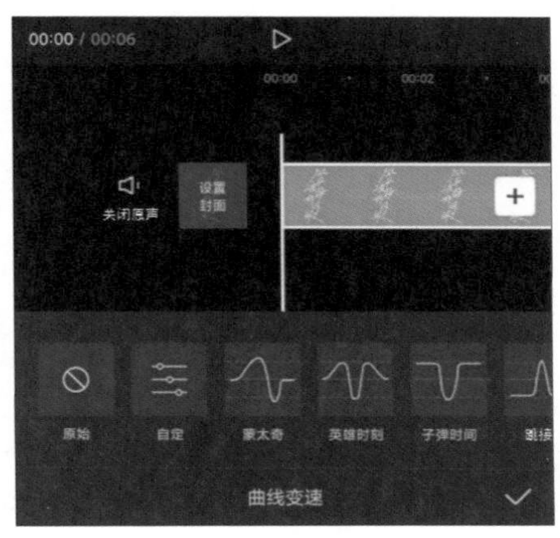

图3-29

在“曲线变速”选项栏中，点击除“原始”选项外的任意一个变速曲线选项，都可以实时预览变速效果。以“蒙太奇”选项为例，首次点击该选项按钮，在预览区域中将会自动展示变速效果，此时 “蒙太奇”选项按钮变为红色状态，如图3-30所示。再次点击该选项按钮，可以进入曲线编辑面板，如图3-31所示，这里显示了曲线的起伏状态，界面的左上角显示了应用该曲线后素材的时长变化。此外，用户可以对曲线上的各控制点进行拖动调整，以满足不同的播放速度要求。

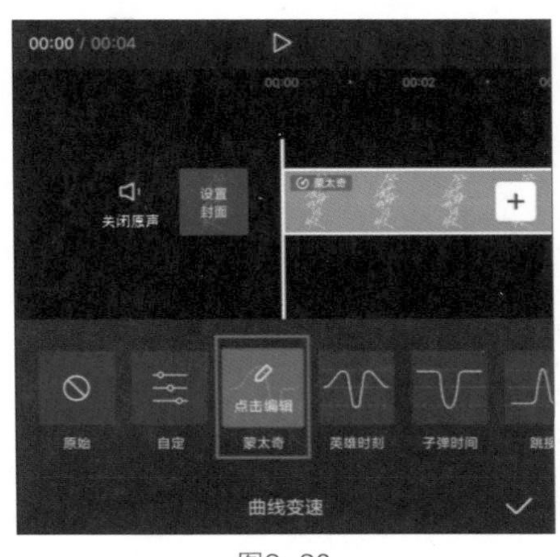

图3-30

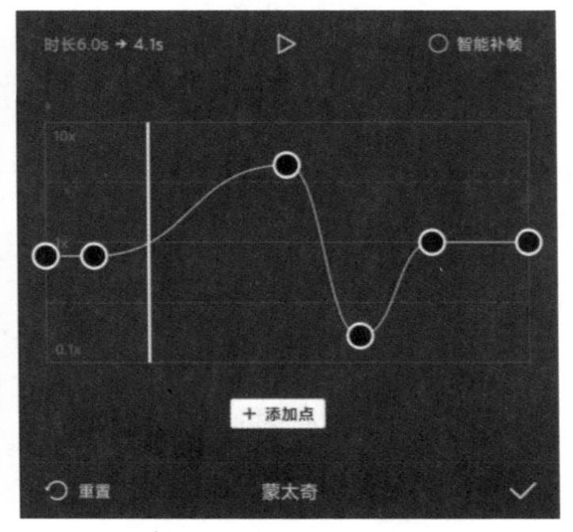

图3-31

3.1.7 调整画幅比例

画幅比例是用来描述画面宽度与高度的关系的一组对比数值。对于视频来说，合适的画幅比例可以为观众带去更好的视觉体验；而对于视频创作者来说，合适的画幅比例可以改善构图，将信息准确地传递给观众，从而更好地与观众建立连接。

在剪映中，用户可以为视频素材应用多种画幅比例。在未选中素材的状态下，点击底部工具栏中的“比例”按钮■，打开“比例”选项栏，在这里用户可以为素材设置合适的画幅比例，如图3-32和图3-33所示。

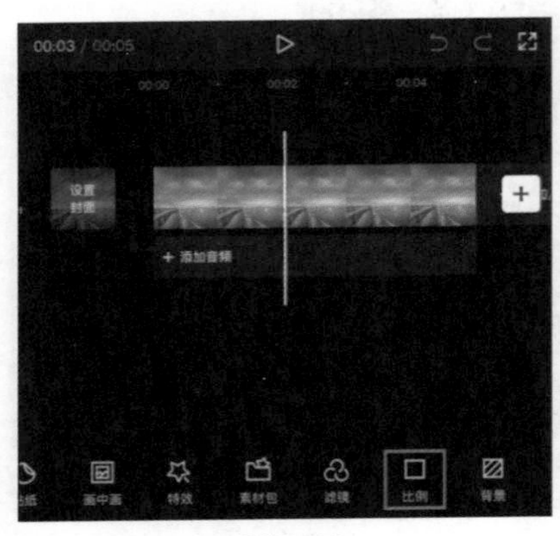

图3-32

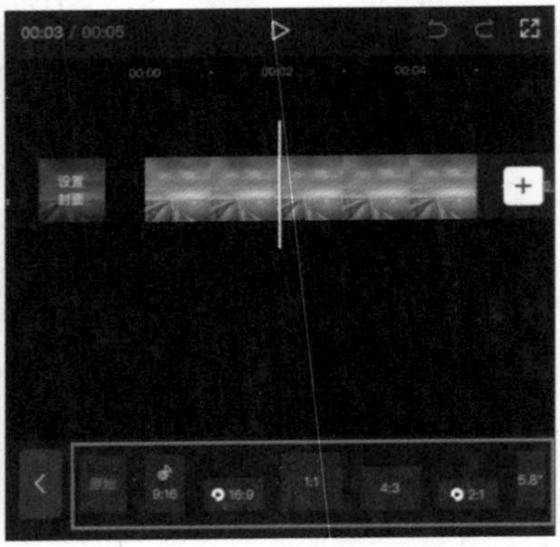

图3-33

在“比例”选项栏中点击任意一个比例选项，即可在预览区域中看到相应的画面效果。如果没有特殊的视频制作要求，建议大家选择9：16或1：1这两种比例，如图3-34和图3-35所示，因为这两种比例更加符合一些短视频平台的上传要求。

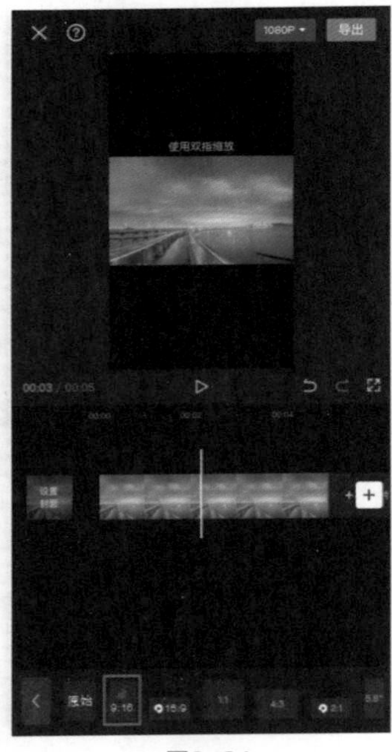

图3-34

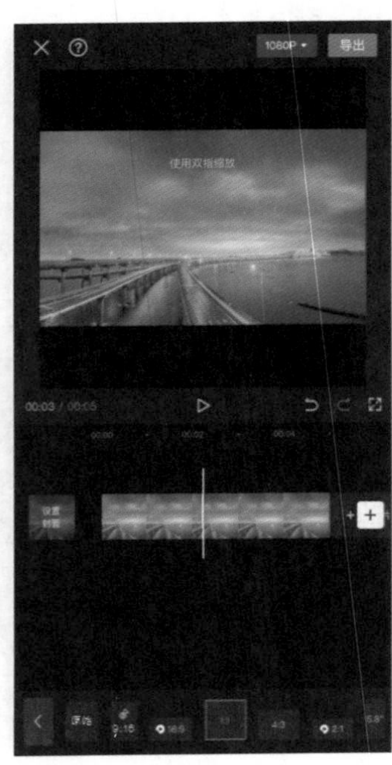

图3-35

3.1.8　复制与删除素材

如果在视频编辑过程中需要多次使用同一段素材，多次进行素材导入操作势必是一件比较麻烦的事情，而素材复制操作可以有效地节省工作时间。

在轨道区域中选中想复制的素材，点击底部工具栏中的“复制”按钮，就可以得到一段同样的素材，如图3-36和图3-37所示。

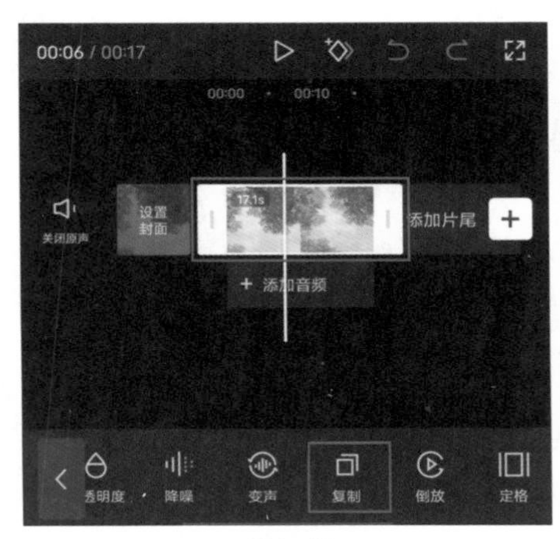

图3-36

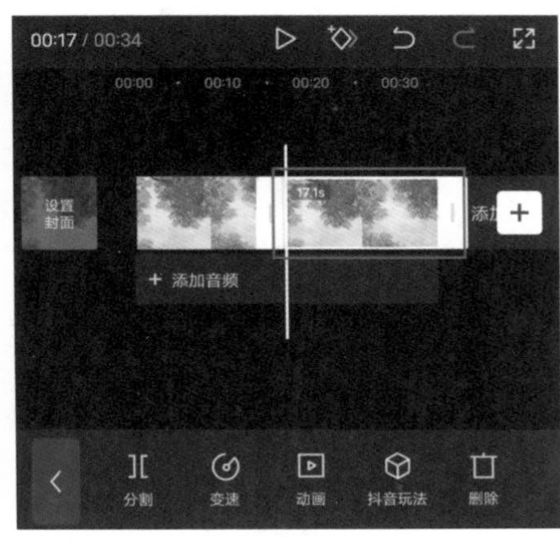

图3-37

若在视频编辑过程中对某段素材的效果不满意，可以将该段素材删除。在剪映中删除素材的操作非常简单，只需要在轨道区域中选中素材，然后点击底部工具栏中的“删除”按钮即可，如图3-38和图3-39所示。

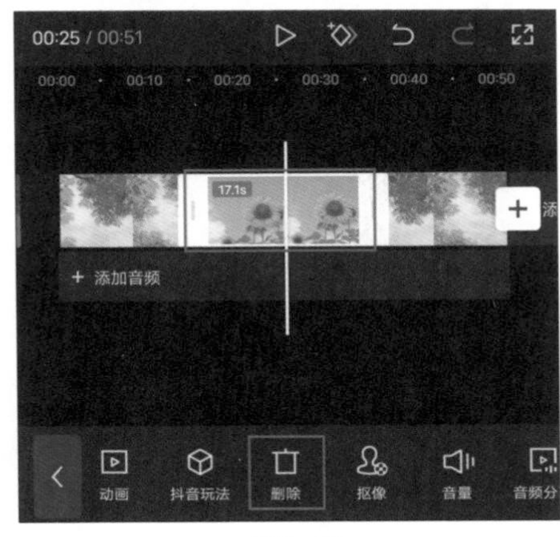

图3-38

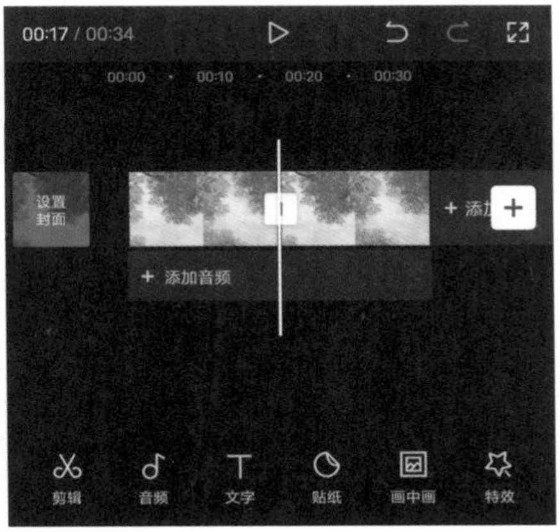

图3-39

高手秘技

若在视频编辑过程中误删了素材，可以点击轨道区域右上角的“撤销”按钮，返回上一步操作。

↘ 3.1.9 替换素材

替换素材是视频编辑工作中的常用操作，它能够帮助用户打造出更加符合心意的作品。在进行视频编辑时，用户如果对某个部分的画面效果不满意，直接删除该素材势必会对整个剪辑项目产生影响，用户要想在不影响剪辑项目的情况下换掉不满意的素材，就可以使用剪映的“替换”功能。

在轨道区域中选中需要进行替换的素材，然后在底部工具栏中点击“替换”按钮，如图3-40所示。接着进入素材添加界面，选中素材后点击“确认”按钮即可完成替换，替换后的效果如图3-41所示。

图3-40

图3-41

高手秘技

如果出现了替换的素材没有铺满画布的情况，可以选中素材，然后在预览区域中通过双指缩放调整画面大小。

3.2 视频画面的基本调整

视频编辑离不开画面调整这一环节。无论是专业用户还是非专业用户，都难免会因为视频画面中的多余内容而感到苦恼，这时候就需要通过一系列调整操作来完善画面效果。

↘ 3.2.1　手动调整画面大小

视频素材的画面大小并不是统一的，有时需要通过调整才能达到理想的效果。在剪映中手动调整画面大小的方法非常简单，具体的操作为：在轨道区域中选中素材，然后在预览区域中通过双指开合调整画面。双指向相反方向滑动可以将画面放大，双指向同一方向聚拢则可以将画面缩小，如图3-42和图3-43所示。

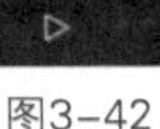

图3-42

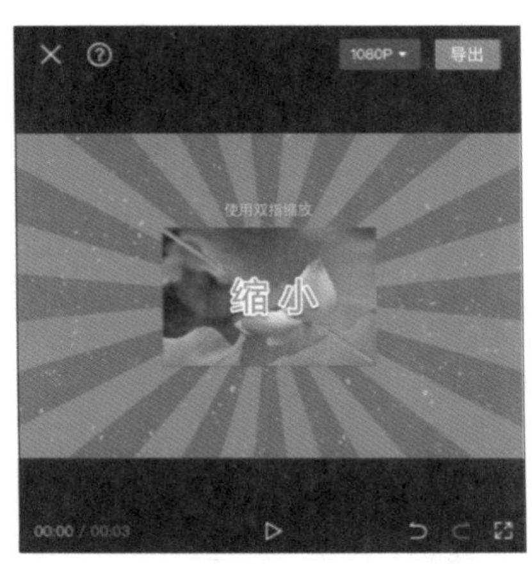

图3-43

↘ 3.2.2　旋转画面

在剪映中旋转画面的方法有以下两种。

1. 手动旋转

这种方法与上面所讲的手动调整画面大小的方法类似，具体的操作为：在轨道区域中选中素材，然后在预览区域中通过双指旋转来旋转画面，双指的旋转方向对应画面的旋转方向，如图3-44和图3-45所示。

图3-44

图3-45

2. 使用“旋转”功能

手动旋转画面时若调节不当，可能会造成画面大小的变化。要想在不改变画面大小的情况下旋转画面，可在轨道区域中选中素材，然后点击底部工具栏中的“编辑”按钮，如图3-46所示。接着在“编辑”选项栏中点击“旋转”按钮，可以对画面进行顺时针旋转，且不会改变画面大小，如图3-47所示。

图3-46

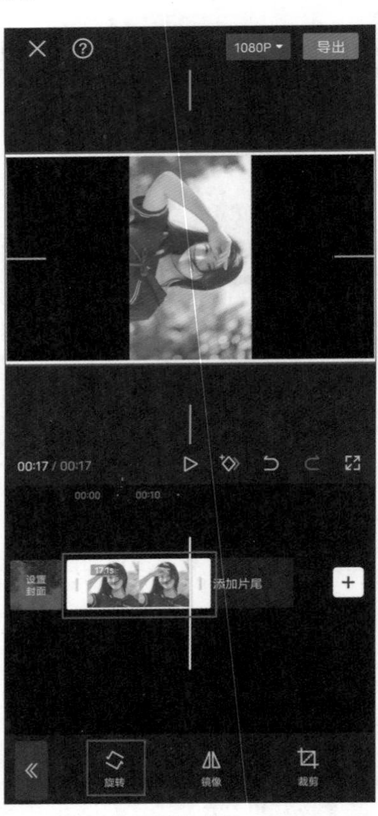

图3-47

高手秘技

相较于手动旋转，通过“旋转”功能旋转画面具有一定的局限性，每点击一次只能使画面顺时针旋转90°。

3.2.3 镜像画面

用户通过剪映中的“镜像”功能，可以轻松地将素材画面进行翻转，从而制作出富有视觉冲击力的效果，如上下颠倒的城市；也可以利用“镜像”功能调整画面，从而获得想要的效果。对画面进行镜像的方法很简单，在轨道区域中选中素材，然后在底部工具栏中点击“编辑”按钮，接着在“编辑”选项栏中点击“镜像”按钮即可，如图3-48和图3-49所示。

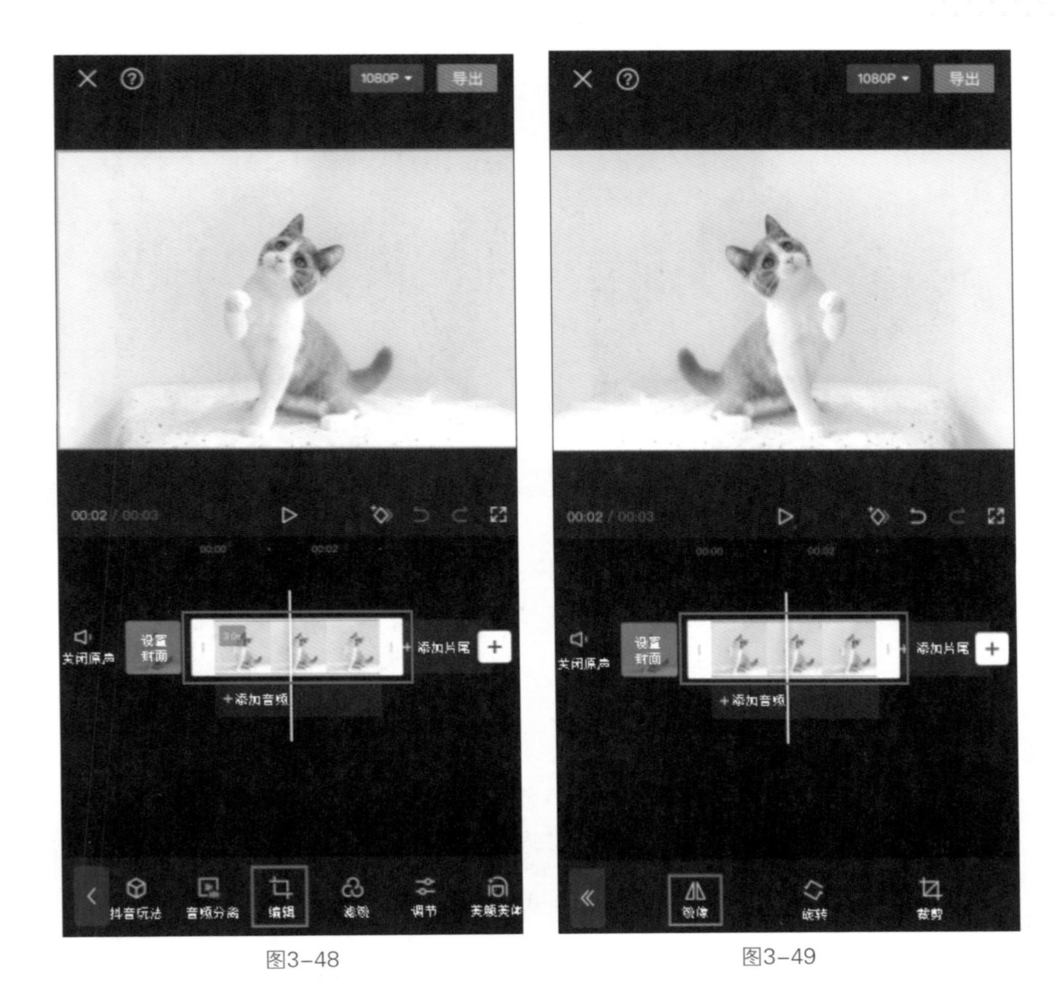

图3-48　　图3-49

3.2.4　裁剪画面

对于一些在拍摄时不知道如何构图取景的用户来说，在视频编辑过程中合理地裁剪画面可以起到“二次构图”的效果。例如，在后期处理时发现画面中有太多元素，造成主体不明显，此时便可以通过“裁剪”功能，对画面中多余的元素进行割舍，使主体更加突出。

在轨道区域中选择一段素材，然后在底部工具栏中点击“编辑”按钮，如图3-50所示。接着在“编辑”选项栏中点击“裁剪”按钮，如图3-51所示。

剪映中的“裁剪”功能包含了几种不同的裁剪模式，选择不同的比例选项可以裁剪出不同的画面效果，如图3-52至图3-57所示。

用户在进行画面裁剪操作时，在“自由”模式下可通过拖动裁剪框的一角，将画面裁剪为任意比例；在其他模式下，也可以通过拖动裁剪框改变裁剪范围，但裁剪比例不会发生改变。

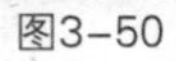
图3-50

图3-51

图3-52　　图3-53　　图3-54

图3-55

图3-56

图3-57

裁剪选项上方的刻度线是用来调整画面旋转角度的，拖动滑块可使画面进行顺时针方向或逆时针方向的旋转。完成画面的裁剪操作后，点击界面右下角的✓按钮可保存操作；若不满意裁剪效果，可点击界面左下角的重置按钮，如图3-58所示。

图3-58

↘ 3.2.5 定格视频画面

通过剪映中的“定格”功能，用户可以将一段视频素材中的某一帧画面提取出来，并使其成为一段可以单独进行处理的图像素材。

定格画面的操作非常简单，如确定要定格视频素材的第4秒画面，只需将时间线定位至第4秒的位置，点击“剪辑”按钮，然后点击“定格”按钮，如图3-59所示，便可以将当前的画面提取出来，如图3-60所示。剪映中画面定格素材的时长默认为3秒，用户也可以自行调整其时长，图3-61所示为调整时长为2秒后的效果。

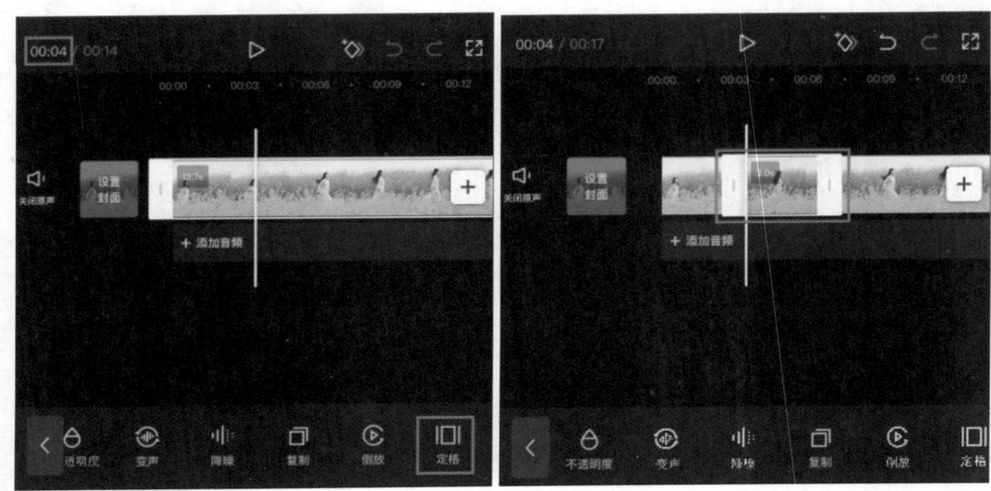

图3-59　　图3-60

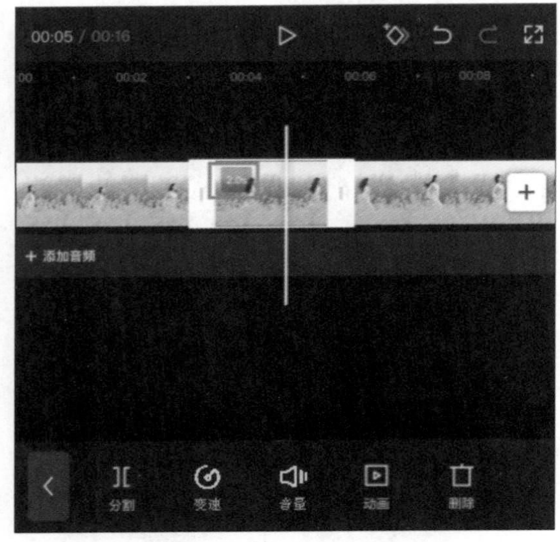

图3-61

3.3 视频画面的美化调整

影片的编辑工作是一个不断完善和精细化原始素材的过程，作为一个合格的视频创作者，要学会灵活运用各类视频编辑软件打磨出优秀的影片。本节就为大家介绍剪映中能够美化视频画面的相关操作。

↘ 3.3.1 调整画面的混合模式

在剪辑项目中，用户若在同一时间点的不同轨道上添加了两段视频或图像素材，此时调整画面的混合模式，就可以营造出一些特殊的画面效果。

在剪映中调整画面混合模式的操作很简单，首先需要在剪辑项目中添加一段素材，如图3-62所示。接着在未选中素材的状态下，点击底部工具栏中的“画中画”按钮▣，然后点击“新增画中画”按钮⊞，进入素材添加界面，选择另一段素材，将其添加到新的轨道上，如图3-63所示。

图3-62

图3-63

选中新添加的素材，在预览区域中通过双指缩放调整画面大小，调整好后点击底部工具栏中的“混合模式”按钮⧉，如图3-64所示。进入“混合模式”选项栏，在其中可以点击任意效果将其应用到画面上，如图3-65所示。

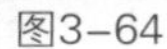

图3-64

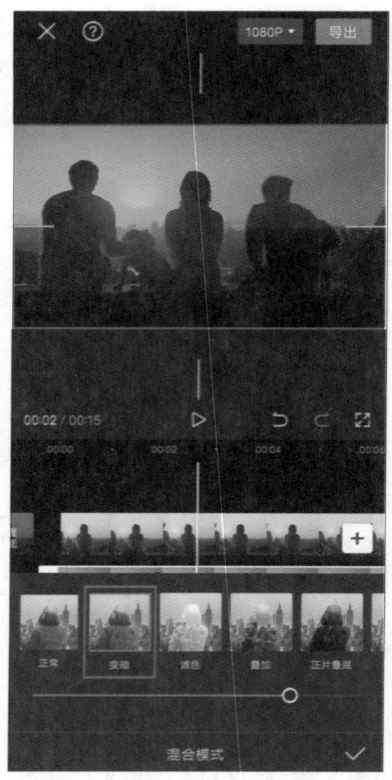

图3-65

高手秘技

选择好混合效果后，点击界面右下角的✓按钮可保存操作，拖动“混合模式”名称上方的“不透明度”滑块可以调整混合程度。需要注意的是，混合模式在选择主轨道上的素材时无法启用。这里不再对混合模式的各个效果进行详细讲解，大家可以在实际制作时多加尝试。

3.3.2 为画面添加动画效果

剪映为用户提供了旋转、伸缩、回弹、形变、拉镜、抖动等众多动画效果。用户在完成画面的基本调整后，如果觉得画面仍旧比较单调，可以尝试添加动画效果来丰富画面。

在轨道区域中选择一段素材，然后在底部工具栏中点击“动画”按钮，进入“动画”选项栏，在其中可以点击任意效果将其应用到画面上，如图3-66和图3-67所示。

高手秘技

在选中动画效果后，可以调整“动画时长”滑块来改变动画的持续时间。

图3-66

图3-67

↘ 3.3.3　剪映的“画中画”功能

前面的章节已经为大家简单介绍过剪映的“画中画”功能。该功能可以让不同的素材出现在同一个画面中，能帮助大家制作出创意视频，如让一个人分饰两角，或是营造“隔空”对唱、聊天的场景效果。

在平时观看视频时，大家可能会看到有些视频将画面分为好几个区域，或者划分出一些不太规则的区域来播放其他视频，这在一些教学分析、游戏讲解类视频中非常常见，如图3-68所示。

图3-68

3.3.4 实训：使用“画中画”功能制作穿越效果视频

实训：使用“画中画”功能制作穿越效果视频

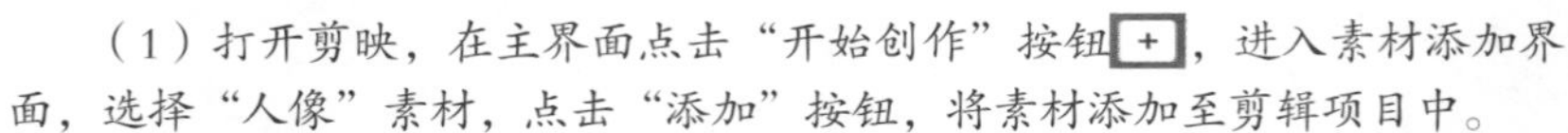

熟练运用“画中画”功能能制作出非常炫酷的画面，下面为大家展示如何使用“画中画”功能制作穿越效果视频。

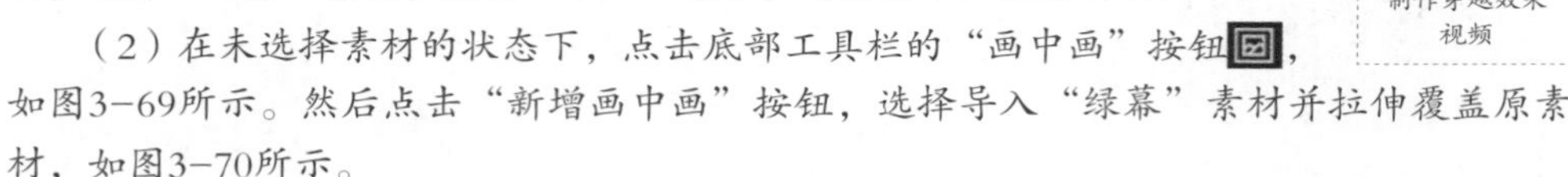

（1）打开剪映，在主界面点击“开始创作”按钮[+]，进入素材添加界面，选择“人像”素材，点击“添加”按钮，将素材添加至剪辑项目中。

（2）在未选择素材的状态下，点击底部工具栏的“画中画”按钮，如图3-69所示。然后点击“新增画中画”按钮，选择导入“绿幕”素材并拉伸覆盖原素材，如图3-70所示。

图3-69

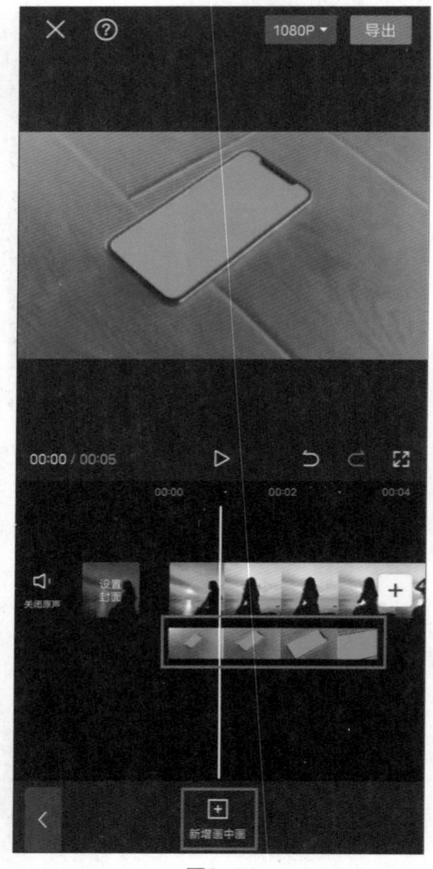

图3-70

（3）选择“绿幕”素材，点击底部工具栏中的“色度抠图”按钮，随后点击“取色器”按钮选取绿色，如图3-71和图3-72所示。在“色度抠图”选项栏中将“强度”设置为80，“阴影”设置为10，完成后点击✓保存，如图3-73所示。

（4）完成所有操作后，点击视频编辑界面右上角的[导出]按钮，将视频导出到手机相册。视频效果如图3-74至图3-76所示。

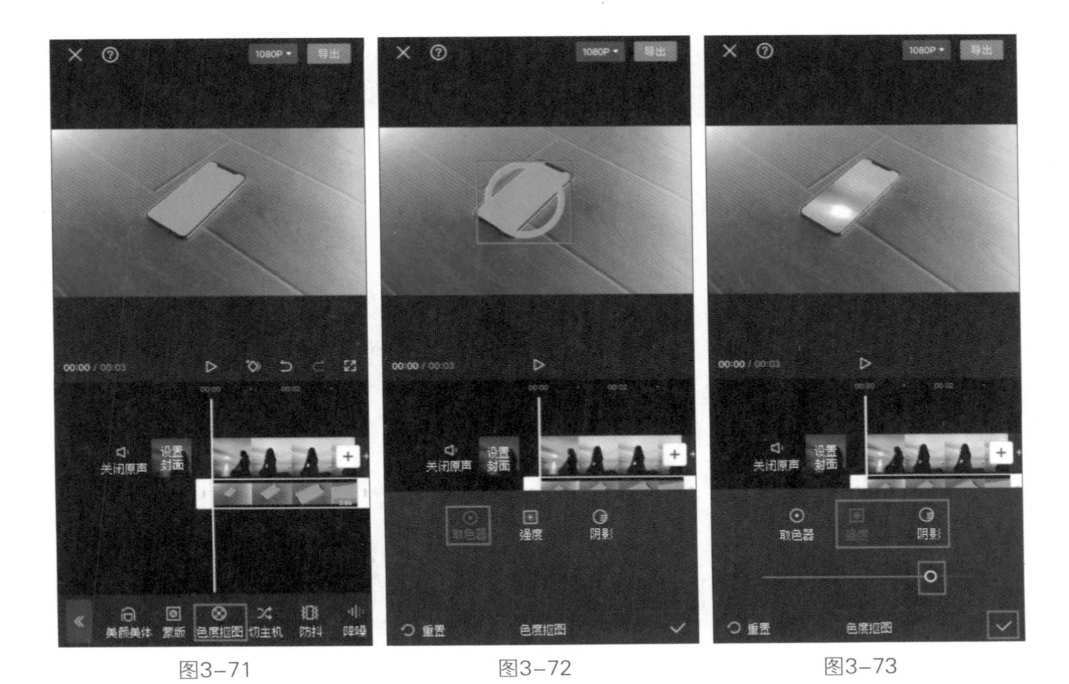

图3-71　　图3-72　　图3-73

图3-74

图3-75

图3-76

↘ 3.3.5　添加与设置背景画布

在剪辑项目中添加一个横画幅图像素材，在未选中素材的状态下，点击底部工具栏中的“比例”按钮■，如图3-77所示。打开“比例”选项栏，选择“9：16”选项，如图3-78所示。

图3-77

图3-78

由于画布比例发生改变，素材画面出现了未铺满画布的情况，上下均出现黑边，这是非常影响观感的。若此时在预览区域中将素材画面进行放大，使其铺满画布，则会造成画面内容的缺失，如图3-79所示。

如果想替换黑边，美化视频，可先在未选中素材的状态下，点击底部工具栏中的“背景”按钮▨，如图3-80所示。

图3-79

图3-80

打开"背景"选项栏，然后点击"画布颜色"按钮，如图3-81所示。接着在打开的"画布颜色"选项栏中点击任意颜色，将其应用到画布上，如图3-82所示，完成操作后点击界面右下角的按钮即可。

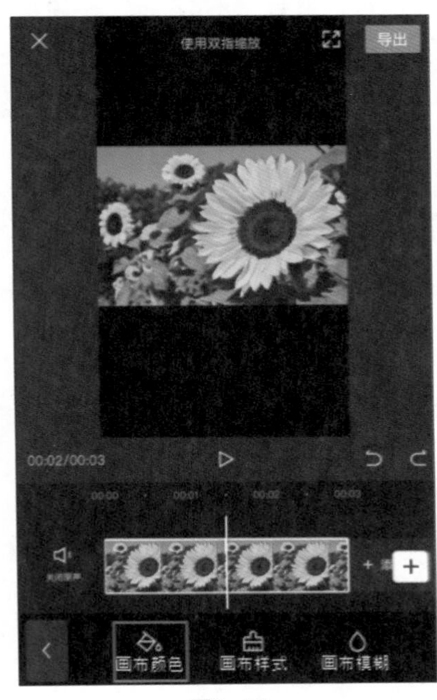

图3-81

图3-82

高手秘技

若想为所有素材统一设置画布颜色，可以在选择好颜色后，点击"全局应用"按钮。

3.4 视频的设置与管理

为了更好地开展视频编辑工作，大家应熟悉剪映的各项剪辑参数设置，以及剪辑草稿和模板草稿的管理操作。

3.4.1 设置视频分辨率

打开剪映，进入视频编辑界面，点击图3-83界面上方所示的按钮1080P，即可进入视频分辨率和视频帧率的选择界面，如图3-84所示。其中，视频分辨率越高画面越清晰，展现的细节也越丰富，视频大小也会随之增加；视频帧率越高则播放越流畅，同时视频的大小也会增加。具体设置可根据实际需求自行调整。

"剪同款"视频的分辨率则是在视频剪辑完成后设置，点击"导出"按钮，然后点击图3-85所示的按钮1080P >进入分辨率选择界面，如图3-86所示。

图3-83　　图3-84

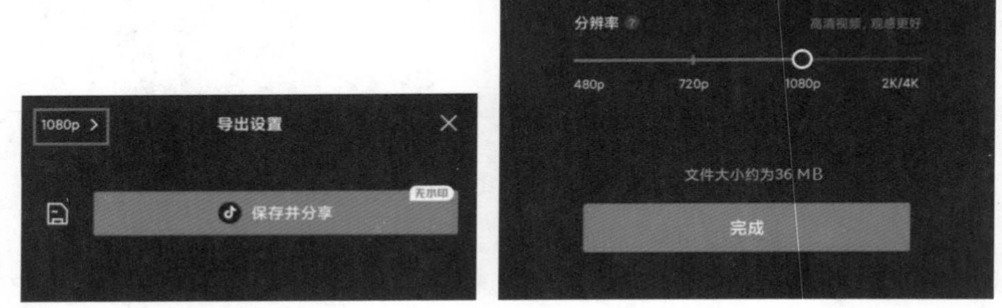

图3-85　　图3-86

↘ 3.4.2　添加与删除片尾

在剪映中，用户可以选择自动添加片尾或手动添加片尾。添加片尾可以让视频看上去更加完整，同时片尾下方通常会贴上用户的剪映号，方便用户传播自己的视频。图3-87所示为剪映片尾效果。

图3-87

用户点击主界面右上角的按钮，可进入设置界面，点击“自动添加片尾”选项后的按钮可切换状态，如图3-88所示，红色状态时代表此时正在创建新的剪辑项目，将会自动添加片尾。若需要关闭该功能，则再次点击“自动添加片尾”选项后的按钮，此时将弹出图3-89所示的提示框，用户根据需要进行选择即可。

图3-88

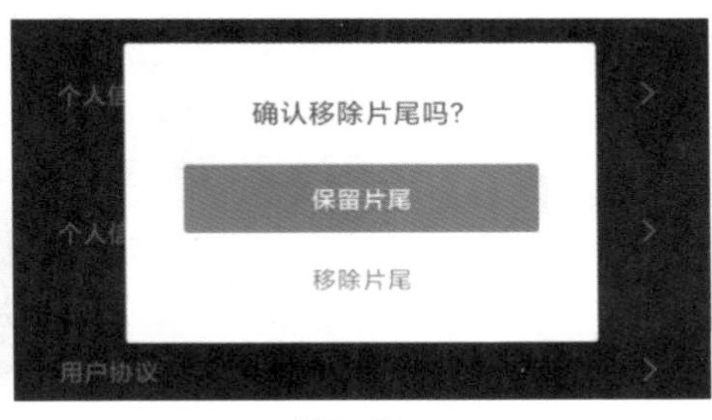

图3-89

在视频编辑的过程中，用户若想为剪辑项目添加一个片尾，可以在轨道区域中点击“添加片尾”按钮，如图3-90所示；用户若想删除片尾，则可以选中片尾素材，然后点击底部工具栏中的“删除”按钮，如图3-91所示。

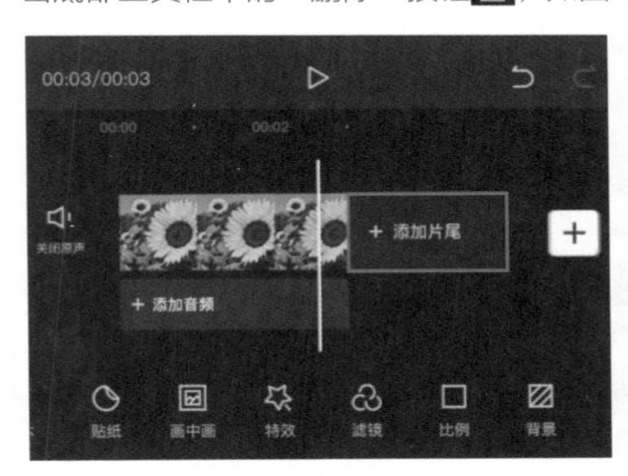

图3-90

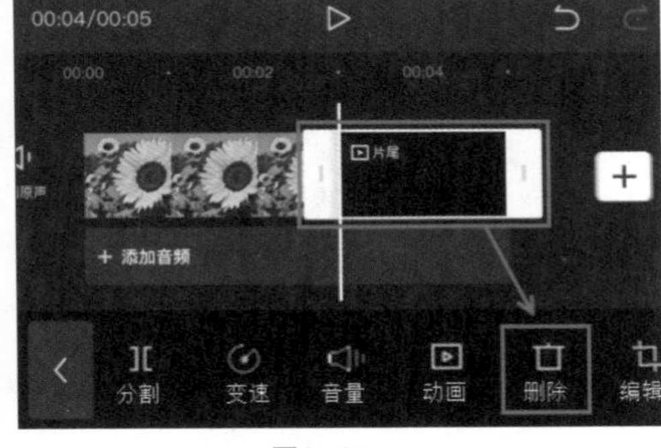

图3-91

↘ 3.4.3　去除剪映水印

用户在剪映中使用“剪同款”功能中的视频模板时，画面的右上角可能会出现剪映专属的水印，如图3-92所示。

图3-92

如果不希望剪辑的同款视频中出现水印，用户可以尝试通过以下方法去除水印。

在视频剪辑完成后，点击“导出”按钮将视频导出，此时会出现底部弹窗，点击“无水印保存并分享”按钮，如图3-93所示，视频中将不会出现水印并可直接分享至抖音。

图3-93

↘ 3.4.4 管理剪辑和模板草稿

在关闭剪辑项目后，项目通常会自动存储在主界面的“本地草稿”中，以方便用户日后随时进行修改和调用。在“本地草稿”中，点击草稿下方的⋮按钮，可以在打开的底部弹窗中对草稿进行上传、重命名、复制草稿和删除操作，如图3-94所示；点击“管理”按钮，则可以批量选择草稿进行删除，如图3-95所示。

图3-94

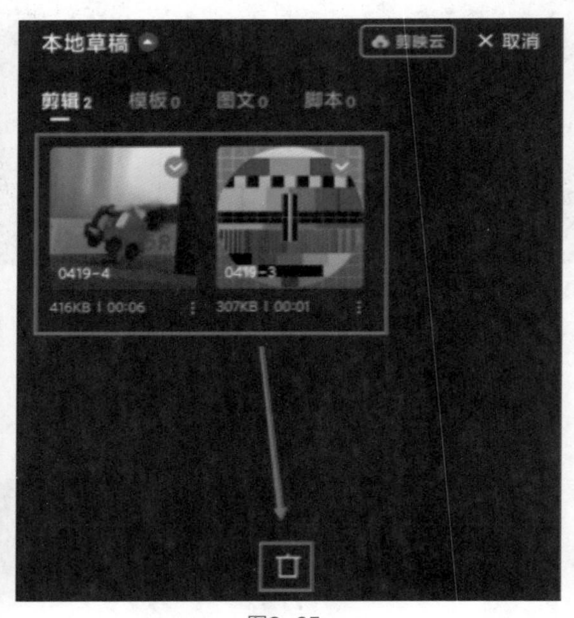

图3-95

在使用“剪同款”功能中的视频模板后，用户同样可以选择将剪辑项目保存为草稿，此时草稿将存储在主界面的“模板”中，如图3-96所示。

图3-96

管理模板草稿的方法与管理剪辑草稿的方法相同：用户点击草稿下方的⋮按钮，可以在打开的底部弹窗中对草稿进行上传、重命名、复制草稿和删除操作，如图3-97所示；用户点击“管理”按钮，则可以批量选择草稿进行删除，如图3-98所示。

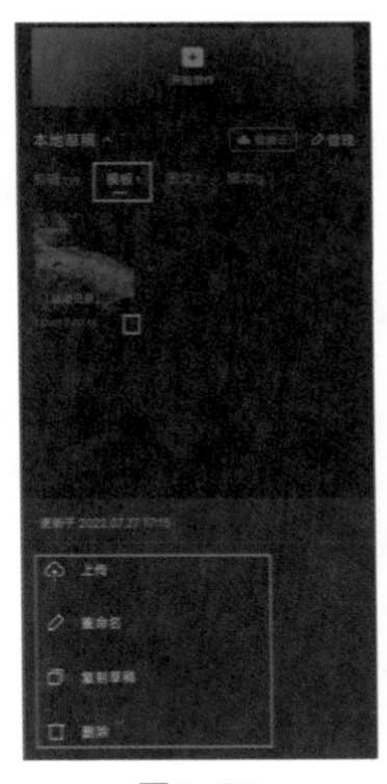

图3-97

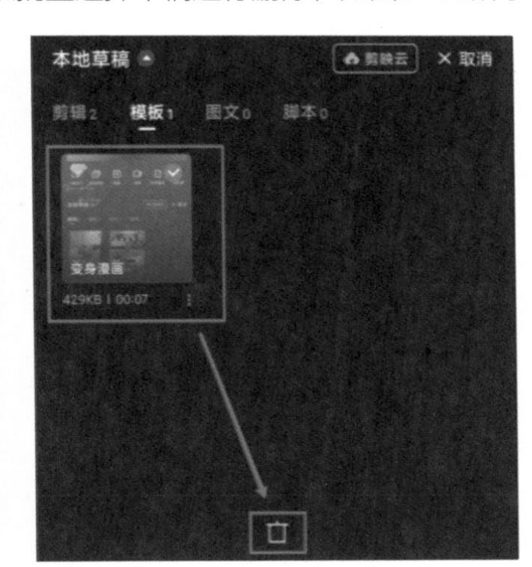

图3-98

3.5 习题

3.5.1 课堂练习——制作简单的幻灯片视频

1. 任务

制作一条简单的幻灯片视频。

课堂练习——制作简单的幻灯片视频

2. 任务要求

素材要求：不少于6个素材。

制作要求：素材大小相同、出现时长相等，在素材之间添加转场效果。

学习要求：掌握素材的基本处理技巧。

3. 最终效果

最终效果如图3-99和图3-100所示。

图3-99

图3-100

3.5.2 课后习题——合成拍立得效果

1. 任务

利用“画中画”与“色度抠图”功能制作拍立得效果的视频。

课后习题——合成拍立得效果

2. 任务要求

素材要求：使用一张照片与一段视频。

制作要求：时长超过10秒，视频清晰，拍立得效果自然。

学习要求：掌握使用“画中画”与“色度抠图”功能制作特效视频的操作。

3. 最终效果

最终效果如图3-101所示。

图3-101

第 4 章
短视频的后期调整

如今由于手机和各类App更新换代快，人们的审美水平也日益提高，单凭手机摄像头拍出的未加修饰的视频很难引起观众的兴趣。这时候，学会使用后期软件对素材进行调整就尤为重要了。而且对于不怎么擅长拍摄的创作者来说，即便拍不出优质的素材，也可以利用后期软件进行修饰处理，使画面更加出彩。

【学习目标】

- 掌握视频画面调色的基本方法。
- 掌握剪映素材库的具体应用。
- 掌握视频转场效果的添加。
- 掌握蒙版的添加与应用。

4.1 视频画面调色

调色是视频编辑工作中不可或缺的一项操作，画面颜色在一定程度上能决定视频质量的好坏。调色不仅可以为画面赋予一定的艺术美感，还可以为视频注入情感。例如，黑色代表黑暗、恐惧，蓝色代表沉静、神秘，红色代表温暖、热情等。与主题相匹配的色彩能很好地传达作品的主旨思想。

4.1.1 视频滤镜的应用

滤镜可以说是各大视频剪辑App的一项必不可少的功能，它可以在一定程度上掩盖画面上的不足，使画面更加生动、绚丽，并且还能烘托氛围，增强画面的故事性。剪映为用户提供了数十种视频滤镜特效，合理运用这些滤镜效果，用户可以模拟各种艺术效果，并对素材进行美化，从而使视频作品更加引人瞩目。

在剪映中，用户可以选择将滤镜应用到单个素材中，也可以选择将滤镜作为独立的一段素材应用到某一段时间。下面为大家分别进行讲解。

1. 将滤镜应用到单个素材中

（1）用户在轨道区域中选中一段视频素材，然后点击底部工具栏中的“滤镜”按钮，如图4-1所示。进入“滤镜”选项栏，用户在其中点击一款滤镜效果，将其应用到所选素材中，如图4-2所示，调节下方的滑块可以改变滤镜的强度。

图4-1

图4-2

（2）用户完成操作后点击界面右下角的按钮，此时的滤镜效果仅应用给了选中的素材。用户若需要将滤镜效果同时应用给其他素材，可在选择好滤镜效果后点击“全局应用”按钮。

2. 将滤镜应用到某一段时间

（1）用户在未选中素材的状态下，点击底部工具栏中的“滤镜”按钮，如图4-3所示。进入“滤镜”选项栏，用户在其中点击一款滤镜效果，如图4-4所示。

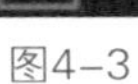

图4-3

图4-4

（2）完成滤镜效果的选取后，用户点击界面右下角的按钮，此时在轨道区域中将生成一段可调整时长和位置的滤镜素材，如图4-5所示。按住素材的前后端拖动，用户可以对素材的时长进行调整，选中素材后左右拖动即可改变素材应用的时间段，如图4-6所示。

图4-5

图4-6

↘ 4.1.2 画面色彩调节选项

在剪映中，用户除了可以运用滤镜效果一键改善画面色调，还可以通过手动调整亮度、对比度、饱和度等色彩参数来进一步营造自己想要的画面效果。

（1）与添加滤镜效果的方法一样，用户可以选中一段视频素材，然后点击底部工具栏中的“调节”按钮，打开“调节”选项栏对选中的素材进行色彩调整，如图4-7和图4-8所示。

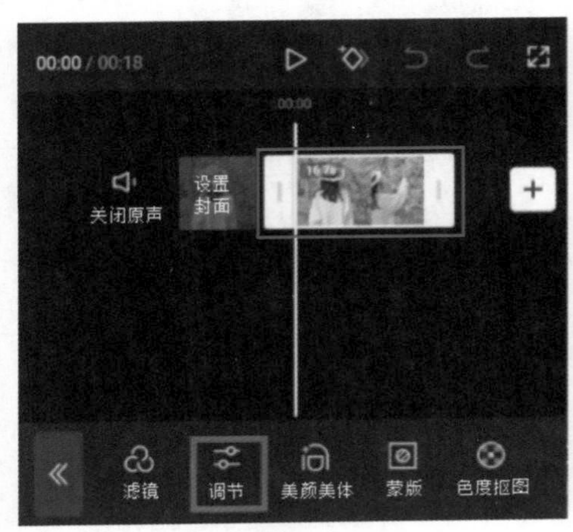

图4-7

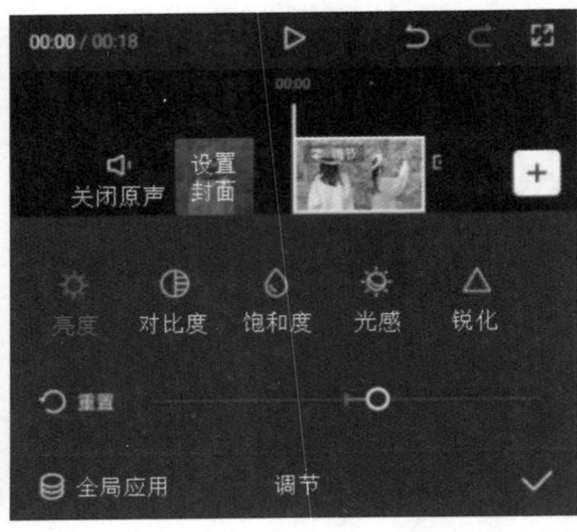

图4-8

（2）在未选中素材的状态下，点击底部工具栏中的“调节”按钮，打开“调节”选项栏对某一调节选项进行设置，即可在轨道区域中生成一段可调整时长和位置的色彩调节素材，如图4-9和图4-10所示。

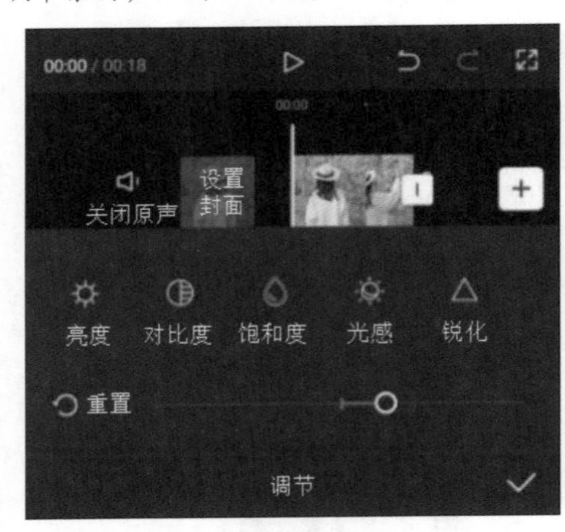

图4-9

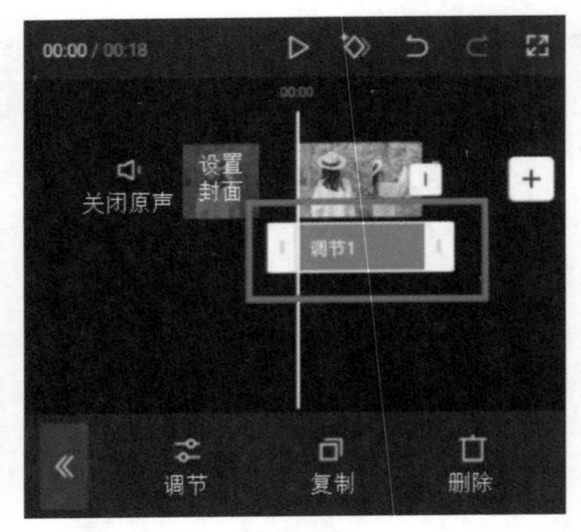

图4-10

“调节”选项栏中包含了“亮度”“对比度”“饱和度”“色温”等色彩调节选项，下面来进行具体介绍。

➢ 亮度：用于调整画面的明亮程度，数值越大，画面越明亮。

➢ 对比度：是指一幅图像中明暗区域最亮的白和最暗的黑之间不同亮度层级的测量，差异范围越大，代表对比度越大；差异范围越小，代表对比度越小。即用于调整画面黑与白的比值，数值越大，从黑到白的渐变层次就越多，色彩的表现也会更加丰富。

➢ 饱和度：用于调整画面色彩的鲜艳程度，数值越大，画面色彩就越鲜艳。

➢ 锐化：反映图像平面清晰度和图像边缘锐利程度的指标。锐化的调节是双向性质的，增加锐化确实能让画面更清晰生动，但也会降低画质，容易使照片失真，在调节的时候需要适度。

➢ 高光/阴影：用于调整画面中的高光或阴影部分。

➢ 色温：用于调整画面中色彩的冷暖倾向，数值越大画面越偏向于暖色，数值越小画面越偏向于冷色。

➢ 色调：用于调整画面中色彩的颜色倾向。

➢ 褪色：用于调整画面中颜色的附着程度。

↘ 4.1.3 实训：风景视频调色

在日常拍摄时，由于受天气等外界因素的影响，拍摄的风景视频可能会出现画面颜色暗淡的情况。针对这种情况，用户可以尝试通过调色，将原本颜色暗淡的视频加以包装美化。

风景视频调色

（1）打开剪映，在主界面点击“开始创作”按钮[+]，进入素材添加界面，选择“夕阳”视频素材，点击“添加”按钮。在未选中任何素材的状态下，点击底部工具栏中的“调节”按钮，如图4-11所示。

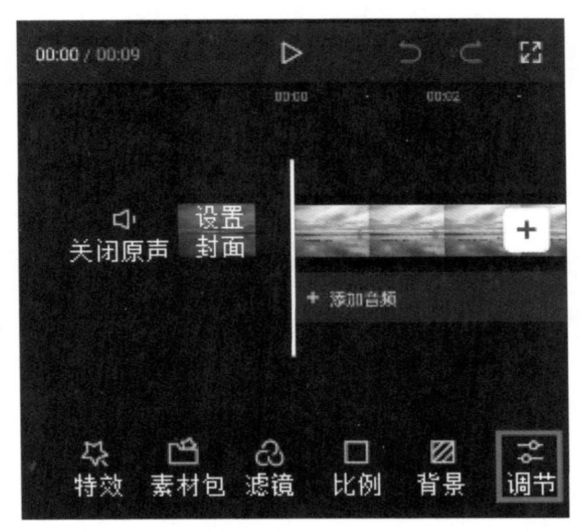

图4-11

（2）打开“调节”选项栏，如图4-12所示，将对比度数值调整为5，将饱和度数值调整为25，将锐化数值调整为15，将色温数值调整为-15，将色调数值调整为-5。完成操作后，点击界面右下角的✓按钮保存，此时在轨道区域中将生成一段可调整时长和位置的色彩调节素材，如图4-13所示。

图4-12

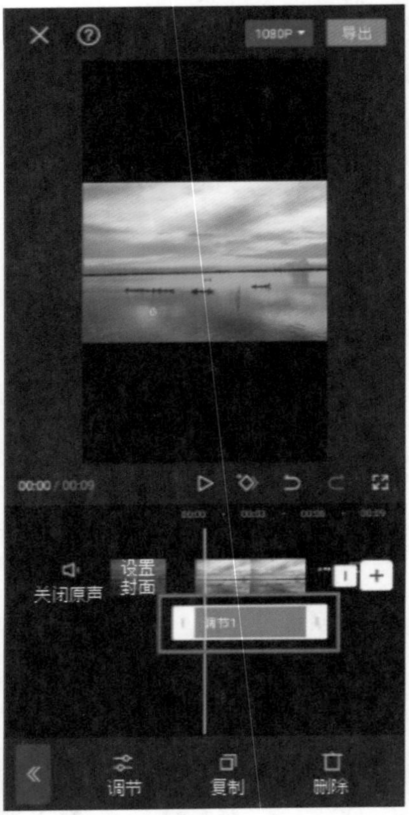

图4-13

（3）点击左下角的“返回”按钮《，再点击“新增滤镜”按钮，如图4-14和图4-15所示。

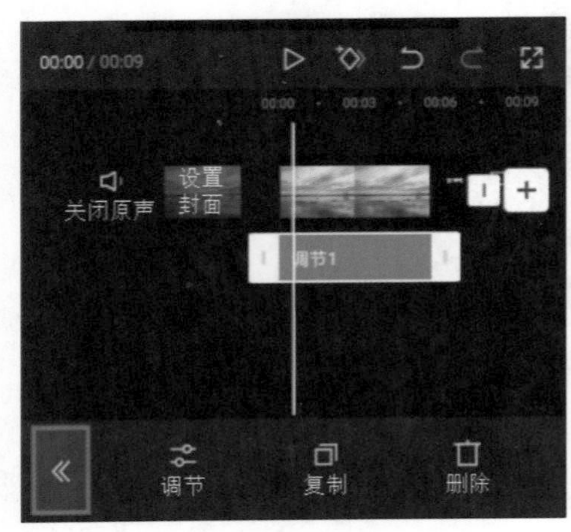

图4-14

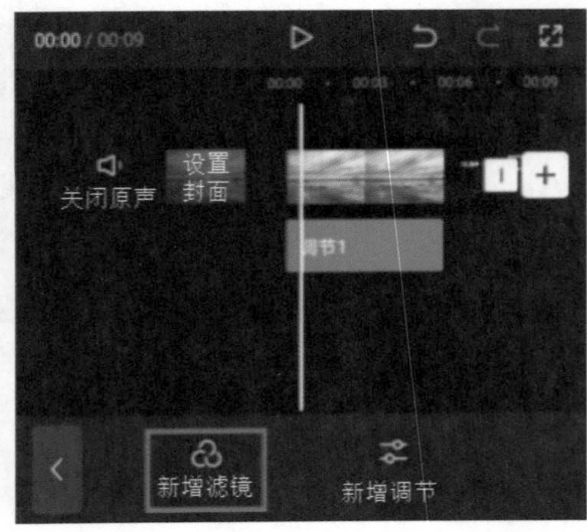

图4-15

（4）打开“滤镜”选项栏，选择“风景”选项中的“古都”效果，并将强度数值调整至80，如图4-16所示。然后点击界面右下角的 按钮保存操作，此时在轨道区域中将生成一段可调整时长和位置的滤镜素材，如图4-17所示。

（5）完成所有调节操作后，再为视频添加一首合适的背景音乐，点击视频编辑界面右上角的 导出 按钮，将视频导出到手机相册。图4-18所示为调节前后的对比图。

图4-16

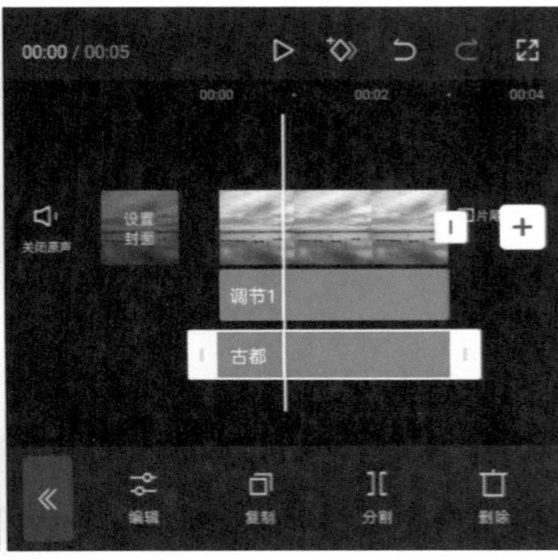

图4-17

图4-18

4.2 认识剪映素材库

在剪映中，用户不仅可以导入手机相册中的素材，还可以在素材添加界面中添加剪映内置的素材库中的素材，如图4-19所示。素材库中提供了“绿幕素材”“故障动画”“蒸汽波”“转场片段”等不同类别的视频素材，用户灵活运用这些素材，可以打造出视觉效果更丰富的视频。

图4-19

↘ 4.2.1 常用的素材类别

1. 故障动画

很多用户应该在日常生活中见过电视机或显示器发生故障时的画面，如图4-20至图4-22所示，这就是故障动画。这种画面主要有3个特点：一是有各种颜色的重影；二是有残破的故障碎块；三是有忽然的抖动。

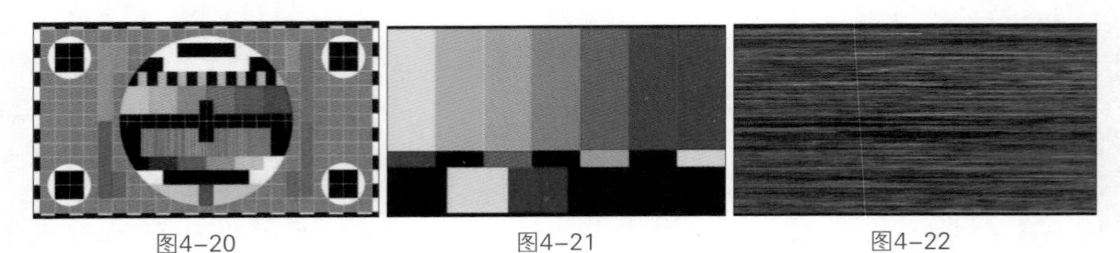

图4-20　　图4-21　　图4-22

2. 片头片尾

一个好的视频作品，除了中心内容容易引人注目，优秀的片头片尾也能为视频加分。剪映素材库中的片头片尾包含了动漫、炫酷、轻快、治愈等各种风格的素材，如图4-23至图4-25所示。用户合理地利用这些片头片尾素材，可以极大地增添视频的趣味性，吸引观众观看。

图4-23

图4-24

图4-25

3. 绿幕素材

很多用户对于绿幕素材并不陌生，在视频制作过程中选择合适的绿幕素材可以节省很多时间。用户合理地使用绿幕素材，不仅能制作出非常炫酷的效果，而且能节约很多制作成本，提高效率。剪映素材库也为用户提供了各式各样的绿幕素材，如图4-26至图4-28所示。用户学会灵活使用，就可以打造出十分炫酷的短视频。

图4-26

图4-27

图4-28

4. 蒸汽波

蒸汽波是赛博朋克（Cyberpunk）艺术风格的一种演变风格，是一种融合了复古、前卫和混合等视觉特征，以石膏雕塑、早期计算机界面、热带植物、动漫形象等为元素，通过拼贴、解构和打码等手法进行创作的前卫设计风格。在剪映素材库中的蒸汽波类别中，包含了众多梦幻又复古的动漫素材，如图4-29至图4-31所示。

图4-29

图4-30

图4-31

5. 转场片段

在转场片段类别中包含了一些自带音频效果和字幕的转场素材，如图4-32至图4-34所示。这类素材适合用在视频开场或者视频中间作为过渡，在增添视频趣味性的同时，也可以很好地体现时间概念。

图4-32

图4-33

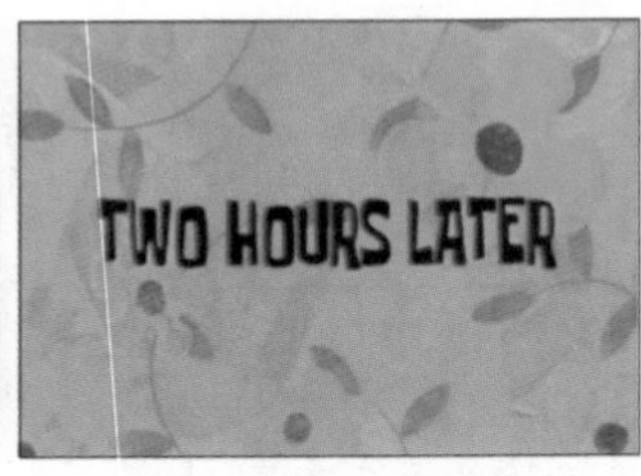

图4-34

6. 节日氛围

在节日氛围类别中包含了烟花、数字倒计时等节日元素素材，如图4-35至图4-37所示。这类素材适合用在节日祝福视频或年货展示视频中，其浓厚的喜庆氛围很容易感染观众。

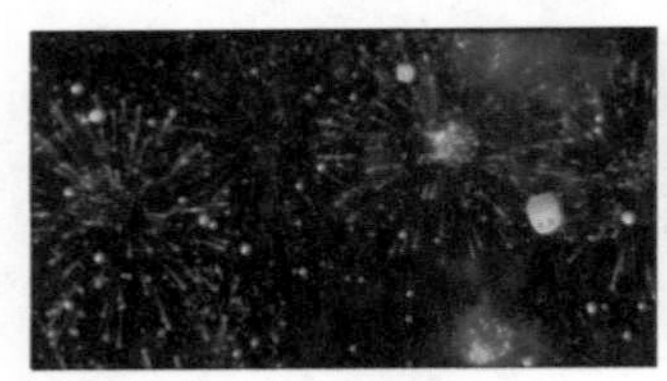

图4-35

图4-36

图4-37

素养提升

中国的传统节日主要有春节、元宵节、龙抬头、社日节、上巳节、寒食节、端午节、七夕节、中元节、中秋节、重阳节、下元节、除夕等。另外，二十四节气当中，也有个别节气既是自然节气点也是传统节日，如清明、冬至等，这些节气兼具自然与人文内涵。用户在制作与节日相关的视频时，可从剪映素材库中调取相关素材，以节省工作时间。

4.2.2 实训：绿幕素材的具体应用

绿幕素材的具体应用

绿幕素材可以将某一元素叠加到不同的背景图像或视频中，用户若是学会合理运用这些素材，就可以制作出一些非常炫酷的镜头，如宇航员在太空中飞行。

（1）用户打开剪映，在主界面点击“开始创作”按钮，进入素材添加界面，选择“太空”的背景素材和宇航员的绿幕素材，点击“添加”按钮。

（2）用户选中宇航员的绿幕素材，点击底部工具栏的“切画中画”按钮，如图4-38所示，将宇航员的素材移至主轨道下方，然后点击底部工具栏中的“色度抠图”按钮，如图4-39所示。

（3）用户在预览区域中将取色器移动至绿色部分，如图4-40所示。然后在界面下方点击“强度”按钮，将数值调至最大，宇航员素材中的绿色将被去除，如图4-41所示。用户完成上述操作后，点击界面右下角的按钮。

（4）用户点击界面左下角的“返回”按钮，如图4-42所示，再点击“新增画中画”按钮，如图4-43所示，进入素材添加界面，在素材库中添加火焰特效素材。

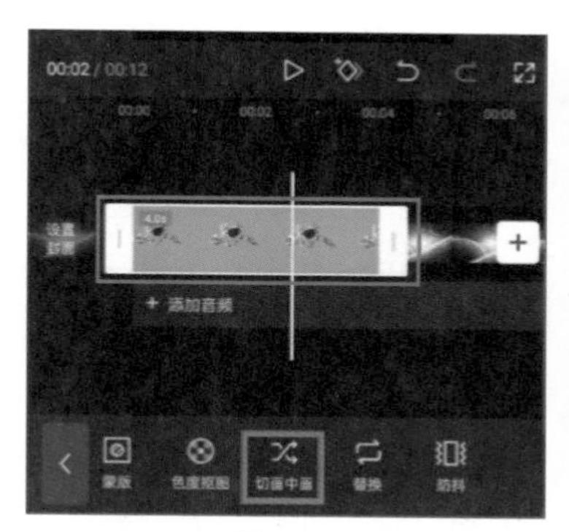

图4-38

图4-39

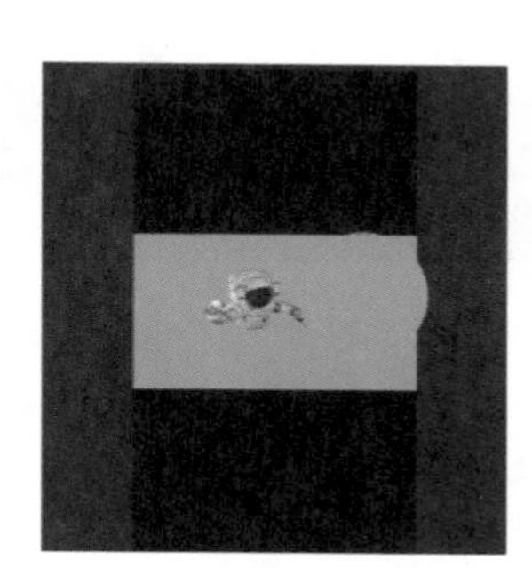

图4-40

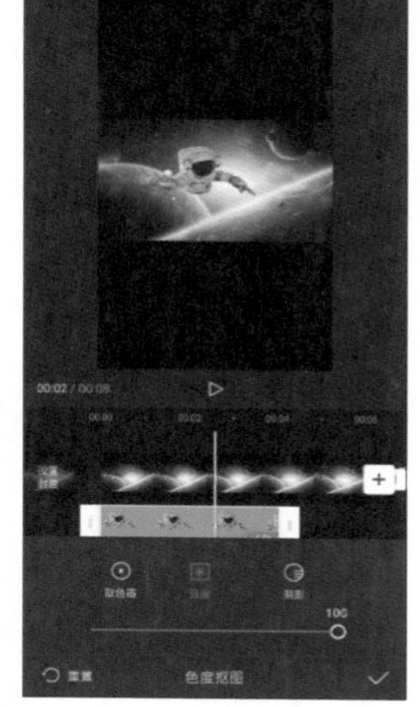

图4-41

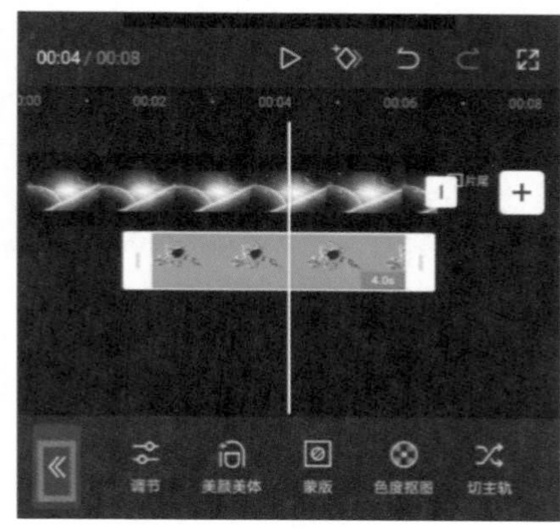

图4-42

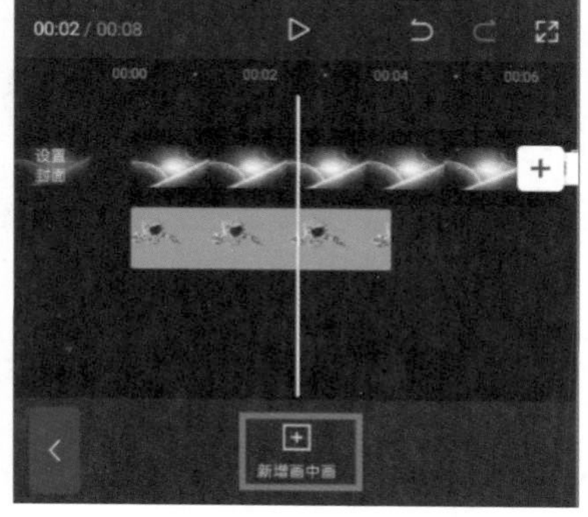

图4-43

（5）用户在预览区域中将火焰素材放大，使其与图像素材重合，然后在底部工具栏中点击“混合模式”按钮，如图4-44所示。

（6）用户在进入“混合模式”选项栏后，选择“滤色”混合模式，视频素材中的黑色将被去除，如图4-45所示。

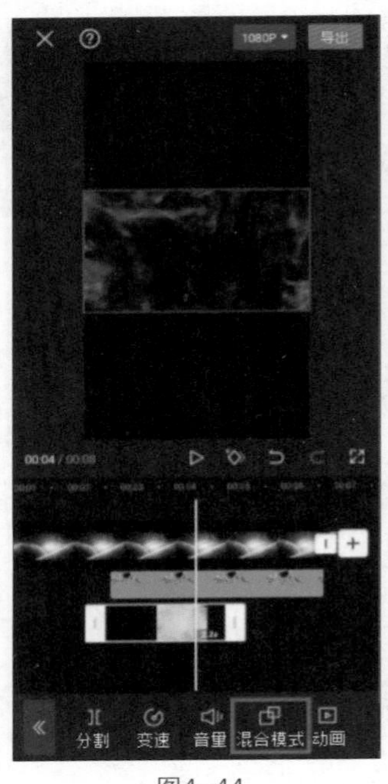

图4-44

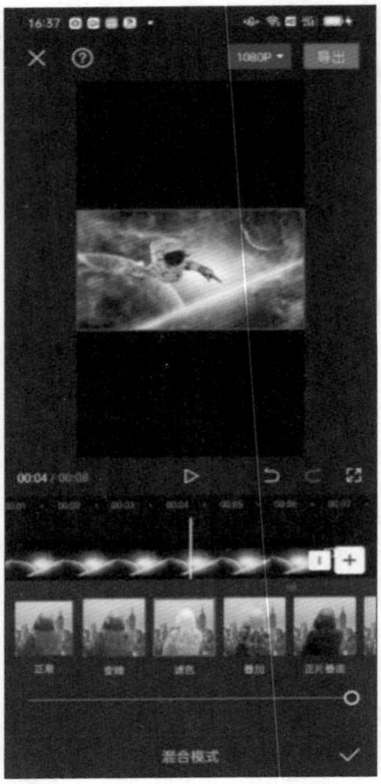

图4-45

（7）完成所有操作后，在剪辑项目中添加合适的背景音乐。最后，点击视频编辑界面右上角的导出按钮，将视频导出到手机相册。视频效果如图4-46和图4-47所示。

图4-46

图4-47

4.3 添加视频转场效果

视频转场也称视频过渡或视频切换，可以使一个场景平缓且自然地转换到下一个场景，同时可以极大地增强视频的艺术感染力。用户在进行视频剪辑时，利用转场可以改变视角，推进故事的发展，避免两个场景之间产生突兀的跳转。

用户在轨道区域中添加两个素材之后，点击素材中间的按钮，可以打开“转场”选项栏，如图4-48和图4-49所示，此时可以看到其中分布了“基础转场”“运镜转场”等不同类别的转场效果。

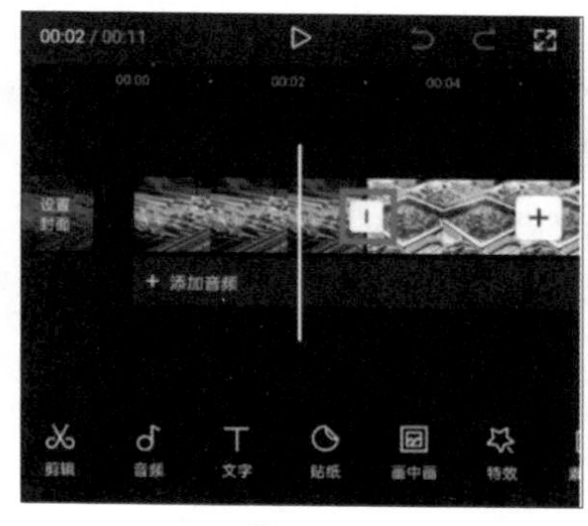

图4-48

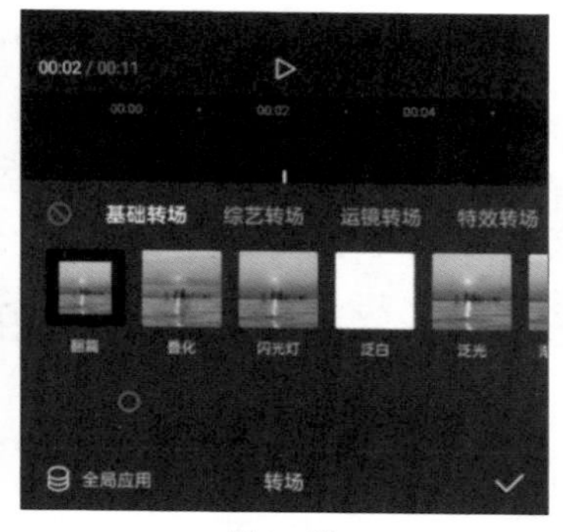

图4-49

↘ 4.3.1　常用的转场类别

1. 基础转场

在基础转场类别中包含了叠化、闪黑、闪白、色彩溶解、滑动和擦除等转场效果，这一类转场效果主要通过平缓的叠化、推移运动来实现两个画面的切换。图4-50至图4-52所示为基础转场类别中滑动效果的展示。

图4-50　　图4-51　　图4-52

2. 运镜转场

在运镜转场类别中包含了推近、拉远、顺时针旋转、逆时针旋转等转场效果，这一类转场效果在切换过程中，会产生回弹感和运动模糊效果。图4-53至图4-55所示为运镜转场类别中拉远效果的展示。

图4-53　　图4-54　　图4-55

3. 特效转场

在特效转场类别中包含了故障、放射、马赛克、动漫火焰、炫光等转场效果，这一类转场效果主要是通过火焰、光斑、射线等炫酷的视觉特效来实现两个画面的切换。图4-56至图4-58所示为特效转场类别中色差故障效果的展示。

图4-56　图4-57　图4-58

4. MG转场

MG动画是一种包括文本、图形信息、配音配乐等内容，以简洁有趣的方式描述相对复杂的概念的艺术表现形式，是一种能有效与受众交流的信息传播方式。而在MG动画的制作中，场景之间转换的过程就是MG转场。MG转场可以使视频更流畅自然，视觉效果更富有吸引力，从而加深观众的印象。图4-59至图4-61所示为MG转场类别中向右流动效果的展示。

图4-59　图4-60　图4-61

5. 遮罩转场

在遮罩转场类别中包含了圆形遮罩、星星、爱心、水墨、画笔擦除等转场效果，这一类转场效果主要是通过不同的图形遮罩来实现画面之间的切换。图4-62至图4-64所示为遮罩转场类别中爱心Ⅱ效果的展示。

图4-62　图4-63　图4-64

6. 幻灯片

在幻灯片类别中包含了翻页、立方体、倒影、百叶窗、风车、万花筒等转场效果，这一类转场效果主要是通过一些简单的画面运动和图形变化来实现两个画面之间的切换。图4-65至图4-67所示为幻灯片类别中立方体效果的展示。

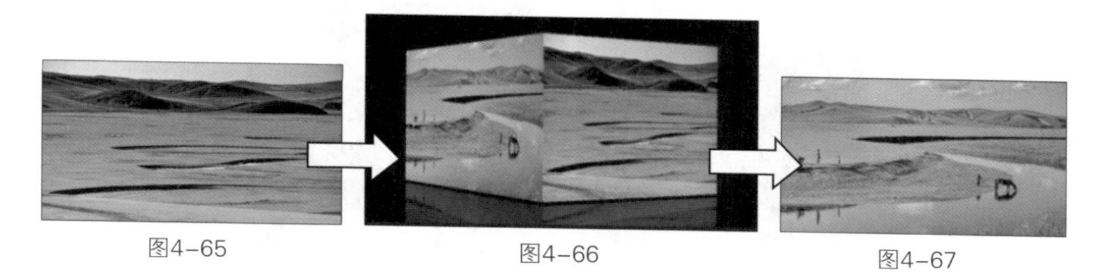

图4-65　　图4-66　　图4-67

4.3.2 实训：制作音乐卡点转场视频

制作音乐卡点转场视频，就是要让视频素材之间的切换与音乐的节奏点同步。在剪映中，用户可以使用“踩点”功能轻松实现这一效果。

（1）打开剪映，在主界面点击“开始创作”按钮[+]，进入素材添加界面，切换至“视频”选项，依次选择24段“城市夜景”的视频素材，点击“添加”按钮，如图4-68所示；进入视频编辑界面，点击底部工具栏中的“音频”按钮[♪]，如图4-69所示。

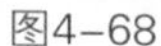
图4-68

图4-69

（2）打开音频选项栏，点击“抖音收藏”按钮[♪]，如图4-70所示，选择图4-71中的音乐，点击“使用”按钮。

图4-70

图4-71

（3）在轨道区域选中音乐素材，点击底部工具栏中的“踩点”按钮，如图4-72所示；在底部浮窗中点击“自动踩点”按钮，选择“踩节拍Ⅱ”选项，如图4-73所示。

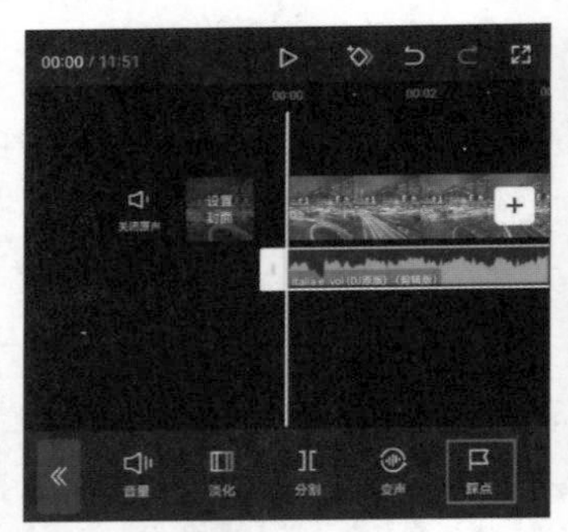

图4-72

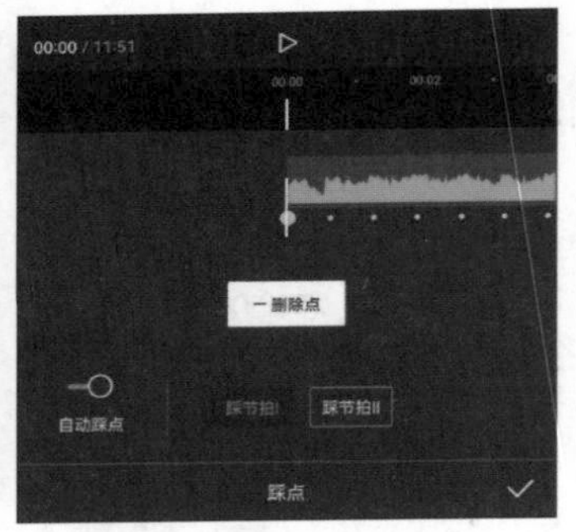

图4-73

（4）将时间线移动至第二个节拍点的位置，选中第1段素材，点击底部工具栏中的“分割”按钮，再点击“删除”按钮，如图4-74和图4-75所示。

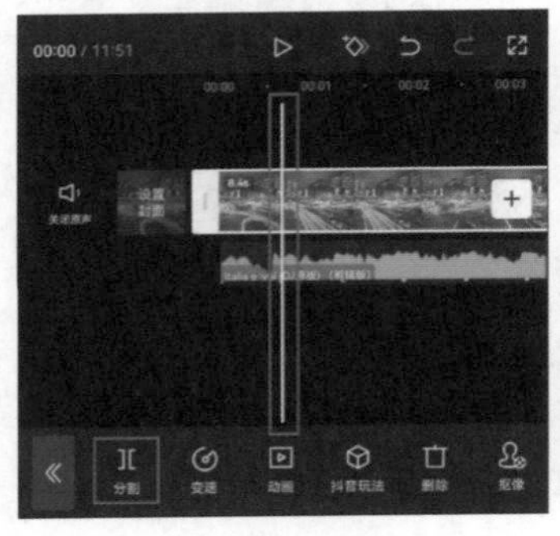

图4-74

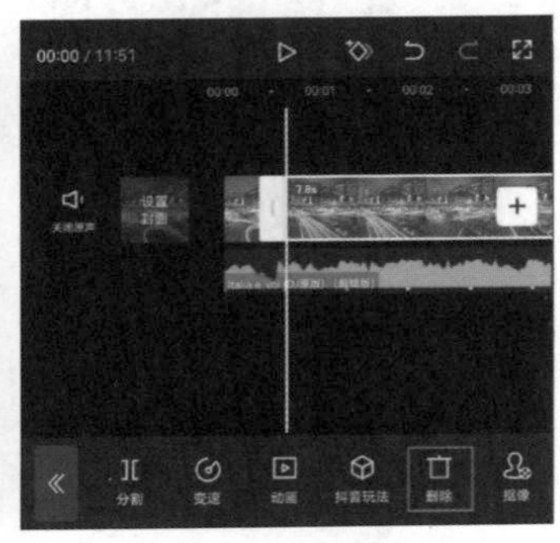

图4-75

（5）参照步骤4的操作方法，根据音乐素材上的节拍点，对余下的视频素材进行处理，如图4-76所示。

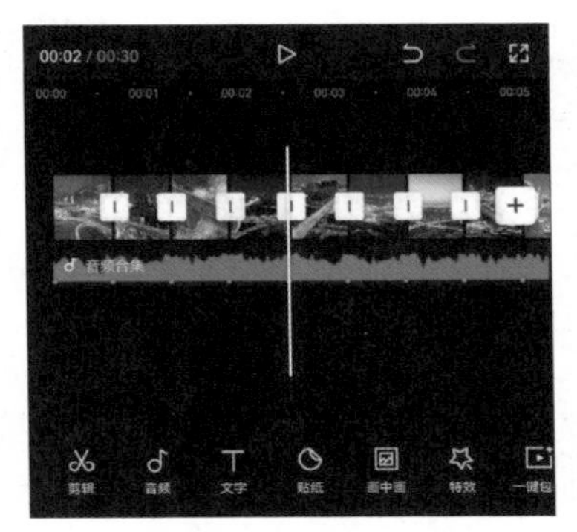

图4-76

（6）点击第1段素材和第2段素材中间的小白块▯，如图4-77所示，打开转场选项栏，选择运镜选项栏中的“推近”效果，如图4-78所示。

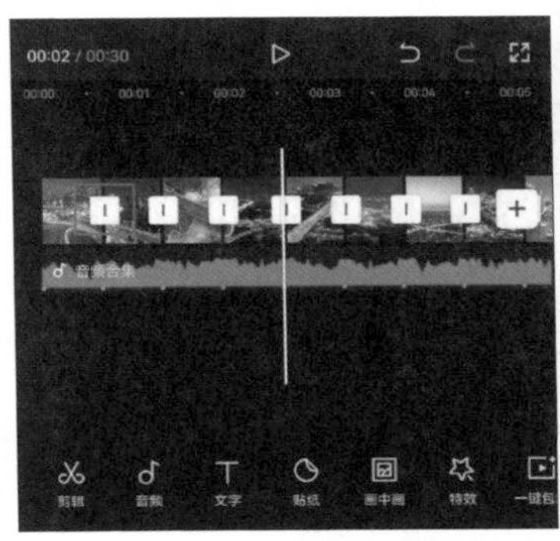

图4-77

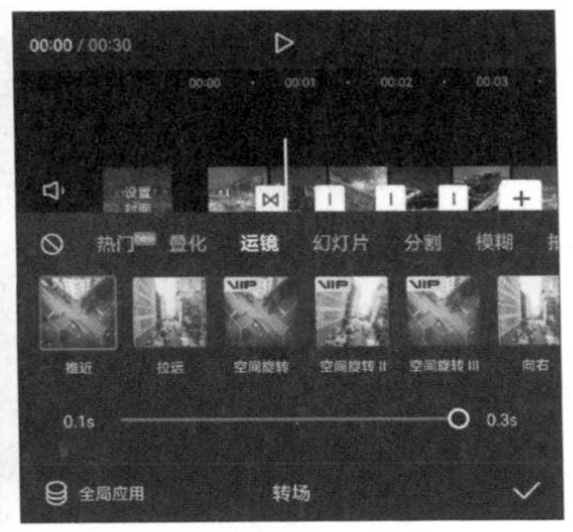

图4-78

（7）点击第2段素材和第3段素材中间的小白块▯，如图4-79所示，打开转场选项栏，选择运镜选项栏中的“拉远”效果，如图4-80所示。

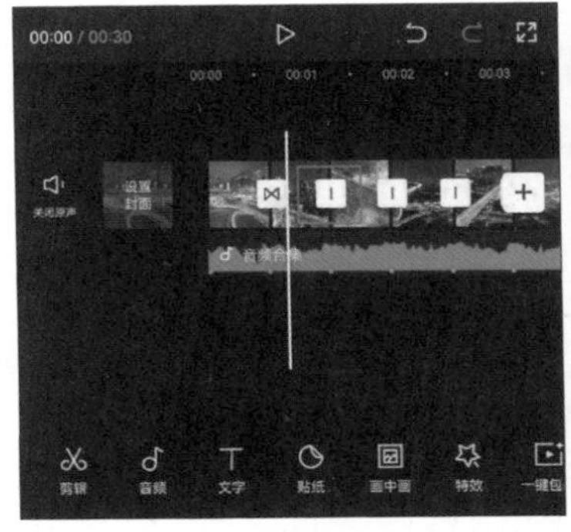

图4-79

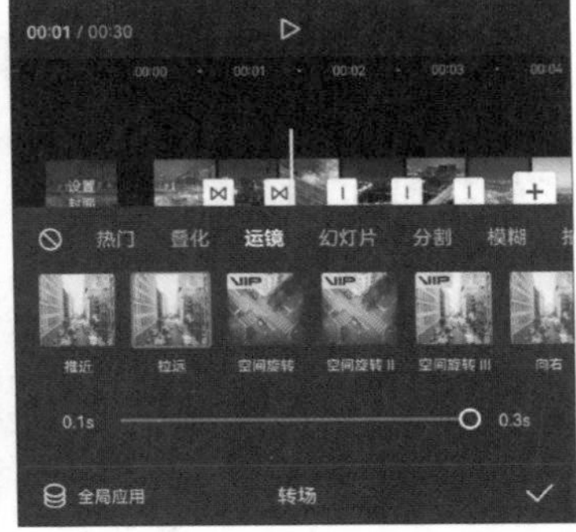

图4-80

（8）点击第3段素材和第4段素材中间的小白块，如图4-81所示，打开转场选项栏，选择运镜选项栏中的“顺时针旋转”效果，如图4-82所示。

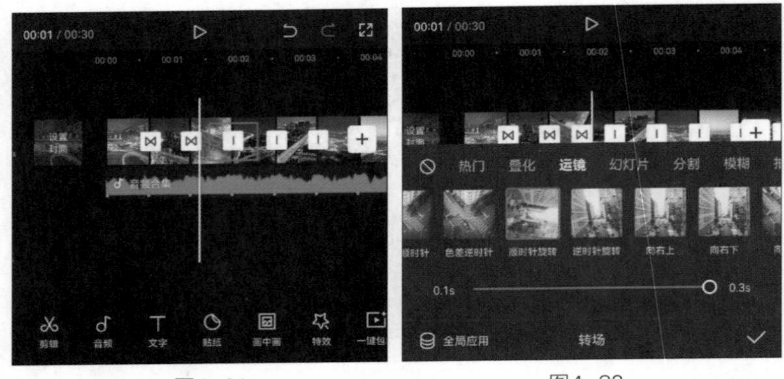

图4-81　　图4-82

（9）参照步骤6、步骤7和步骤8的操作方法，为余下素材依次添加“推近”“拉远”和“顺时针旋转”转场效果，如图4-83所示。

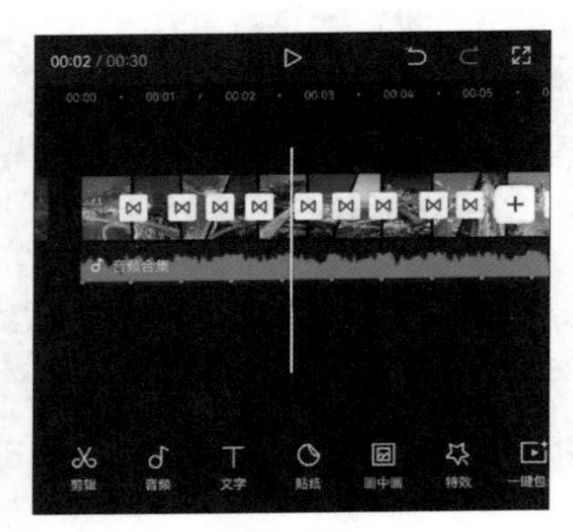

图4-83

（10）将时间线移动至视频的结尾处，选中音乐素材，点击底部工具栏中的“分割”按钮，再点击“删除”按钮，如图4-84和图4-85所示。

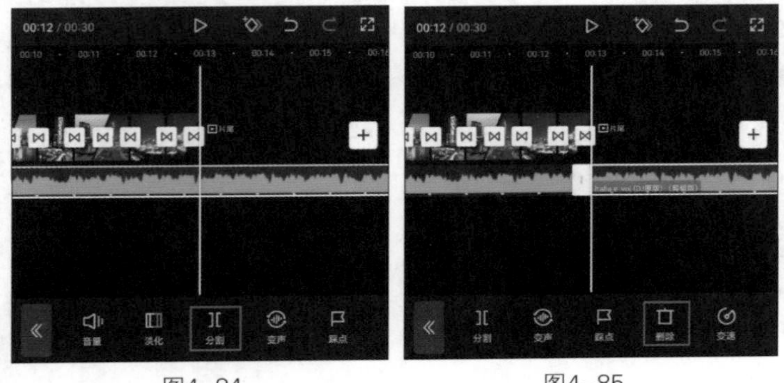

图4-84　　图4-85

（11）完成所有操作后，即可点击界面右上角的“导出”按钮，将视频保存至相册，效果如图4-86和图4-87所示。

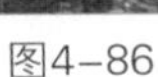
图4-86

图4-87

4.4 蒙版的添加与应用

蒙版，也可以称为“遮罩”。在剪映中，“蒙版”功能可以轻松地遮挡部分画面或显示部分画面，是视频编辑工作中非常实用的一项功能。剪映为用户提供了几种不同形状的蒙版，如线性、镜面、圆形、爱心和星形等，这些形状蒙版可以作用于固定的范围。如果用户想让画面中的某个部分以几何图形的状态在另一个画面中显示，则可以使用“蒙版”功能。

4.4.1 添加蒙版

在剪映中添加蒙版的操作很简单，首先在轨道区域中选中需要应用蒙版的素材，然后点击底部工具栏中的“蒙版”按钮，如图4-88所示。在打开的“蒙版”选项栏中，可以看到不同形状的蒙版选项，如图4-89所示。

图4-88

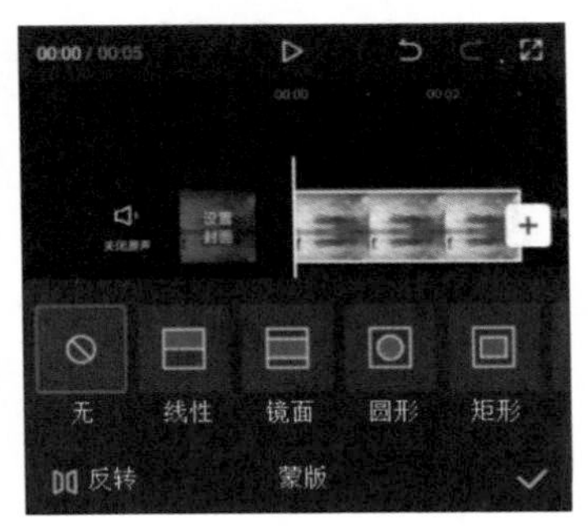

图4-89

在“蒙版”选项栏中点击某一形状的蒙版选项，并点击界面右下角的✓按钮，即可将该形状蒙版应用到所选素材中，如图4-90和图4-91所示。

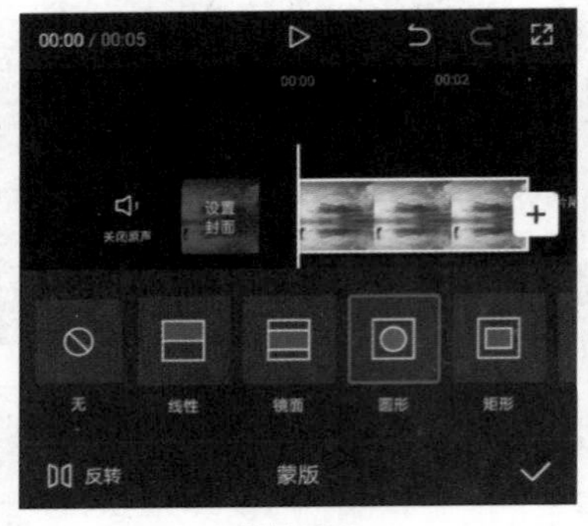

图4-90

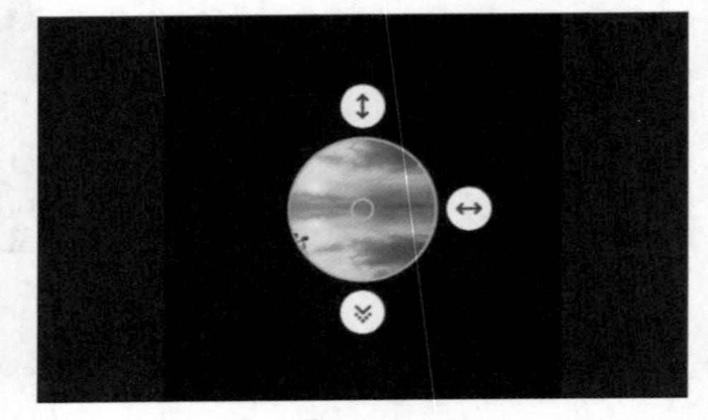
图4-91

4.4.2 移动蒙版

在选择好蒙版后，用户可以在预览区域中对蒙版进行移动、缩放和旋转等基本调整操作。需要注意的是，不同形状的蒙版所对应的调整参数会有些不同，下面就以“圆形”蒙版为例进行讲解。

在“蒙版”选项栏中选择“圆形”蒙版后，在预览区域中可以看到添加蒙版后的画面效果，同时蒙版的周围分布了几个功能按钮，如图4-92所示。

在预览区域中按住蒙版进行拖动，可以对蒙版的位置进行调整，此时蒙版的作用区域也会发生变化，如图4-93所示。

图4-92

图4-93

4.4.3　调整蒙版大小

在预览区域中，两指朝相反方向滑动，可以将蒙版放大，如图4-94所示；两指朝同一方向聚拢，则可以将蒙版缩小，如图4-95所示。

此外，“矩形”蒙版和“圆形”蒙版支持用户在垂直或水平方向上对蒙版的大小进行调整。在预览区域中，按住蒙版旁的 ↕ 按钮可以对蒙版进行垂直方向上的缩放，如图4-96所示；若按住蒙版旁的 ↔ 按钮，则可以对蒙版进行水平方向上的缩放，如图4-97所示。

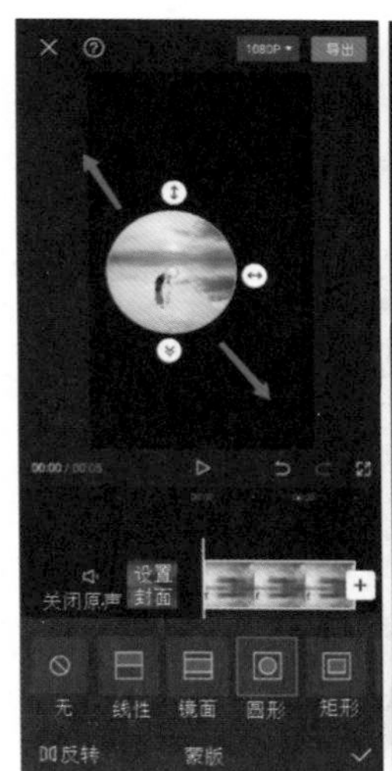

图4-94

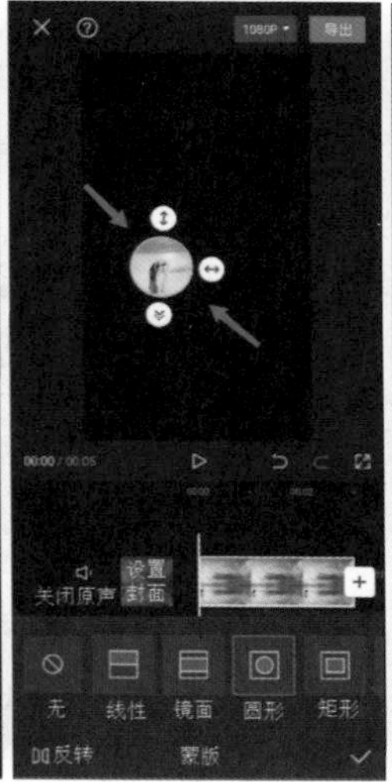

图4-95

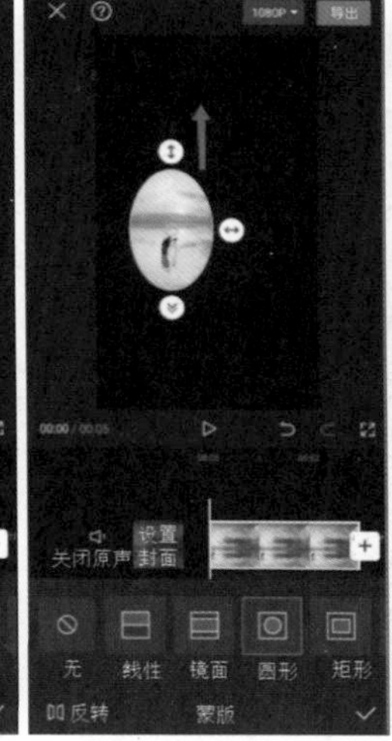

图4-96

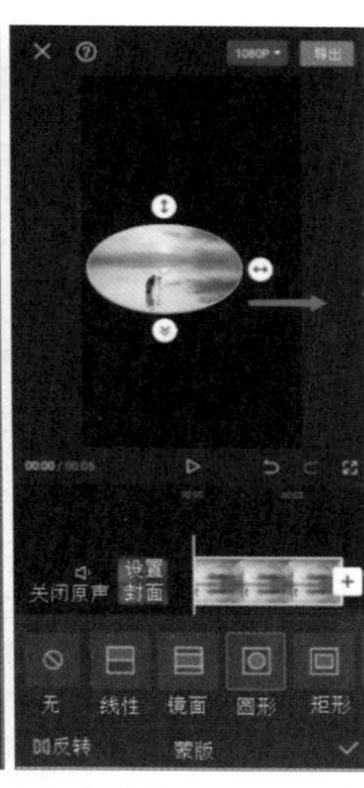

图4-97

4.4.4　旋转蒙版

在剪映中，用户除了可以调整蒙版的位置和大小，还可以对蒙版进行任意角度的旋转，具体的操作方法如下。

在轨道区域中选中添加了蒙版的素材，然后在预览区域中通过双指旋转完成蒙版的旋转，双指的旋转方向即为蒙版的旋转方向，如图4-98和图4-99所示。

4.4.5　蒙版的羽化和反转

在“蒙版”选项栏中，选择任意形状蒙版添加至画面中后，在预览区域中按住 ≫ 按钮进行拖动，可以对蒙版的边缘进行羽化处理。羽化处理可以使蒙版生硬的边缘变得更加柔和、自然，如图4-100和图4-101所示。

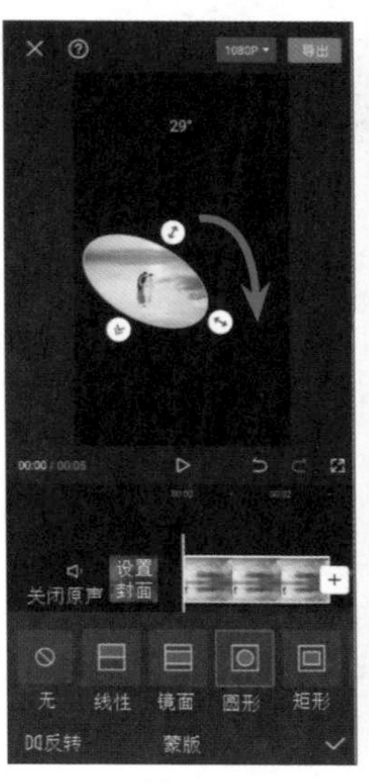

图4-98

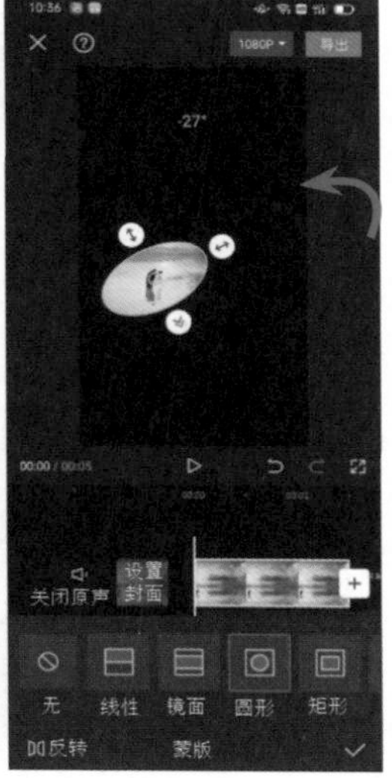

图4-99

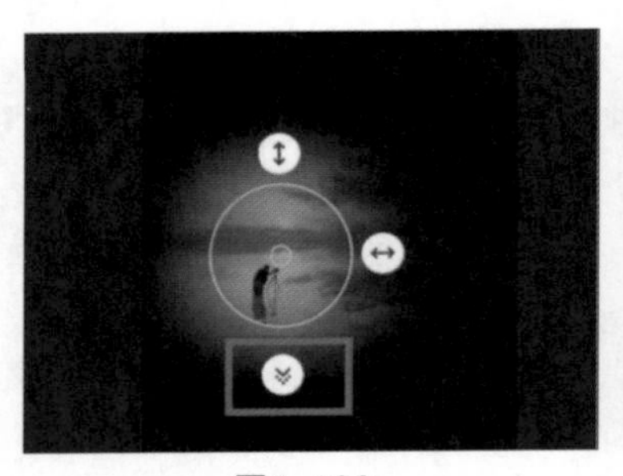

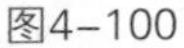

图4-100

图4-101

在剪映中添加蒙版后，用户可以对蒙版进行反转操作，以改变蒙版的作用区域。反转蒙版的操作非常简单，在“蒙版”选项栏中选择形状蒙版后，点击界面左下角的“反转”按钮即可，如图4-102和图4-103所示。

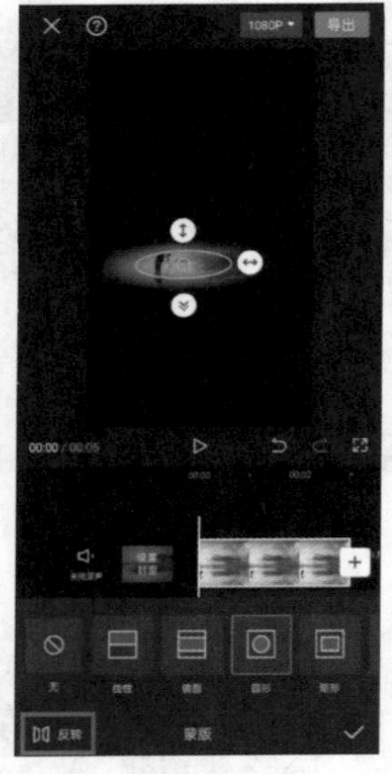

图4-102

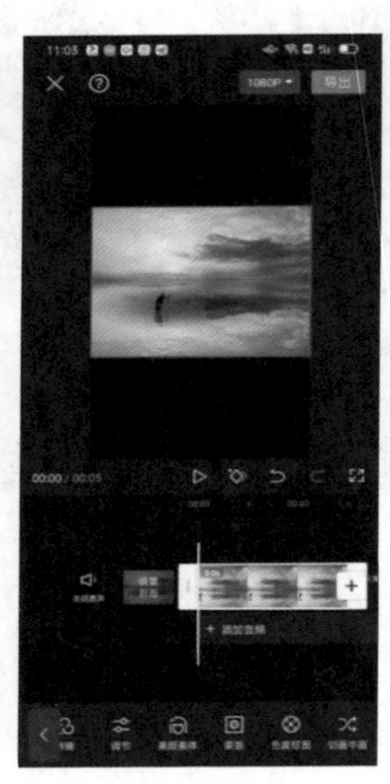

图4-103

4.4.6 实训：利用蒙版创作特效短视频

利用蒙版创作特效短视频

特效短视频在短视频平台很常见，也很受欢迎。在剪映中，用户利用“蒙版”功能就可以制作出好看的个性化特效短视频，比如非常炫酷的城市灯光秀。

（1）打开剪映，用户在主界面点击“开始创作”按钮，进入素材添加界面，选择“城市夜景”的背景素材，点击“添加”按钮。

（2）用户点击底部工具栏中的“音频”按钮，点击“音乐”按钮，进入剪映音乐素材库后，选择一首要卡点的音乐，然后点击“使用”按钮，如图4-104所示。

（3）用户在轨道区域中选中背景素材，然后按住背景素材的尾部，将其拉至音乐素材的结尾处，使二者的轨道对齐，如图4-105所示。

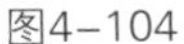
图4-104

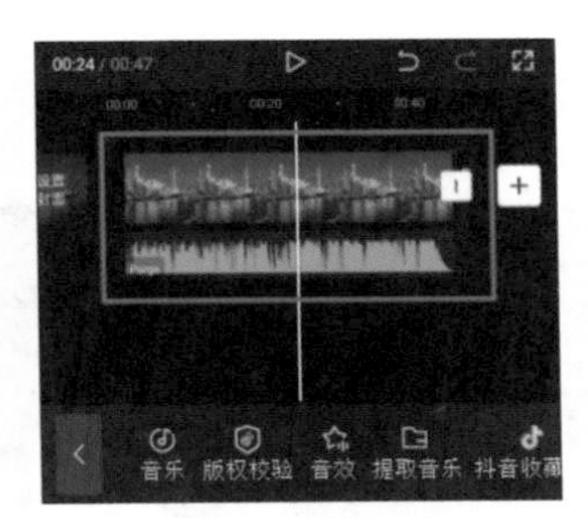

图4-105

（4）用户选中背景素材，在底部工具栏中点击“滤镜”按钮，选择黑白类别中的“默片”效果，然后点击界面右下角的按钮保存操作，如图4-106所示。

（5）用户点击底部工具栏中的“复制”按钮，此时，轨道区域中将会出现一段一模一样的背景素材并衔接在原素材的后方，如图4-107所示。

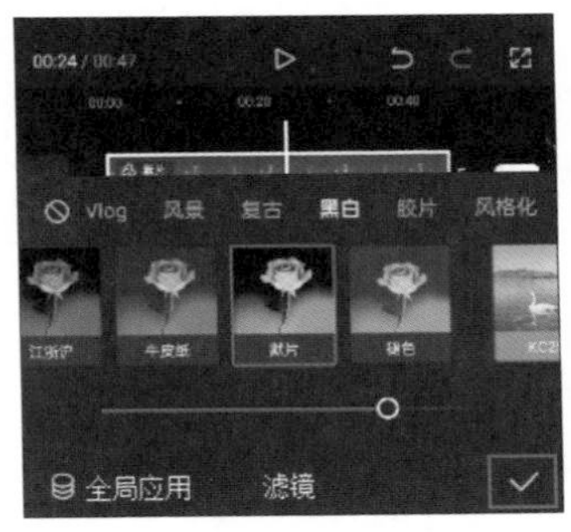

图4-106

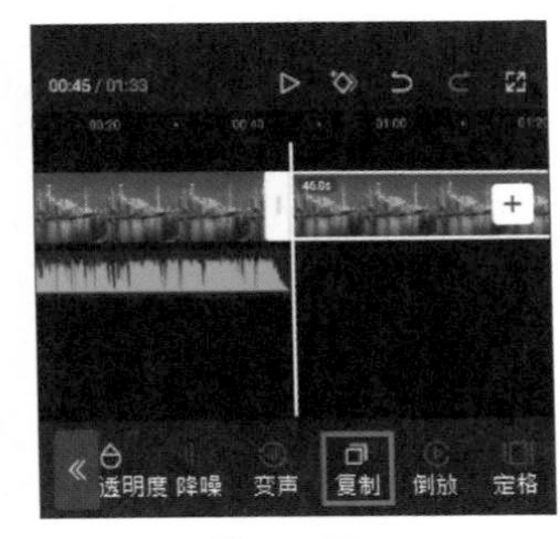

图4-107

（6）用户选中复制的背景素材，在底部工具栏中点击“滤镜”按钮，然后点击“滤镜”选项栏左上角的按钮，去除“默片”效果，如图4-108所示。用户完成操作后，点击界面右下角的按钮保存操作，然后点击底部工具栏中的“切画中画”按钮，如图4-109所示。

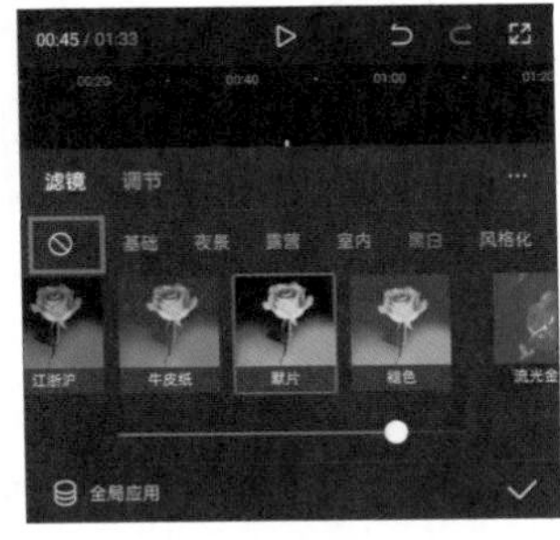

图4-108

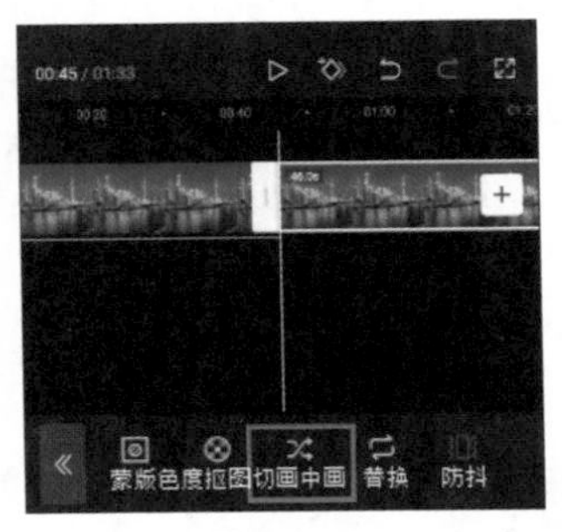

图4-109

（7）用户在轨道区域中，将复制的背景素材移动至主轨道下方，与主轨道对齐，如图4-110所示。

（8）用户选中音频素材，在底部工具栏中点击“踩点”按钮，选择“自动踩点”，然后点击“踩节拍Ⅰ”。用户完成操作后，点击界面右下角的✓按钮保存操作，可以看到轨道区域中的音频素材上出现了黄色的标记点，如图4-111（a）和图4-111（b）所示。

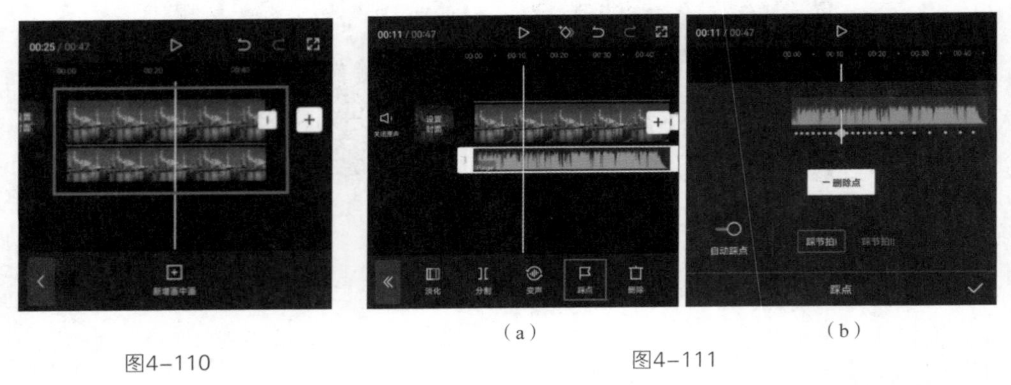

（a）　（b）

图4-110　图4-111

（9）用户选中复制的背景素材，根据音频素材上的标记点对背景素材进行分割，如图4-112所示。

（10）用户选中分割好的背景素材，点击底部工具栏中的“蒙版”按钮⊘，选中需要的形状蒙版，对切割好的背景素材进行调整，控制需要亮灯的建筑，如图4-113所示。

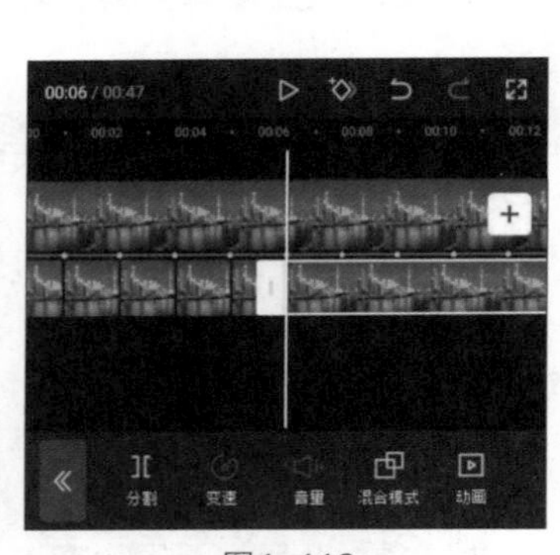

图4-112

图4-113

（11）完成所有操作后，点击视频编辑界面右上角的 导出 按钮，将视频导出到手机相册。视频效果如图4-114和图4-115所示。

图4-114

图4-115

4.5 习题

4.5.1 课堂练习——进行视频调色

1. 任务

使用剪映的“调节”功能改善又黄又暗的视频画面。

课堂练习——进行视频调色

2. 任务要求

制作要求：使用剪映的“调节”功能为视频调色。

画面要求：使人物的皮肤变白。

学习要求：掌握为视频画面调色的基本方法。

3. 最终效果

最终效果如图4-116和图4-117所示。

图4-116

图4-117

4.5.2 课后习题——制作蒙版卡点视频

1. 任务

使用剪映的“蒙版”功能制作一条蒙版卡点视频。

课堂练习——制作蒙版卡点视频

2. 任务要求

时长要求：7秒左右。

制作要求：需使用剪映的“踩点”功能和“蒙版”功能在视频的特定区域营造特殊效果。

学习要求：掌握剪映“踩点”功能和“蒙版”功能的使用方法。

3. 最终效果

最终效果如图4-118和图4-119所示。

图4-118

图4-119

第 5 章 制作短视频字幕

添加字幕是制作短视频时必不可少的一项工作。字幕不仅可以方便观众理解和记忆短视频的内容，还可以让观众在众多场所都能观看短视频。不管是在嘈杂的地铁站、火车站，还是在安静的图书馆，观众都可以关掉短视频的声音，通过字幕欣赏和理解短视频内容。

【学习目标】

- 掌握字幕的创建方法与调整操作。
- 掌握花字和气泡效果的基本操作。
- 掌握字幕动画效果的添加方法。
- 掌握字幕识别功能的具体应用。

5.1 字幕的运用技巧

如果短视频中演员的普通话不够标准，或者语速过快，观众对短视频内容的理解就会不到位。此外，由于不同地区方言的发音差别很大，对于那些偏爱创作方言类短视频的创作者来说，要想让其他地区的观众准确无误地了解短视频的内容，添加字幕就显得尤为重要了，本节将详细介绍字幕的运用技巧。

↘ 5.1.1　认真选择字幕的颜色

不同颜色的字幕能表达不同的情绪和气氛：白色的字幕显得客观、真实；红、橙、黄等暖色字幕则给人温暖、热烈的感觉，显得情绪振奋、思维活跃；青、蓝、紫等冷色字幕则使人感到沉静、深远，所表达的情绪是冷静、压抑的；绿色字幕会使人感到心绪平和，宁静而轻松。

大家平时看到的新闻一般以白色字幕为主，其旨在进一步强化内容的写实性和报道的公正性；文艺节目、综艺节目和广告则会根据具体内容使用不同颜色的字幕，渲染出不同的氛围，如图5-1所示。

图5-1

字幕颜色应注意与画面保持基调统一和协调，花里胡哨的字幕不仅不能有效地为视频增色，反而会使视频显得粗俗、凌乱，降低视频的艺术格调。字幕颜色的选择应力求清新、醒目、协调。

↘ 5.1.2　注重字幕的背景

字幕的背景不局限于使用纯色，可以精心选择一些简洁的线条或是清新典雅的图案，这些线条或图案蕴含着形式美，能为视频作品增添一定的艺术韵味。

一般来说，线条带给人的视觉感受和引发的思维活动是丰富的，线条的曲直、流畅、顿挫能表现出愉快明朗或抑郁深沉等不同的情绪。选用相宜的线条和图案构成字幕的背景，不仅能赋予字幕形式上的美感，还能为字幕增添艺术氛围，提高字幕的艺术感。但同时要注意的是，不可以选择太过艳丽的线条和图案作为背景，因为背景只是一种陪衬，目的在于美化字幕，切不可喧宾夺主。

↘ 5.1.3　认真设计和选择字幕的呈现方式

用户在添加字幕时，不仅要注重字幕的内容，更要注意字幕的呈现方式，巧妙地为字幕添加一些动画效果，这样可以给字幕增添一种“依附感”，使画面与字幕互相依托，相得益彰。

字幕没有固定的呈现方式，只有一条基本原则：要与视频内容相结合。例如，儿童类视频的字幕出场可以是活泼、欢快的，字幕通过飞出、转出、跳出等弹跳效果，能很好地体现活泼感；政论类视频的字幕出场应是凝重、深沉、富有气势的，字幕动画应表现得果断、直接；文艺类视频的字幕重在体现清新感，可以选择一些富有节奏感的出场动画。

5.1.4 灵活调整字幕的排列方式及位置

在视频中，最常见的字幕排列方式是横行排列，除此之外，大家还可以根据需要选择竖行、斜行等不同的排列方式。字幕文字的间距可以相等，也可以不等；字体的大小可以相同，也可以不同。错落有致的字幕也别具一番风味，如图5-2所示。从字幕设计的角度来看，字幕在画面中的位置是灵活多变的，与画面中的其他元素一样，并不需要保持在固定位置上，更不必一成不变地放置在画面的中间区域。

图5-2

调整字幕在画面上的排列方式和位置是调整画面构图的重要手段，既可以集中在某一区域，也可以占据画面上的两三处位置，甚至形成点的分布。在图5-3所示的视频中，视频的文案置于画面底部的正中间，花朵的名称字幕则处于画面的右侧。

图5-3

5.2 字幕的创建及调整

通过上一节内容的学习，相信大家应该学到了不少与字幕相关的基础知识，本节将从技术层面出发，以剪映为例教大家如何在视频中添加字幕，并对添加的字幕进行加工、润色，以展现字幕更为多彩的一面。

↘ 5.2.1 添加基本字幕

现在的视频编辑软件基本上都提供了字幕功能，用户通过在视频编辑界面中点击相应的按钮，即可在画面中生成字幕。

以剪映为例，如果需要在视频中添加字幕，用户可以点击视频编辑界面底部的“文字”按钮T，然后点击“新建文本”按钮A+，在弹出的文本输入框中输入文本内容即可，如图5-4所示。

图5-4

需要特别注意的是，短视频当中不能出现一些违规词、敏感词、不文明用语等，短视频当中一旦出现此类词句，将会导致该短视频审核不通过、账号被限流甚至封号。

5.2.2 调整字幕形式

用户如果觉得视频中的字幕过于单调，可以对字幕的形式稍做调整，如改变字幕的字体、颜色和透明度等，具体操作方法如下。

用户在剪映的字幕功能列表中点击“字体”选项，将出现很多不同样式的字体供用户选择，如图5-5所示。一般来说，常规、端正的字体适用于视频的文案字幕，而创意随性的字体更适用于视频的片头字幕或片名字幕。

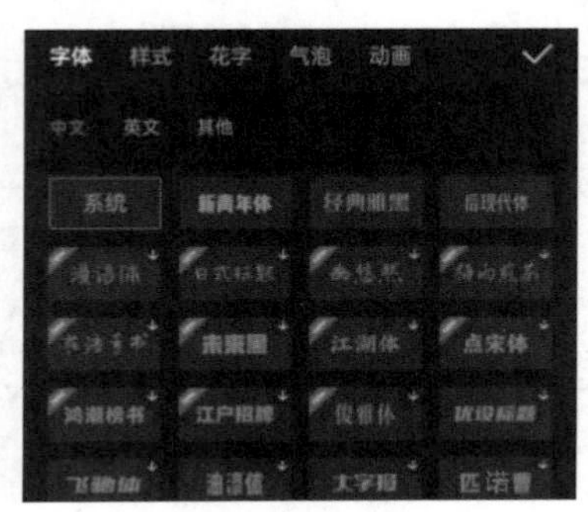

图5-5

点击切换至“样式”选项，如图5-6所示，即可对字幕的描边、背景、阴影、排列、透明度等进行设置。图5-7中的字幕运用了“清刻本悦”字体和淡粉色阴影的效果。

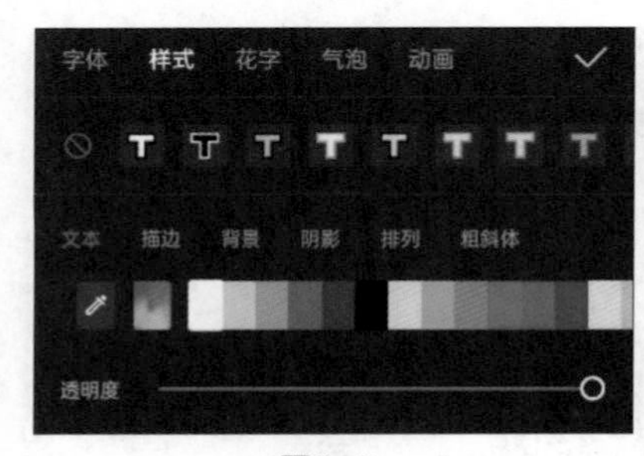

图5-6

图5-7

5.2.3 实训：制作文字粒子消散效果

实训：制作文字粒子消散效果

很多视频或者电影、电视剧的片头字幕中，都会出现文字散成飞沙、粉尘的画面，这种效果一般称为文字粒子消散效果，在剪映中也可以制作。

（1）用户打开剪映，在主界面点击“开始创作”按钮+，进入素材添加界面，选择“车的后视镜”素材，点击“添加”按钮，将素材添加至剪辑项目中。

（2）用户进入视频编辑界面后，点击“比例”按钮，选择“9：16”选项，如图5-8所示。用户完成操作后点击“返回”按钮，可返回上一级功能列表。

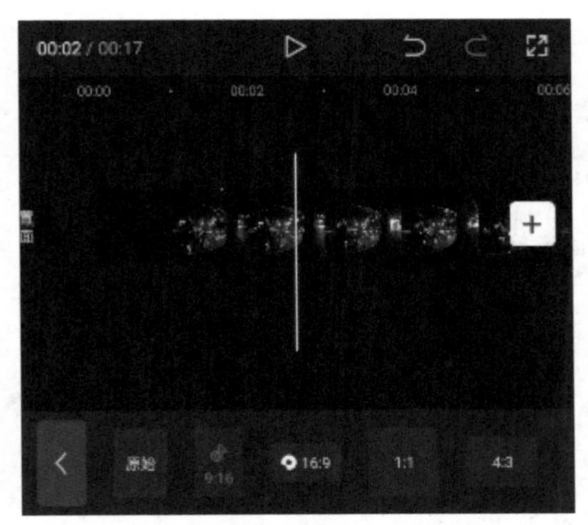

图5-8

（3）用户将时间线定位至素材的起始位置，点击“文字”按钮，再点击“新建文本”按钮，在文本输入框中输入“Good night”，选择“默陌手写”字体，如图5-9所示。然后用户切换至“动画”选项，在出场动画中给文字添加“溶解”效果，时长设置为1.3s，如图5-10所示，再点击按钮保存操作。

图5-9

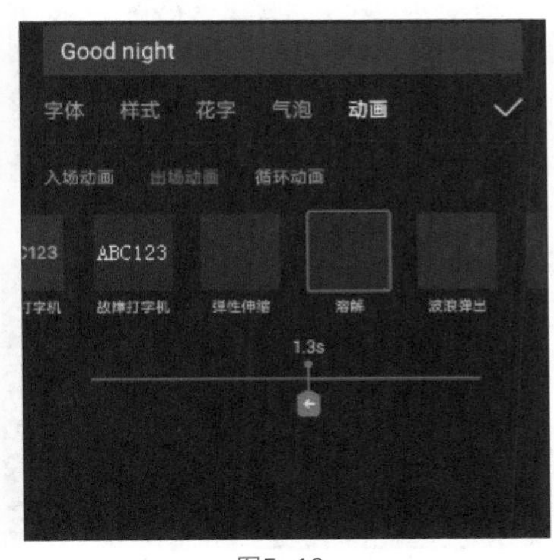

图5-10

（4）用户点击“画中画”按钮，再点击“新增画中画”按钮，导入粒子素材，然后在预览区域中调整粒子素材的大小和位置，让它覆盖住文字，如图5-11所示。用户接着点击底部工具栏中的“混合模式”按钮，添加“滤色”效果，粒子素材中的黑色部分将被去除，如图5-12所示。

（5）完成所有操作后，点击视频编辑界面右上角的导出按钮，将视频导出到手机相册。视频效果如图5-13和图5-14所示。

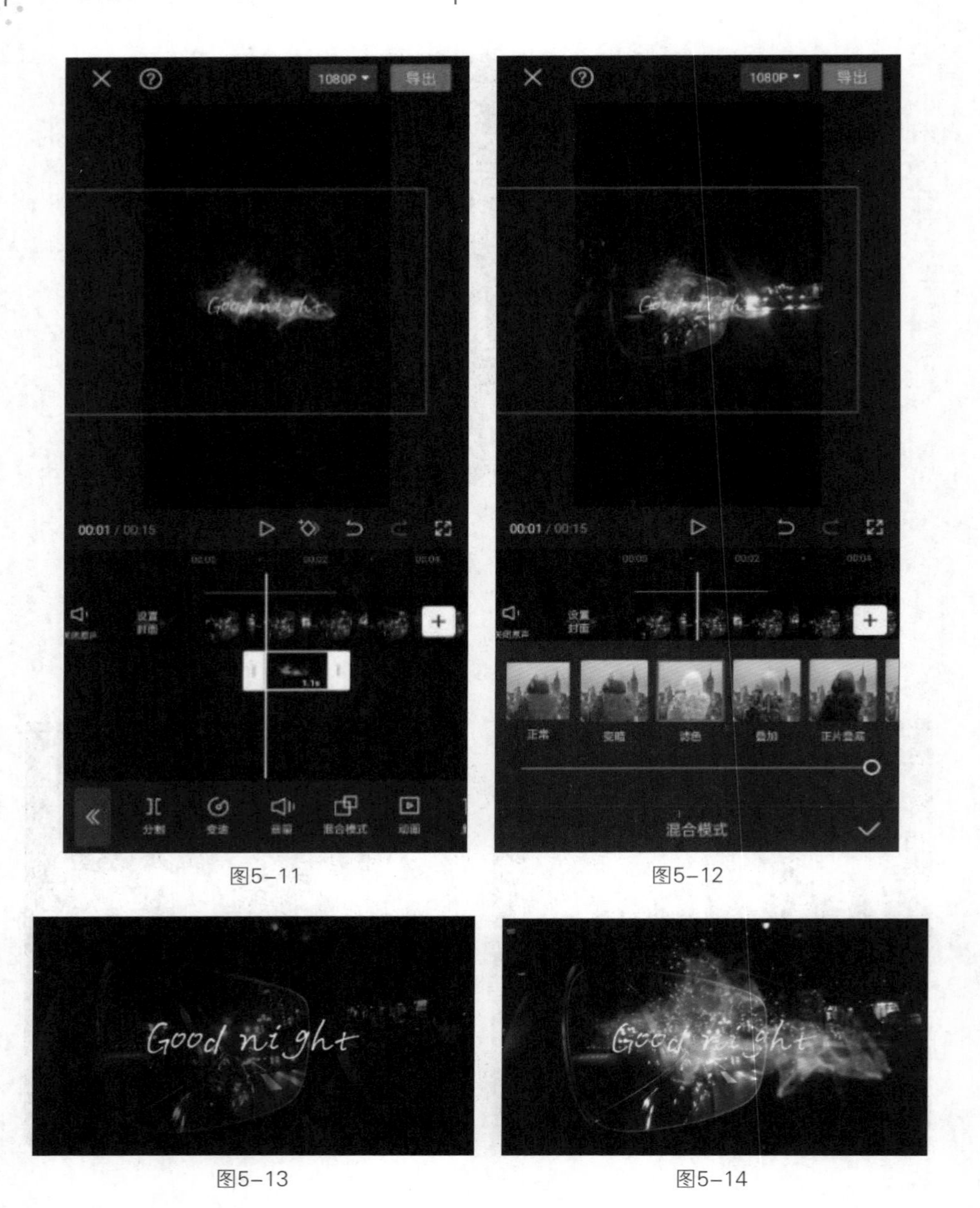

图5-11

图5-12

图5-13

图5-14

↘ 5.2.4 调整字幕大小及位置

在剪映中新建文本后，在预览区域可以看到文本框的周围分布着一些功能按钮，如图5-15所示，用户可以使用这些功能按钮对文字素材进行调整。用户点击界面右上角的按钮可以打开输入键盘，对文字内容进行修改；用户点击并拖动界面右下角的按钮可以对文字进行缩放和旋转操作；用户点击界面左下角的按钮可以复制文本框；用户按住文本框进行拖动可以调整文字在画面中的位置。

图5-15

↘ 5.2.5 花字及气泡效果

剪映当中内置了很多花字模板，可以帮助用户一键制作出各种精彩的艺术字效果，添加方式也很简单。用户在剪映的字幕功能列表中点击“花字”选项，可以看到不同的花字样式，如图5-16所示。用户选择需要使用的花字样式点击添加即可，如图5-17所示。

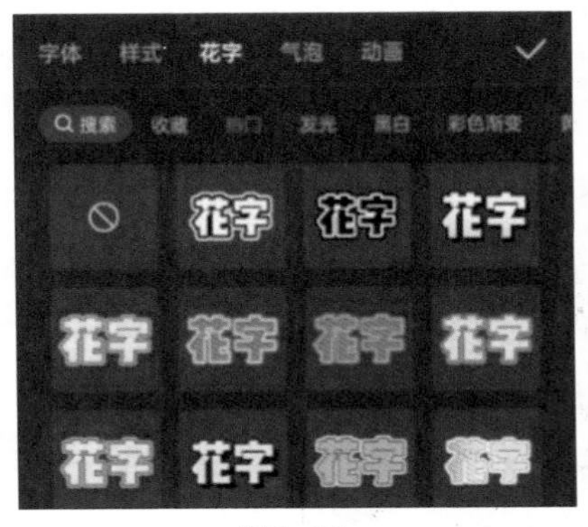

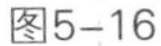

图5-16

图5-17

用户在点击“气泡”选项时，可以在对应的列表中看到各种对话框形式的气泡，如图5-18所示，这时与添加花字的方式相同，用户只需在列表中点击需要使用的气泡效果，即可将其应用到画面中，如图5-19所示。

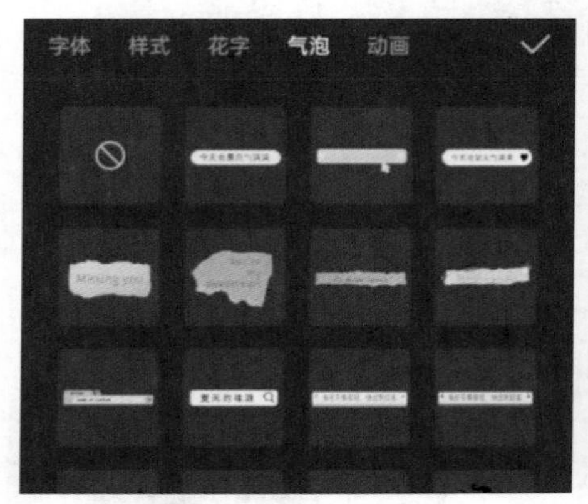

图5-18

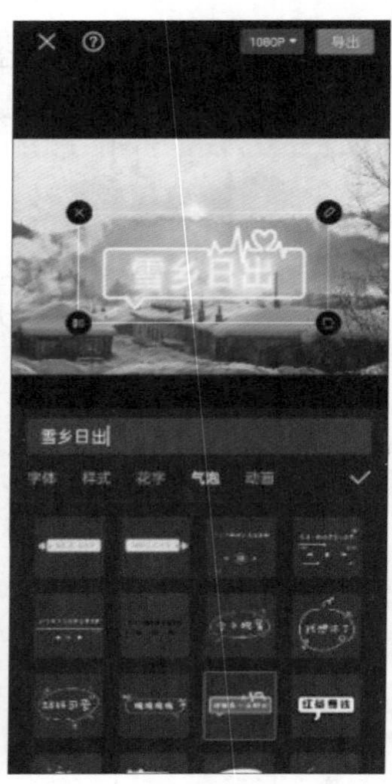

图5-19

5.2.6 实训：在视频中添加花字

我们在观看综艺节目时，经常可以看到跟随情节跳出的彩色花字，其在恰当的时刻很好地活跃了节目的气氛。我们如果在视频中合理添加花字，就可以让视频呈现出更好的视觉效果。下面就为大家讲解在视频中添加花字的相关操作。

实训：在视频中添加花字

（1）用户打开剪映，在主界面点击“开始创作”按钮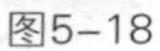，进入素材添加界面，选择“女孩拿着喇叭呼喊”的视频素材，点击“添加”按钮，将视频素材添加至剪辑项目中，如图5-20所示。

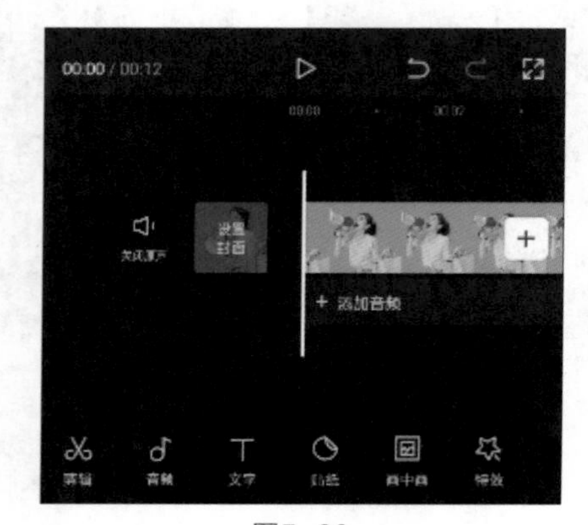

图5-20

（2）用户将时间线定位至女孩张口的位置，点击底部工具栏中的“文字”按钮，然后点击“新建文本”按钮，在文本输入框中输入“大减价啦”。接着用户点击“花字”选项，在列表中选择图5-21所示的样式，完成操作后点击“确认”按钮。

图5-21

（3）用户在预览区域中按住并拖动文本框右下角的按钮，将文字进行放大并逆时针旋转45°，然后将文本框移动至喇叭的下方，如图5-22所示。

图5-22

（4）用户在预览区域中点击文本框左下角的按钮，如图5-23所示，对文字进行复制，然后按住文本框进行拖动，预览区域中将会出现一个一模一样的文本框。用户点击并拖动复制的文本框右下角的按钮，将文字缩小，如图5-24所示。

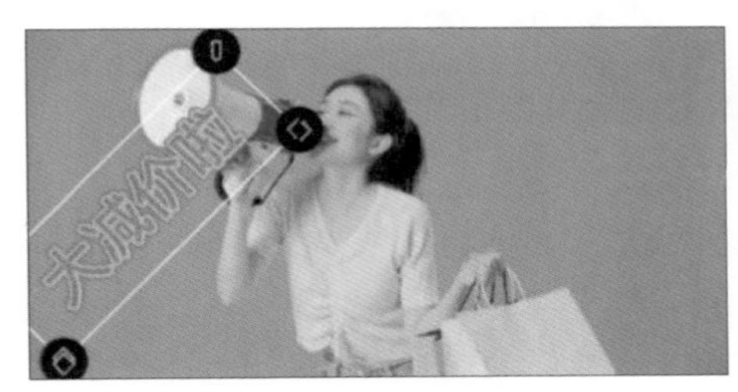

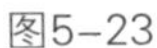
图5-23

图5-24

（5）用户在轨道区域中选中文字素材，按住文字素材前端或尾端的图标进行拖动，将文字素材的时长与女孩说话的时长调整一致。

（6）用户将时间线定位至女孩再次张口的位置，点击底部工具栏中的“文字”按钮T，然后点击“新建文本”按钮A+，在文本输入框中输入“满100元减30元”。接着点击“花字”选项，在列表中选择图5-25所示的样式，然后在预览区域中，按住文本框右下角的按钮，将文字放大并逆时针旋转45°，完成操作后点击“确认”按钮✓。

图5-25

（7）与步骤4的复制操作一致，用户在预览区域中点击文本框左下角的按钮，然后按住文本框进行拖动，预览区域中将会出现一个一模一样的文本框，点击并拖动复制的文本框右下角的按钮，将文字缩小，用同样方法再复制出一个小型文本框，如图5-26所示。

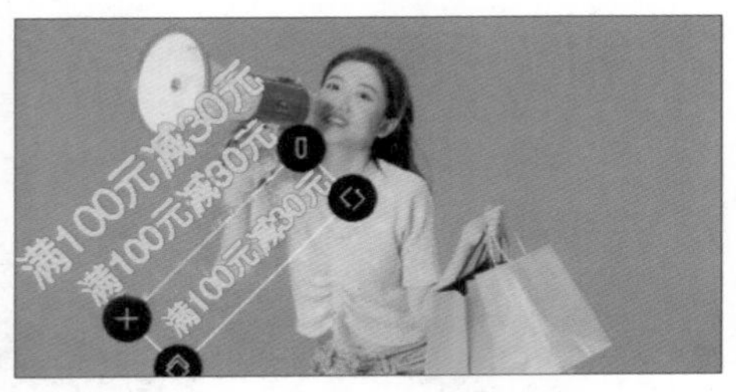

图5-26

（8）用户在轨道区域中选中文字素材，按住文字素材前端或尾端的图标进行拖动，将文字素材的时长与女孩说话的时长调整一致。

（9）完成所有操作后，用户点击视频编辑界面右上角的导出按钮，将视频导出到手机相册。视频效果如图5-27和图5-28所示。

图5-27

图5-28

5.3 为字幕添加动画效果

在剪辑项目中创建基本字幕后，用户可以为字幕添加动画效果，使单调的字幕变得更加生动有趣。剪映中的字幕动画分为3种，分别是入场动画、出场动画和循环动画。本节将详细介绍这3种字幕动画的具体应用。

5.3.1 添加入场动画

许多用户习惯在视频的开场字幕中添加入场动画，这一操作其实非常简单。

用户在素材库中选择需要使用的素材，将其添加至剪辑项目中，然后点击“文字”按钮T，点击“新建文本”按钮A+，在文本输入框中输入文字后，点击“动画”选项展开入场动画列表，此时根据需求选择入场动画即可。

选择好入场动画之后，用户可以左右滑动时间滑块来调整动画时长，如图5-29所示。图5-30所示为“爱心弹跳”入场动画的示意图。

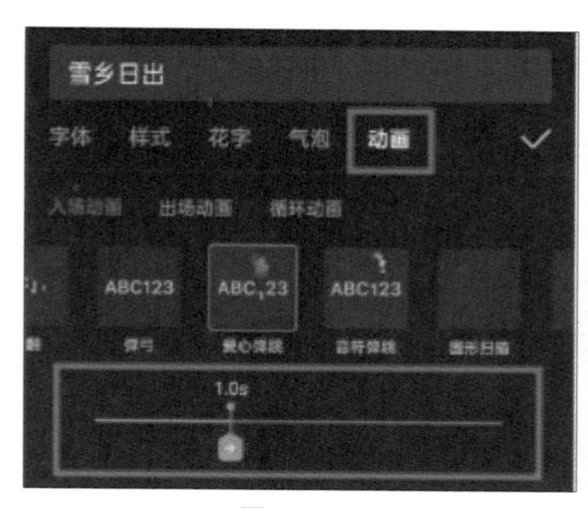

图5-29

图5-30

5.3.2 添加出场动画

出场动画与入场动画相反，是字幕退出视频画面时使用的动画效果，其添加的方式与入场动画的添加方式相似。用户打开字幕功能列表后，在文本输入框下方可以直接点击“动画”选项，选择“出场动画”选项；用户还可以在选中文字素材的情况下，在文字功能列表中点击“动画”按钮，进入列表后选择出场动画。

出场动画的时长也可以通过滑动时间滑块来进行调整，如图5-31所示。图5-32所示为“螺旋下降”出场动画的示意图。

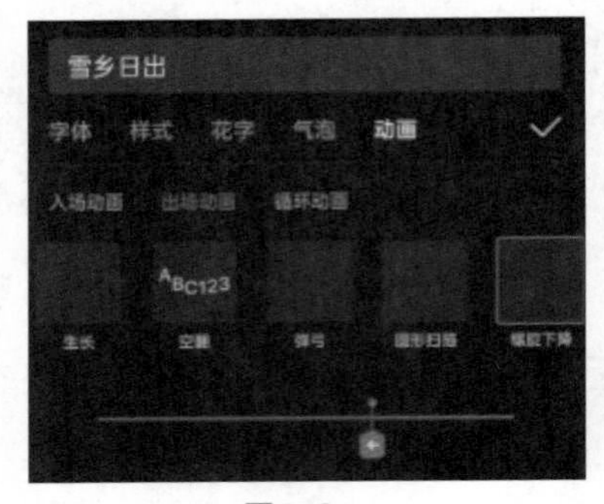

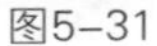

图5-31

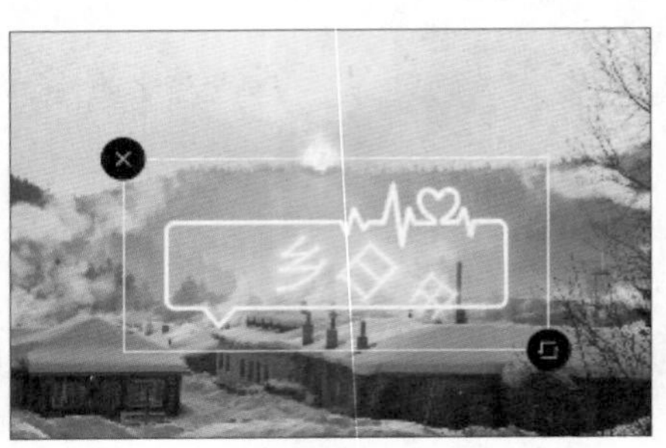

图5-32

↘ 5.3.3　添加循环动画

循环动画与入场动画、出场动画不同，它是连续、重复且有规律的动画效果，具有一定的持续性。循环动画的添加方式与添加入场动画和出场动画的方式相同，导入背景素材之后，点击“文字”按钮T，点击“新建文本”按钮A+，在文本输入框中输入文字后，点击“动画”选项，进入列表后选择循环动画。

用户可以通过左右滑动速度滑块来调节动画循环的节奏，如图5-33所示。图5-34所示为“超强波浪Ⅱ”循环动画的示意图。

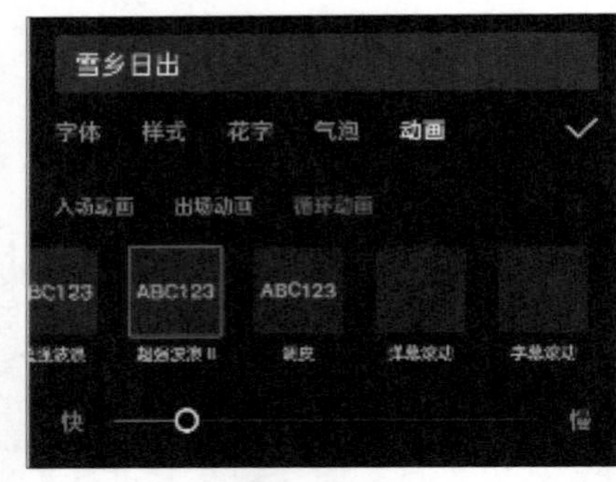

图5-33

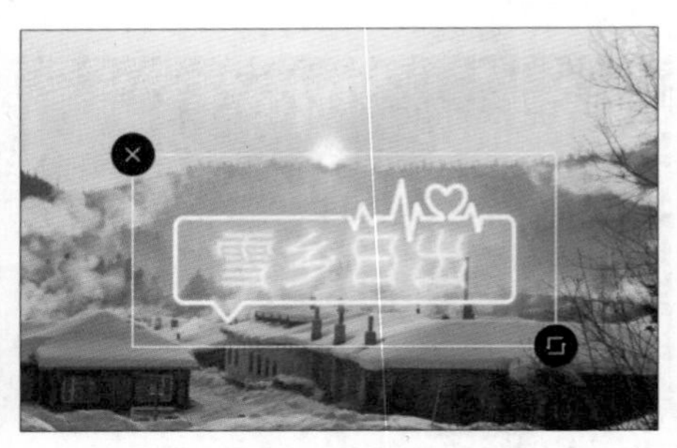

图5-34

↘ 5.3.4　实训：设置字幕的滚动动画

字幕的滚动动画属于循环动画的一种，用户利用滚动动画可以为视频制作简单的人声朗读字幕。下面以剪映为例，为大家详细讲解字幕滚动动画的设置方法。

实训：设置字幕的滚动动画

（1）打开剪映，在主界面点击“开始创作”按钮+，在素材库中选择“黑场”视频素材，将其添加到剪辑项目中。

（2）点击“文字”按钮T，点击“新建文本”按钮A+，在弹出的文本输入框中输入事先准备好的文本，如图5-35所示。

图5-35

（3）点击样式列表中的“排列”选项，将文本的字号调整为6，将字间距调整为2，将行间距调整为8，如图5-36所示。然后点击“动画”选项，点击添加“循环动画”中的“字幕滚动”效果，将速度滑块的数值调整为“3.0s”，如图5-37所示。完成操作后点击“确认”按钮 。

（4）在轨道区域中选中文字素材，在预览区域中将文字素材移动至画面左边。

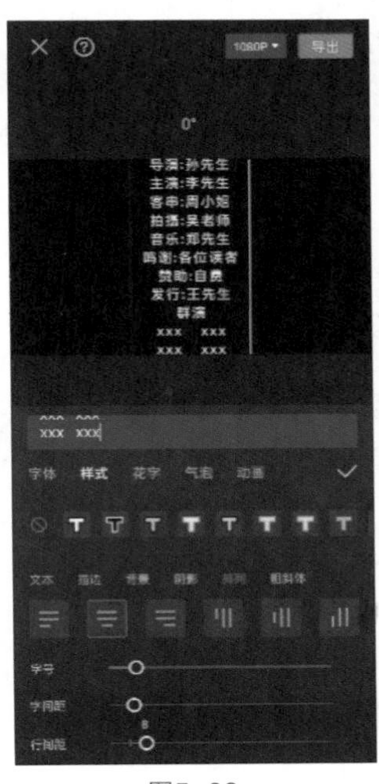

图5-36

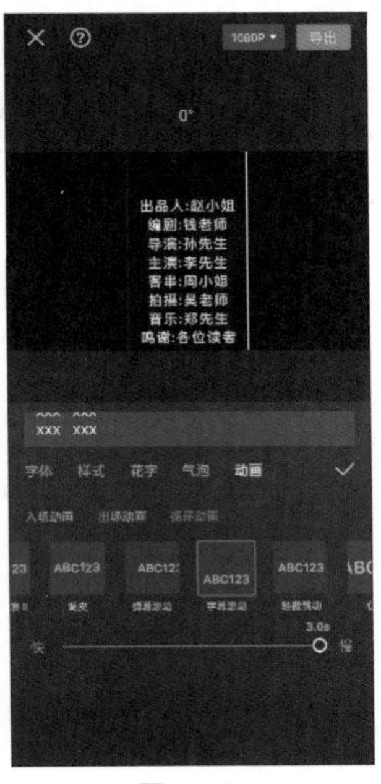

图5-37

（5）在主界面点击“开始创作”按钮，在素材库中选择“新娘”的图像素材，将其添加到剪辑项目中。点击底部工具栏中的“画中画”按钮，再点击“新增画中画”按钮，导入“黑场字幕”素材，如图5-38（a）和图5-38（b）所示。

（6）在预览区域中调整好字幕素材的大小和位置，让它将图像素材覆盖住，接着点击底部工具栏中的“混合模式”按钮，添加“滤色”效果，字幕素材中的黑色部分将被去除，如图5-39所示。

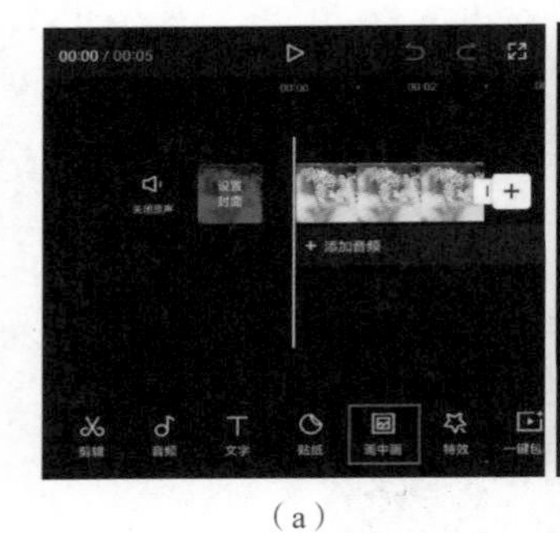

（a）

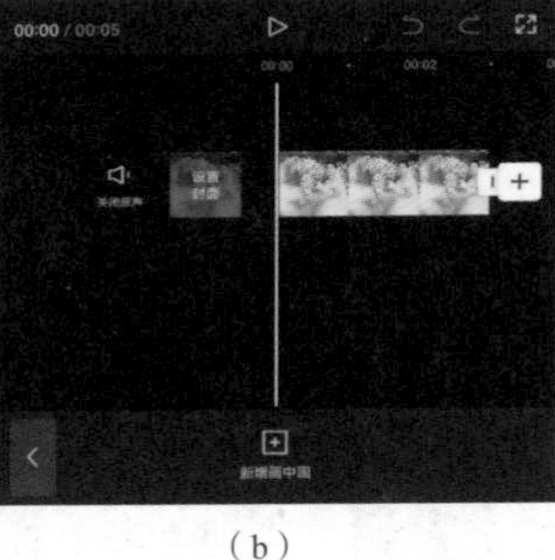

（b）

图5-38

图5-39

（7）完成所有操作后，点击视频编辑界面右上角的导出按钮，将视频导出到手机相册。视频效果如图5-40和图5-41所示。

图5-40

图5-41

5.4 字幕的特殊应用

以往用户在视频后期处理工作中添加人物台词或歌词字幕时，不仅需要手动输入大量的文字，而且需要将文字素材摆放在准确的时间点上，以保证与画面同步，这样添加字幕需要花费许多的精力和时间。如今一些视频编辑软件自带智能识别功能，可以快速识别人物台词或歌词，在准确的时间点自动生成对应的字幕素材，既能节省时间，又提高了视频后期处理工作的效率。

5.4.1 识别字幕

以剪映为例，将带有语音的视频素材导入剪辑项目后，点击底部工具栏中的“文字”按钮，点击“识别字幕”按钮，如图5-42所示。

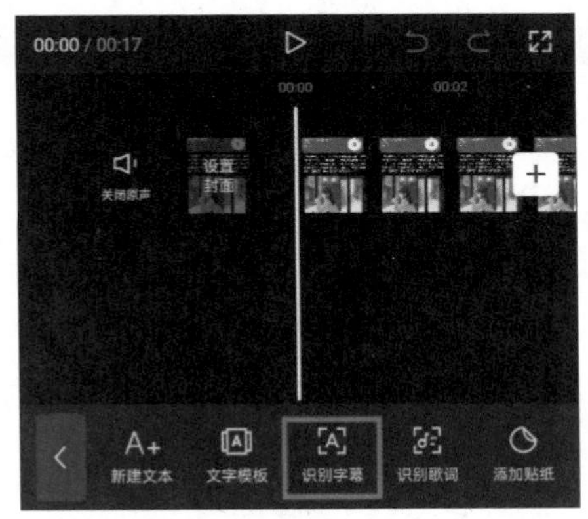

图5-42

此时，将出现图5-43所示的弹窗，点击“开始识别”按钮，视频画面中将出现“字幕识别中”提示字样，待系统完成自动解析工作后，将在主轨道素材的下方自动生成字幕素材，如图5-44所示。

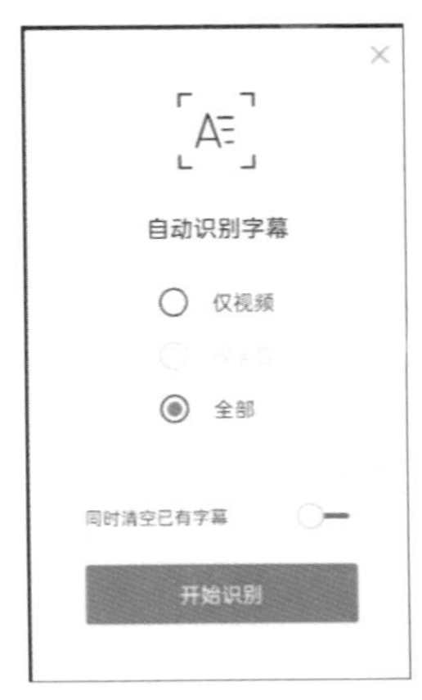

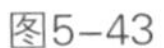
图5-43

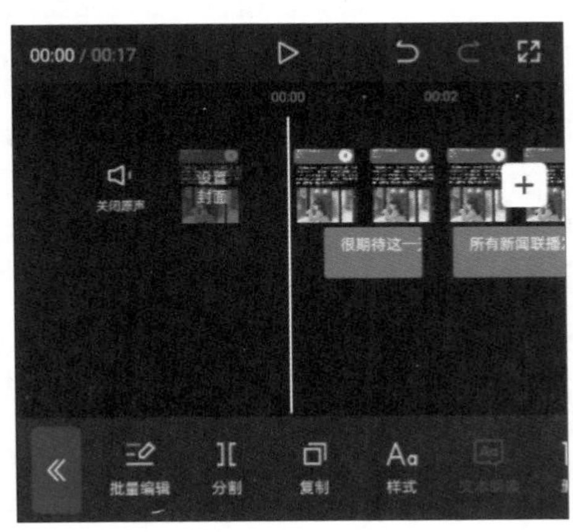

图5-44

选中自动生成的字幕素材，在“文字”的二级功能列表中点击“样式”按钮Aa，调整文字样式，如图5-45所示。此处选择“梅雨煎茶”字体，如图5-46所示。

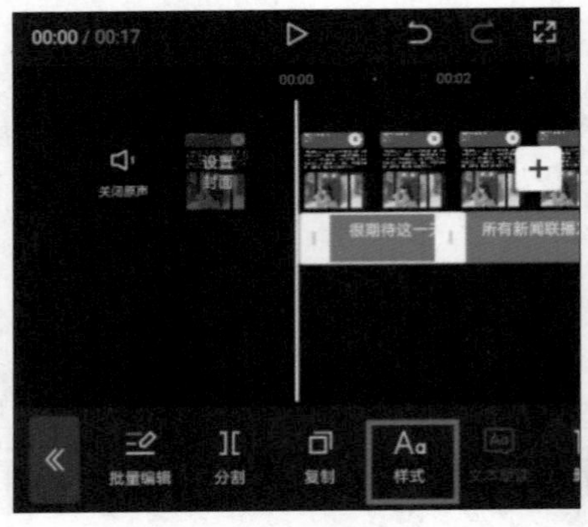

图5-45

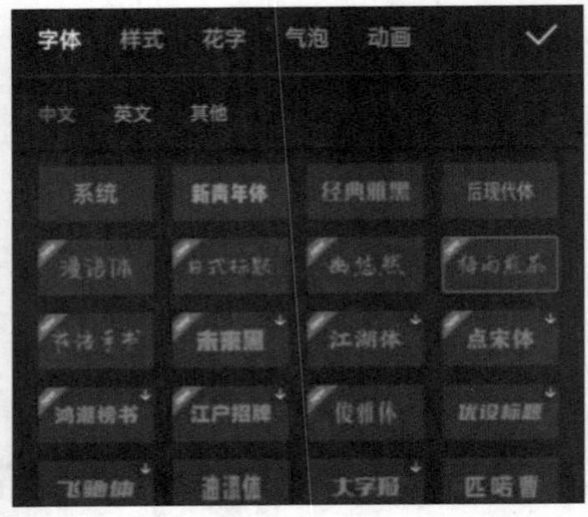

图5-46

此外，在展开的样式列表中可以看到“应用到所有字幕”选项在默认情况下为勾选状态，如图5-47所示。这代表此样式设置会统一应用到所有字幕中，若需要对字幕进行单独调整，则取消勾选该项。

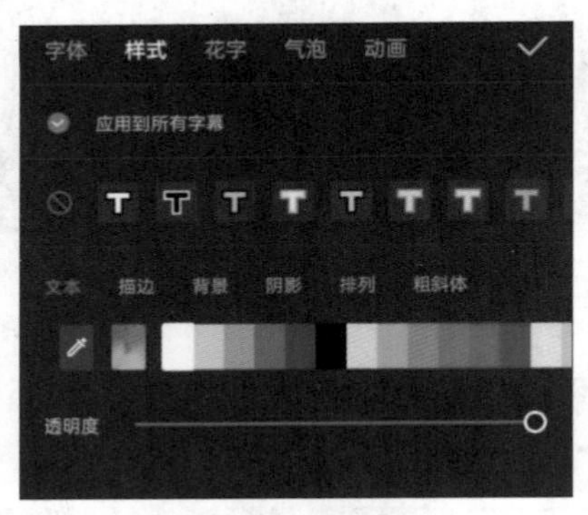

图5-47

↘ 5.4.2 实训：利用“识别字幕”功能快速生成字幕

剪映内置的“识别字幕”功能可以对视频中的语音进行智能识别，然后自动转化成字幕。通过该功能，用户可以快速且轻松地完成字幕的添加工作，以节省工作时间。

实训：利用“识别字幕”功能快速生成字幕

（1）用户打开剪映，在主界面点击“开始创作”按钮+，进入素材添加界面，选择“古风”视频素材，点击“添加”按钮，将素材添加至剪辑项目中。

（2）用户进入视频编辑界面后，将时间线定位至视频起始位置，在未选中素材的状态下，点击底部工具栏中的“文字”按钮T，如图5-48所示。

（3）用户打开“文字”选项栏后，点击“识别字幕”按钮A，如图5-49所示。

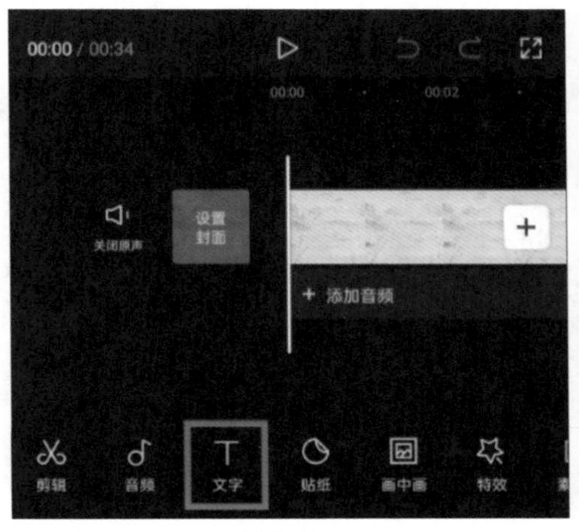

图5-48

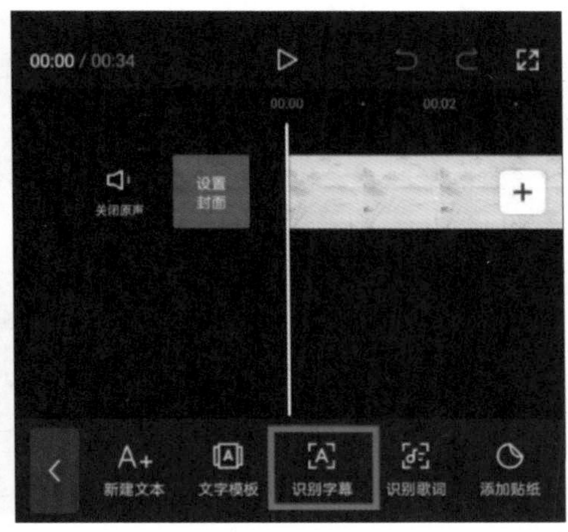

图5-49

（4）弹出提示框后，用户点击“开始识别”按钮，如图5-50所示。等待片刻，识别完成后，轨道区域中将自动生成4段文字素材，如图5-51所示。

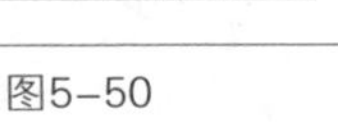

图5-50

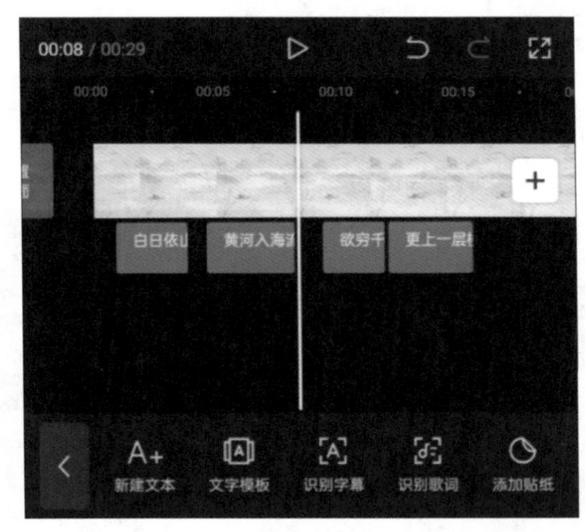

图5-51

（5）用户在轨道区域中选择第1段文字素材，点击底部工具栏中的“样式”按钮Aa，如图5-52所示。

（6）用户打开字幕样式栏后，在字体列表中点击“柳公权”字体，如图5-53所示。

（7）切换至“样式”设置栏，选择黑色描边样式，在“排列”设置栏中将字间距设置为2，并在预览区域中将文字调整到合适的大小及位置，如图5-54所示，用户完成操作后点击✓按钮。

（8）在选中文字素材的状态下，用户点击底部工具栏中的“动画”按钮，如图5-55所示。

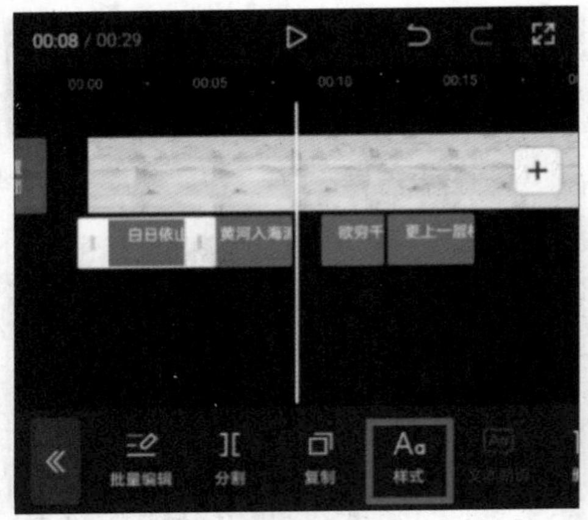

图5-52

图5-53

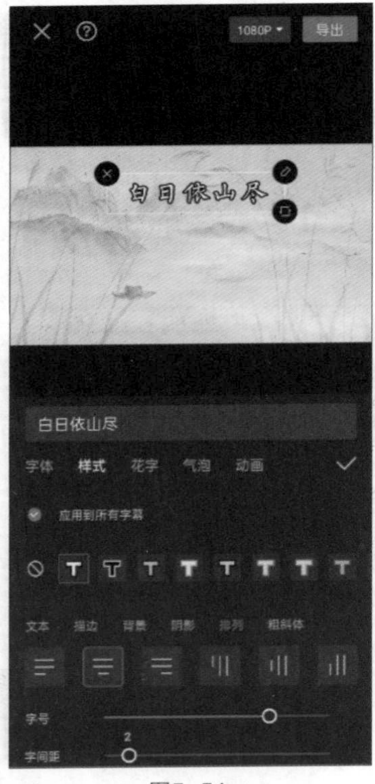

图5-54

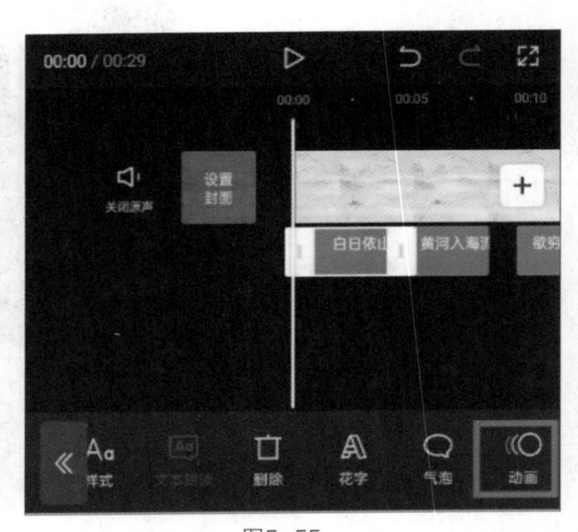

图5-55

打开“动画”选项栏后，在“入场动画”中点击“卡拉OK”效果，并设置动画时长为1.5s，设置动画颜色为橙色，如图5-56所示，用户完成操作后点击“确认”按钮☑保存操作。

（9）完成上述操作后，得到的字幕效果如图5-57所示。

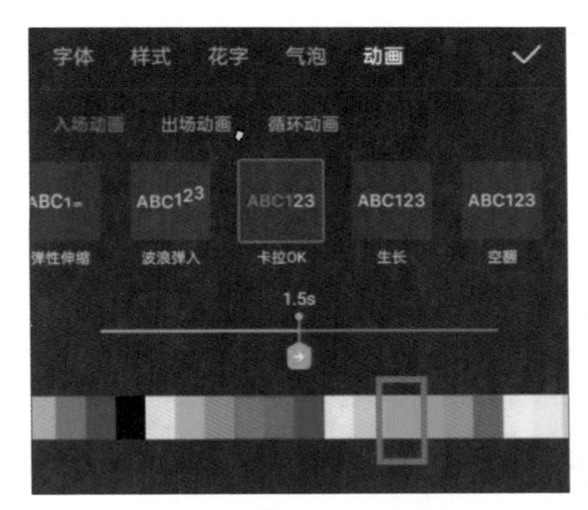

图5-56

图5-57

（10）在不改变起始时间点的情况下，用户在轨道区域中分别将第2段、第3段和第4段文字素材向下拖动，使它们各自分布在独立的轨道中，如图5-58所示。

（11）完成上述操作后，用户在轨道区域中调整4段文字素材的时长，使它们的尾部与视频素材的尾部对齐，如图5-59所示。

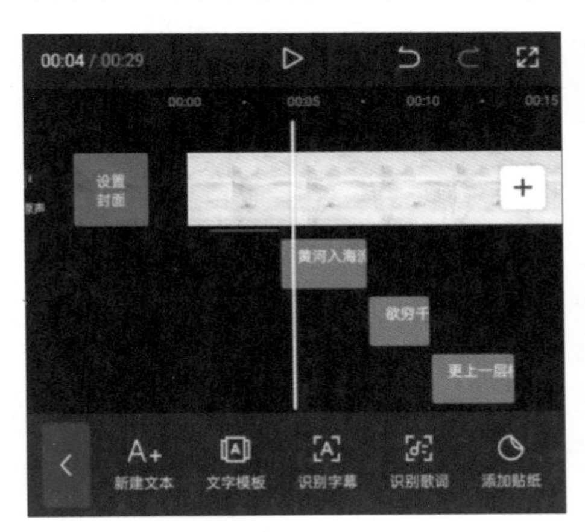

图5-58

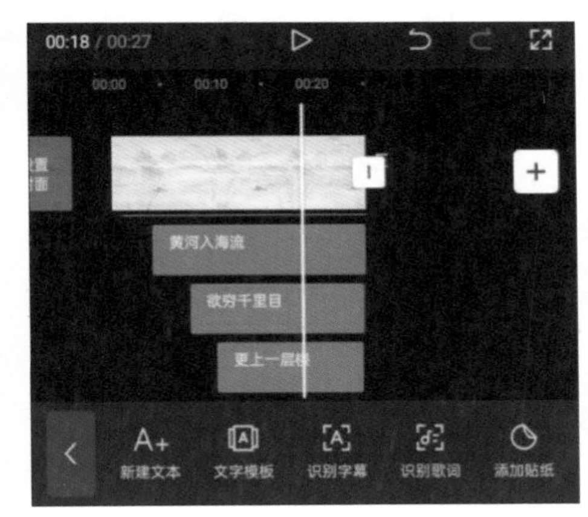

图5-59

（12）在轨道区域中选中第1段文字素材，点击底部工具栏中的“样式”按钮Aa，打开字幕样式栏后，取消选中“应用到所有字幕”选项（该选项默认为选中状态），如图5-60所示，这样就可以对文字素材进行单独的位移操作了。

（13）依次选择第2、第3、第4段文字素材，在预览区域中对文字的摆放位置进行调整，完成效果如图5-61所示。

（14）参照步骤8和步骤9的操作方法，为剩余3段文字素材添加“卡拉OK”动画效果。用户完成动画的添加后，点击视频编辑界面右上角的导出按钮导出，将视频导出到手机相册。最终视频画面效果如图5-62和图5-63所示。

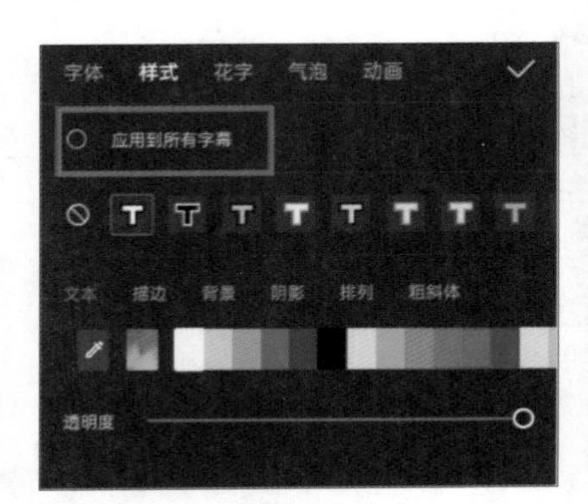

图5-60

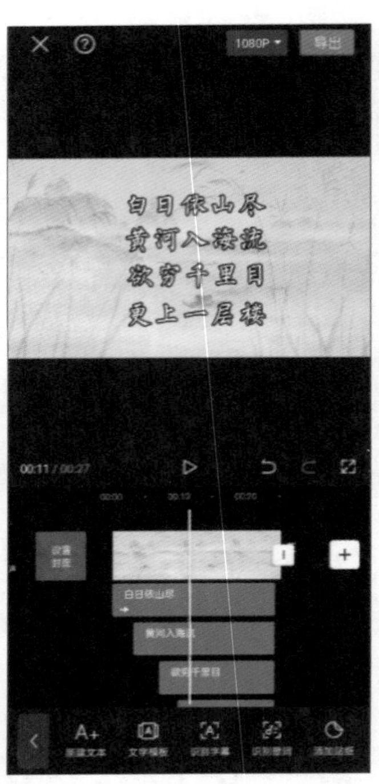

图5-61

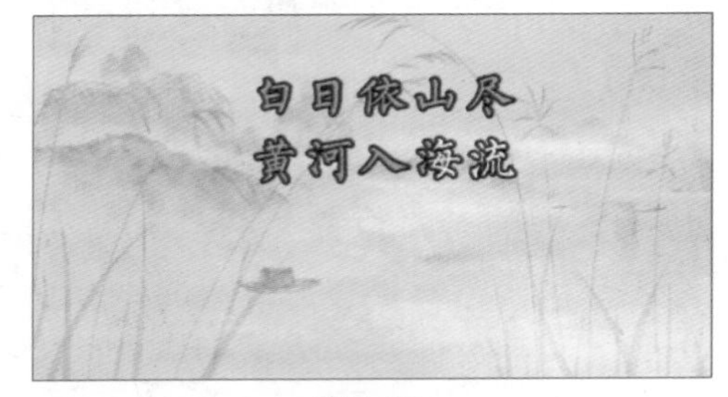

图5-62

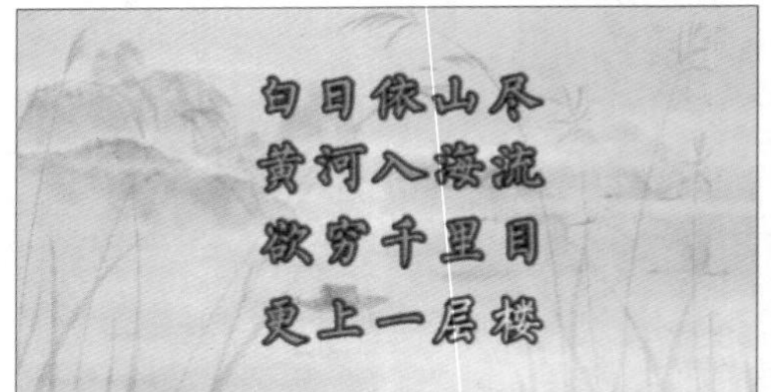

图5-63

5.4.3 识别歌词

剪映中识别歌词的方式与识别字幕有所不同，歌词字幕是对歌曲的歌词进行解析后自动生成的，因此需要在剪辑项目中添加背景音乐（歌曲）才能开展歌词识别工作。

用户将视频素材导入剪辑项目后，点击底部工具栏中的“音频”按钮，点击“音乐”按钮，进入剪映音乐素材库后，在音乐列表中选择一首与视频素材相匹配的歌曲，点击“使用”按钮使用，如图5-64所示。

用户将歌曲导入剪辑项目后，点击“文字”按钮，点击“识别歌词”按钮，在图5-65所示的弹窗中点击“开始识别”按钮。

视频画面中将出现“歌词识别中”提示字样，待系统完成歌词解析工作后，将在音频素材轨道上自动生成歌词字幕，如图5-66所示。

图5-64

图5-65

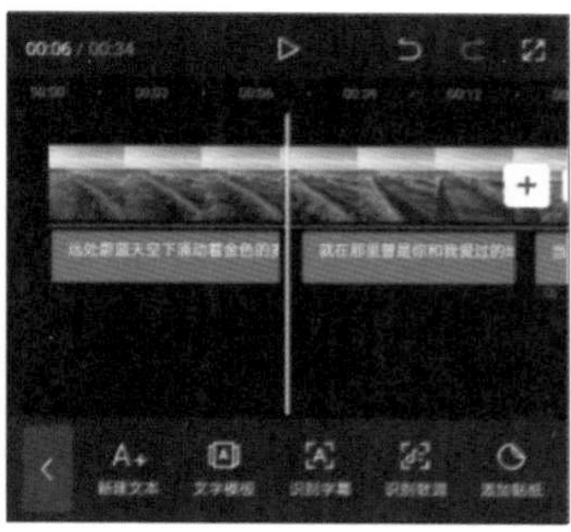

图5-66

选中自动生成的歌词字幕素材后，用户在“文字”的二级功能列表中点击“样式”按钮Aa，如图5-67所示，打开样式列表，对文本进行编辑。

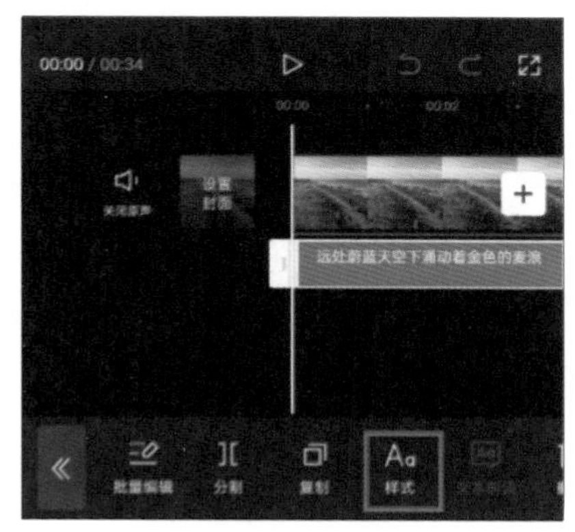

图5-67

用户在此处选择“漫语体”字体，同时还选择了白底黑边样式效果，字幕在视频中呈现的效果如图5-68所示。

图5-68

高手秘技

在识别人物台词时，如果人物说话的声音太小或者语速过快，就会影响字幕自动识别的准确性。此外，在识别歌词时，受演唱者发音的影响，字幕识别也容易出错。因此在完成人物台词和歌词的自动识别工作后，一定要检查一遍，及时对错误的文字内容进行修改。

5.5 习题

5.5.1 课堂练习——给视频添加歌词

1. 任务

为视频制作一个开场字幕并添加歌词。

课堂练习——给视频添加歌词

2. 任务要求

时长要求：1分20秒左右。

制作要求：制作开场字幕并使用剪映的“识别歌词”功能为视频添加字幕，设置字幕样式。

学习要求：掌握剪映“识别歌词”功能的使用及花字和气泡效果的应用。

3. 最终效果

最终效果如图5-69和图5-70所示。

图5-69

图5-70

5.5.2 课后习题——给片尾视频添加滚动字幕

1. 任务

制作一条片尾视频并为视频加上滚动字幕。

课堂练习——给片尾视频添加滚动字幕

2. 任务要求

时长要求：18秒左右。

制作要求：使用剪映的“画中画”功能合成片尾视频，并为字幕添加动画效果。

学习要求：掌握剪映“画中画”功能的使用和字幕动画效果的添加。

3. 最终效果

最终效果如图5-71和图5-72所示。

图5-71

图5-72

第 6 章 短视频音频的应用

一条完整的短视频，通常由画面和音频这两个部分组成。短视频中的音频可以是视频原声、后期录制的旁白，也可以是特殊音效或背景音乐。对于短视频来说，音频是不可或缺的组成部分，原本普通的视频画面，只要配上调性明确的背景音乐，就有可能变得更令人感动。本章就为大家介绍短视频音频的应用方法，帮助大家快速掌握处理音频素材的技巧。

【学习目标】

- 认识剪映音乐素材库。
- 掌握音频素材的处理方法。
- 掌握对音频素材进行变声处理的方法。
- 掌握音乐的踩点操作。

6.1 认识剪映音乐素材库

在剪映中，用户可以自由地调用音乐素材库中的内容。剪映音乐素材库包含的内容十分广泛，各种类型的音乐应有尽有。

素养提升

“中国传统音乐”是指中国人运用本民族固有方法、采取本民族固有形式创造的、具有本民族固有形态特征的音乐，不仅包括在历史上产生、流传至今的古代作品，还包括当代作品，是我国民族音乐中一个极为重要的组成部分。在制作与民族文化相关的视频时，短视频创作者可以使用剪映音乐库中的传统音乐，以弘扬中华文化。

6.1.1 在音乐素材库中选取音乐

在轨道区域中将时间线定位至所需时间点，在未选中素材的状态下，用户点击“添加音频”选项，或点击底部工具栏中的“音频”按钮，如图6-1所示，然后在打开的“音频”选项栏中点击“音乐”按钮，如图6-2所示。

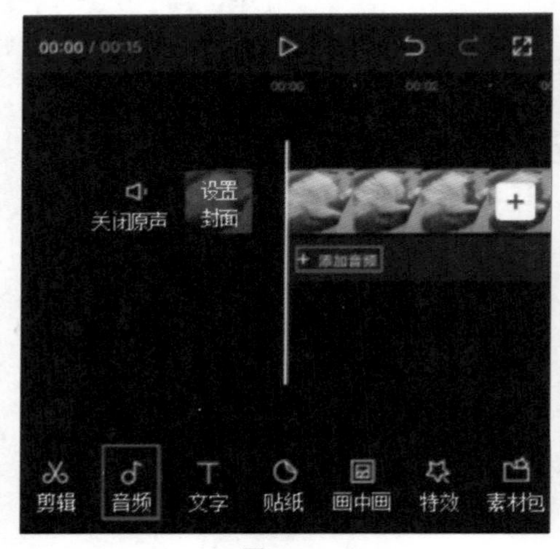

图6-1

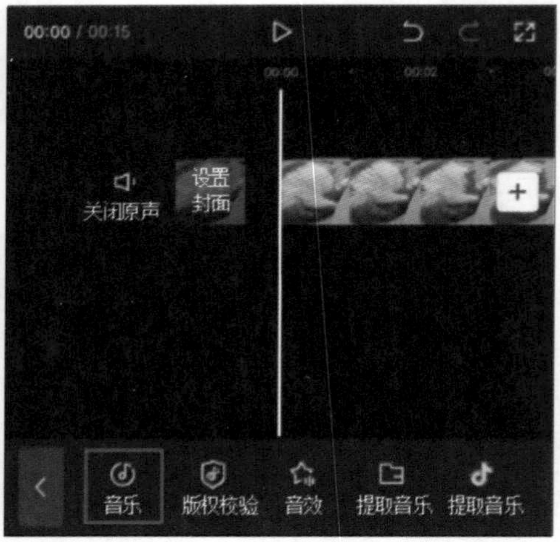

图6-2

完成上述操作后，进入剪映音乐素材库，如图6-3所示。剪映音乐素材库对音乐进行了细致的分类，用户可以根据类别来快速挑选适合自己视频基调的背景音乐。

在剪映音乐素材库中，用户点击任意一首音乐，即可对音乐进行试听。此外，用户点击音乐右侧的功能按钮，可以对音乐进行进一步操作，如图6-4所示。

功能按钮的说明如下。

➢ **收藏音乐**：用户点击该按钮可将音乐添加至音乐素材库的“我的收藏”中，方便下次使用。

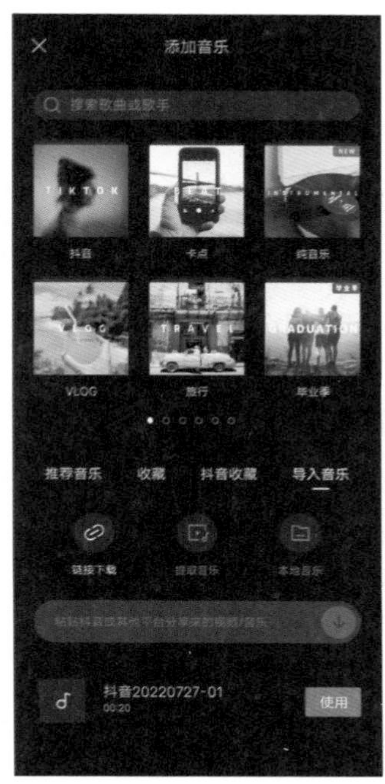

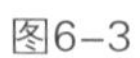
图6-3

图6-4

➢ 下载音乐：点击该按钮可以下载音乐，下载完成后会自动进行音乐播放。

➢ 使用音乐使用：音乐下载完成后将出现该按钮，用户点击该按钮即可将音乐添加到剪辑项目中，如图6-5所示。

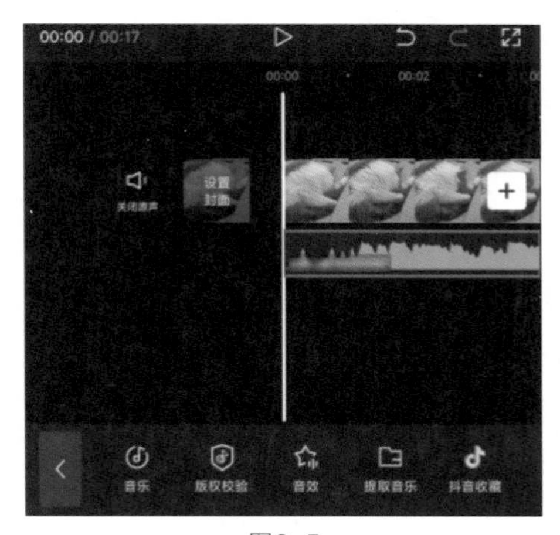

图6-5

↘ 6.1.2　添加抖音热门音乐

作为一款与抖音直接关联的短视频剪辑软件，剪映支持用户在剪辑项目中添加抖音中的音乐。在进行该操作前，用户需要在剪映主界面中点击“我的”按钮，登录自己的抖音账号。通过这一操作，剪映就与抖音建立了连接，之后用户在抖音中收藏的音乐就可以直接在剪映的“抖音收藏”中找到并进行调用，如图6-6所示。

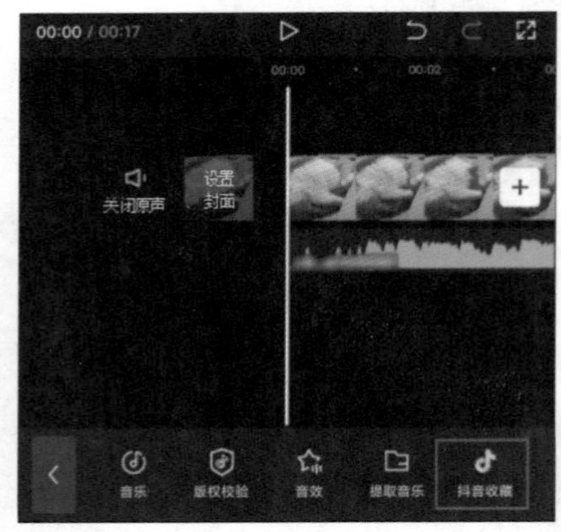

图6-6

6.1.3 实训：调用抖音中收藏的音乐

实训：调用抖音中收藏的音乐

抖音作为一款非常重视音乐的平台，拥有非常多的热门音乐，下面带领大家学习在剪映中调用抖音中收藏的音乐为视频添加背景音乐的方法。

（1）用户打开抖音，进入主界面后点击右上角的🔍按钮，如图6-7所示。接着用户在搜索栏中输入“新年”，完成搜索后切换至“音乐”选项，点击图6-8所示的音乐。

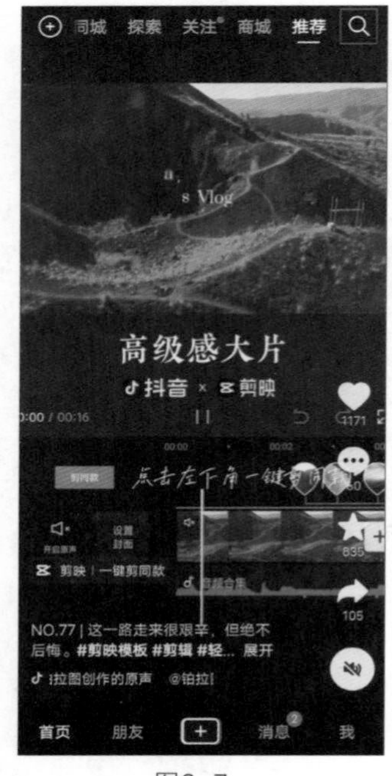

图6-7

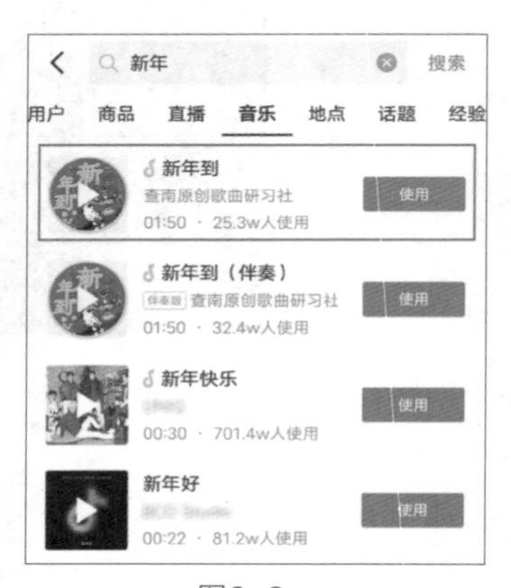

图6-8

（2）在打开的界面中用户点击“收藏”按钮，如图6-9所示。完成操作后退出抖音。

（3）用户进入剪映，导入“灯笼”图像素材，进入视频编辑界面后，在未选中素材的状态下，将时间线定位至视频起始位置，然后点击底部工具栏中的“音频”按钮，如图6-10所示。

图6-9

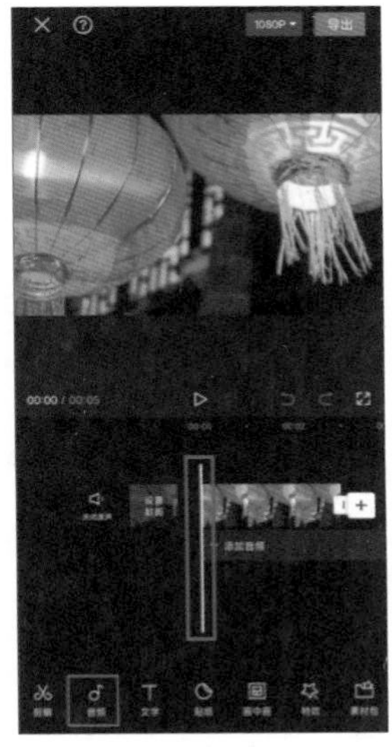

图6-10

（4）用户在“音频”选项栏中点击“音乐”按钮，如图6-11所示。用户进入音乐素材库后，切换至“抖音收藏”选项栏，在其中可以看到刚刚在抖音中收藏的音乐，如图6-12所示。

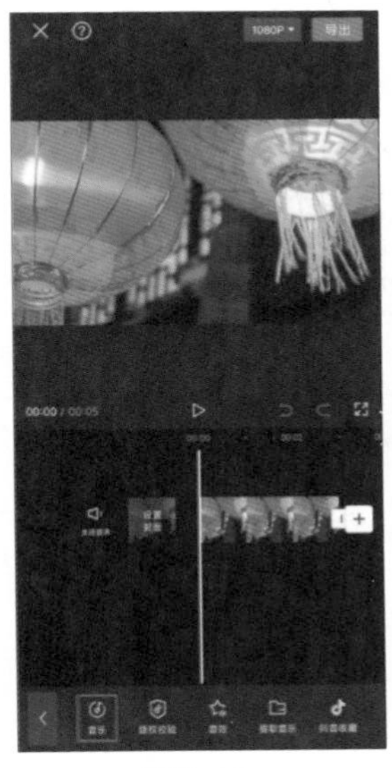

图6-11

图6-12

高手秘技

如果想在剪映中将“抖音收藏”中的音乐删除，只需要在抖音中取消该音乐的收藏即可。

（5）用户点击音乐右侧的使用按钮，即可将音乐添加至剪辑项目中，如图6-13所示。

（6）用户将时间线定位至图像素材的末端，在轨道区域中选中音频素材，然后点击底部工具栏中的“分割”按钮，如图6-14所示。

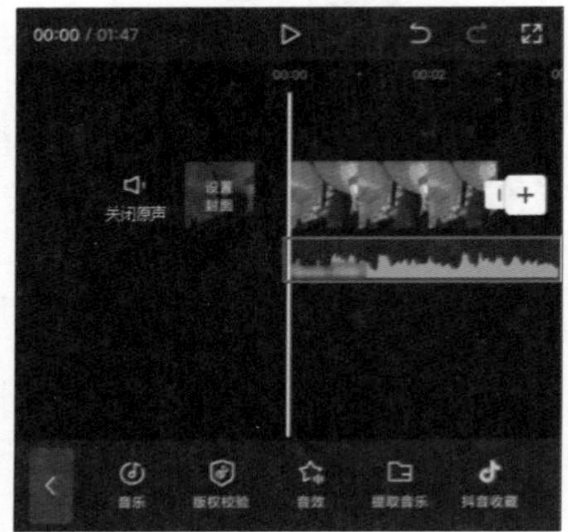

图6-13

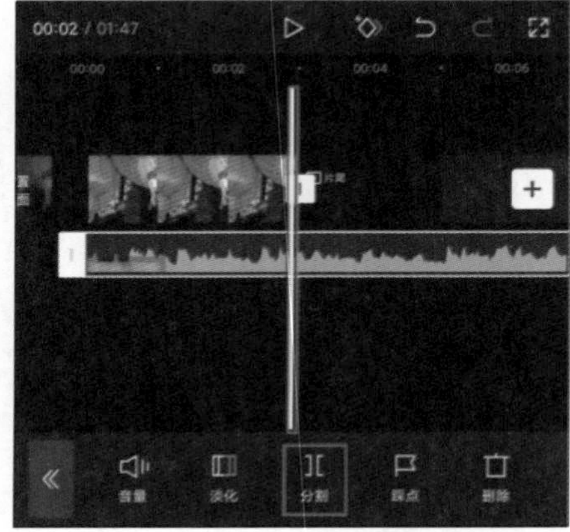

图6-14

（7）用户完成素材的分割后，选择时间线后的素材，点击底部工具栏中的“删除”按钮，如图6-15所示，将时间线后多余的素材删除。

（8）用户在轨道区域中选中音频素材，点击底部工具栏中的“淡化”按钮，进入“淡化”选项栏，设置“淡入时长”和“淡出时长”均为0.5s，如图6-16所示。用户完成操作后点击按钮，至此就完成了背景音乐的添加操作。

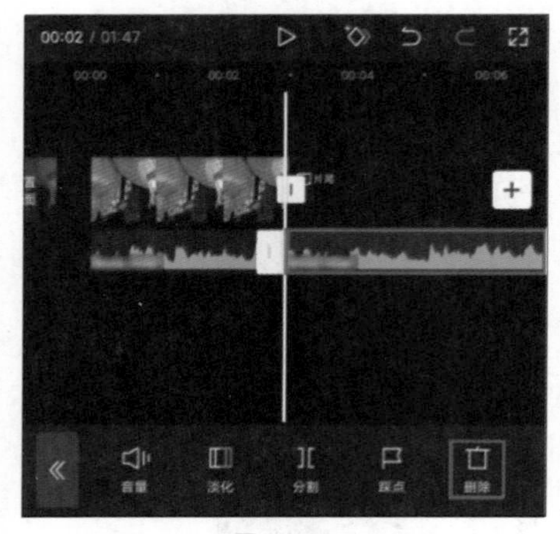

图6-15

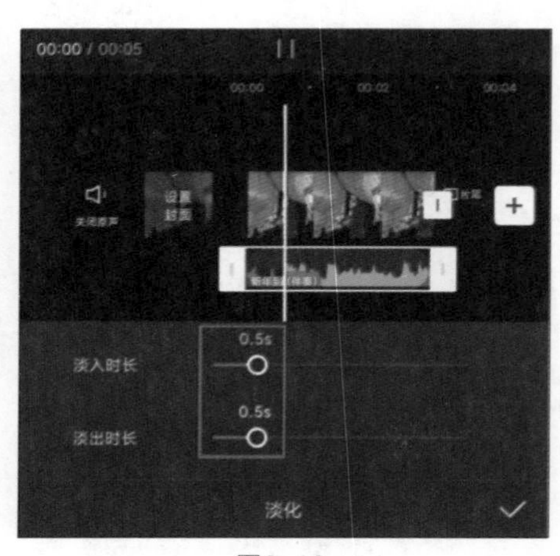

图6-16

6.1.4 导入本地音乐

剪映中除了可以使用剪映音乐素材库与抖音中收藏的音乐以外，用户还可以根据需要导入手机的本地音乐。

用户将本地音乐导入剪映的方法十分简单，在剪映音乐素材库中切换至“导入音乐”选项栏，然后在选项栏中点击“本地音乐”，选择需要导入的音乐，然后点击“使用”即可，如图6-17所示。

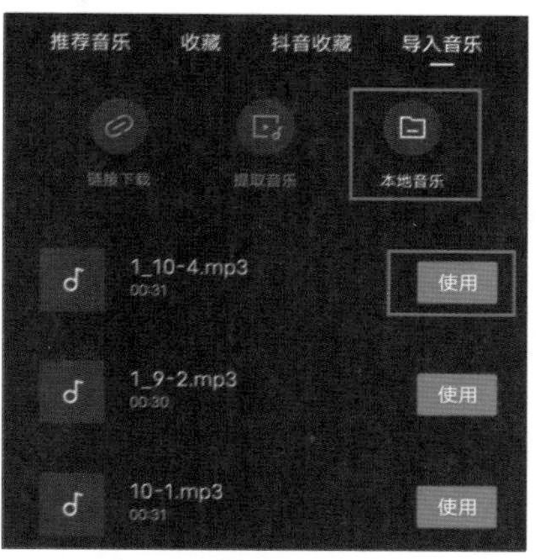

图6-17

高手秘技

苹果手机用户在剪映中使用本地音乐前，需通过iTunes在计算机中导入音乐并同步至手机。

6.1.5 提取视频中的音乐

剪映支持用户对本地视频进行音乐提取操作，简单来说就是可以将其他视频中的音乐提取出来并单独应用到剪辑项目中。

提取视频中的音乐的方法非常简单，用户在音乐素材库中切换至“导入音乐”选项栏，然后在选项栏中点击“提取音乐”，接着点击“去提取视频中的音乐”按钮，如图6-18所示。用户在打开的界面中选择带有音乐的视频，然后点击“仅导入视频的声音”按钮，如图6-19所示。

图6-18

图6-19

用户完成上述操作后，视频中的背景音乐将被提取导入至音乐素材库，如图6-20所示。用户如果要将导入音乐素材库中的音频素材删除，长按素材，即可展开“删除”选项，如图6-21所示。

图6-20

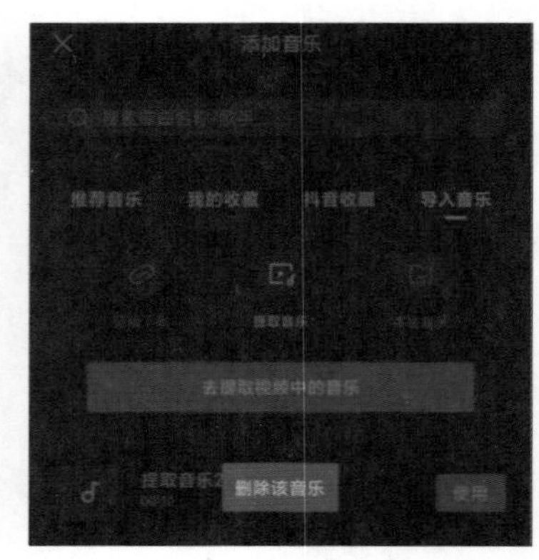

图6-21

除了可以在音乐素材库中进行视频音乐的提取操作外，用户还可以在视频编辑界面中完成视频音乐提取操作。在未选中素材的状态下，用户点击底部工具栏中的“音频”按钮，然后在打开的“音频”选项栏中点击“提取音乐”按钮，如图6-22所示，即可进行视频音乐的提取操作。

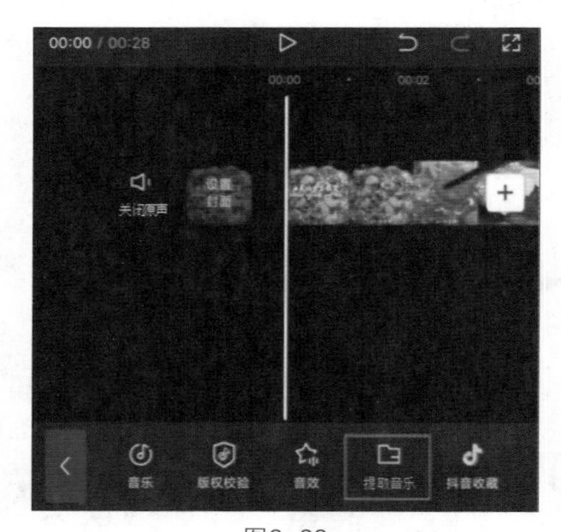

图6-22

高手秘技

用户可以在抖音中下载视频，然后在剪映中对视频的音乐进行提取。

6.1.6 录制音频素材

通过剪映中的“录音”功能，短视频创作者可以实时在剪辑项目中完成旁白的录制和编辑工作。在使用剪映录制旁白前，用户最好先连接上设备耳麦，有条件的话可以配备专业的录制设备，这样能有效地提升声音质量。

在剪辑项目中开始录音前，用户先在轨道区域中将时间线定位至音频开始的时间点，然后在未选中素材状态下，点击底部工具栏中的“音频”按钮，在打开的音频选项栏中点击“录音”按钮，如图6-23所示。在打开的选项栏中，用户按住红色的录音按钮，如图6-24所示。

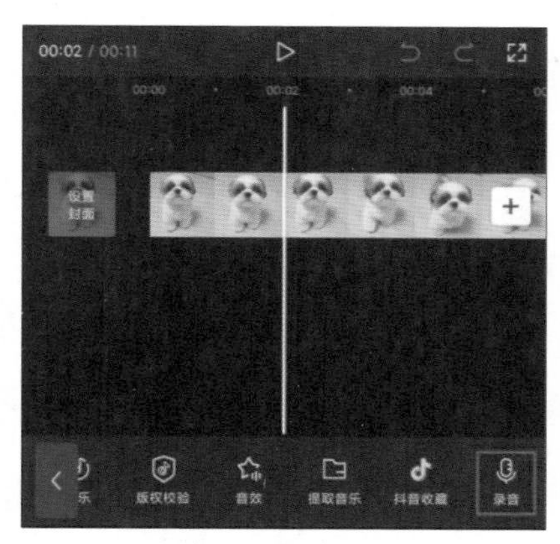

图6-23

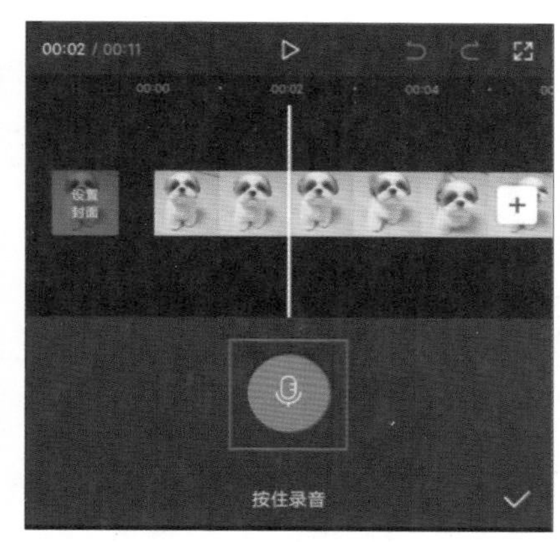

图6-24

在按住录音按钮的同时，轨道区域将同时生成音频素材，如图6-25所示，此时短视频创作者可以根据视频内容录入相应的旁白。完成录制后，释放录音按钮，即可停止录音。点击界面右下角的按钮，保存音频素材，之后便可以对音频素材进行音量调整、淡化、分割等操作，如图6-26所示。

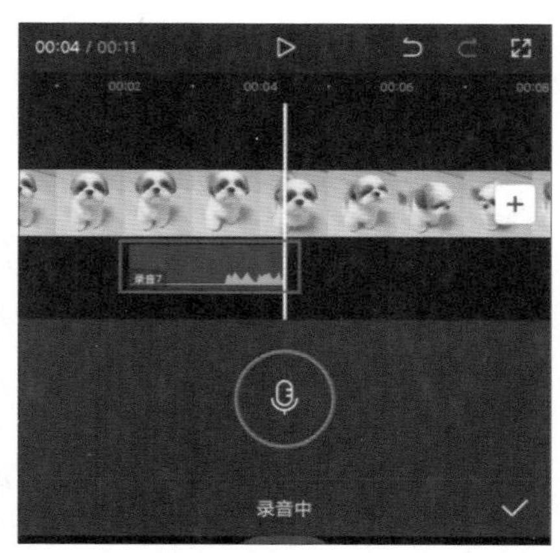

图6-25

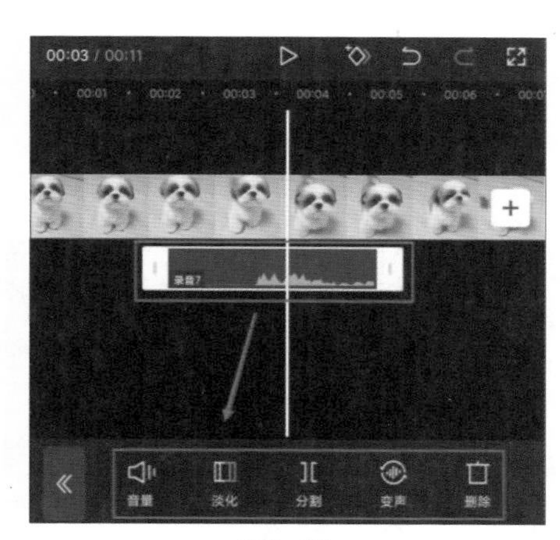

图6-26

在录音时，可能会由于口型不匹配，或因环境干扰造成音效的不自然，因此短视频创作者尽量选择在安静、没有回音的环境中进行录音工作。在录音时，嘴巴需与话筒保持一定的距离，可以尝试用打湿的纸巾将耳麦包裹住，防止喷麦。

6.2 音频素材的处理

剪映为用户提供了较为完备的音频处理功能，支持用户在剪辑项目中对音频素材进行音量调整、淡化、复制、删除和降噪等处理。

6.2.1 添加音效

用户在轨道区域中将时间线定位至需要添加音效的时间点，在未选中素材的状态下，点击“添加音频”选项，或点击底部工具栏中的“音频”按钮，如图6-27所示，然后在打开的“音频”选项栏中点击“音效”按钮，如图6-28所示。

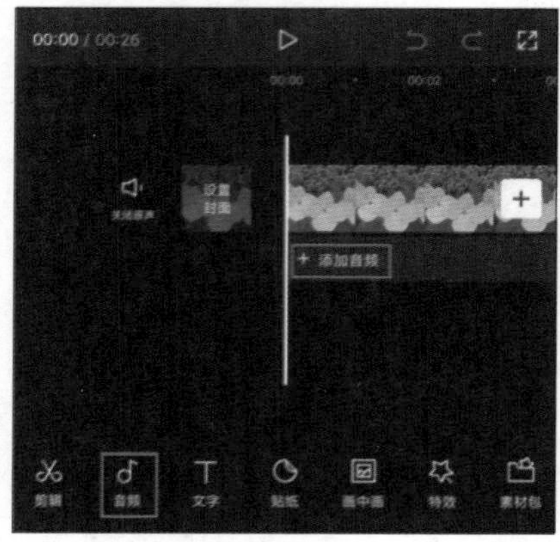

图6-27

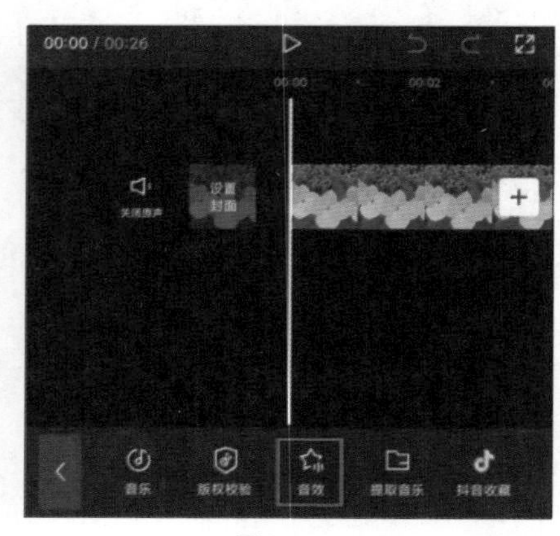

图6-28

用户完成上述操作后，即可打开“音效”选项栏，如图6-29所示，可以看到其中提供有综艺、笑声、机械、游戏、魔法、打斗、动物等不同类别的音效。添加音效的方法与之前所讲的添加音乐的方法一致，用户点击音效右侧的按钮，即可将音效添加至剪辑项目中，如图6-30所示。

图6-29

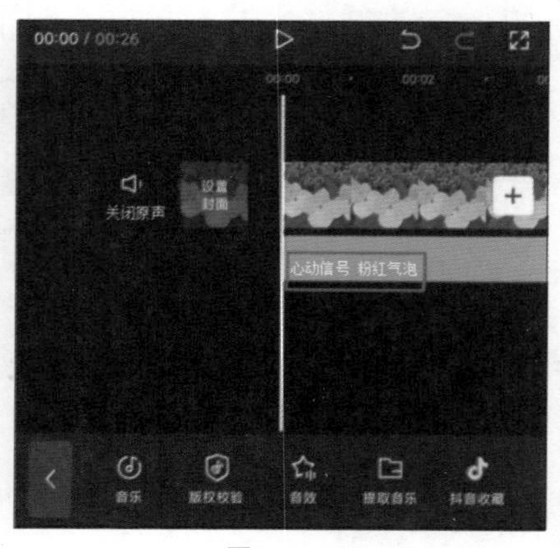

图6-30

6.2.2　分割音频素材

一首完整的歌曲时长往往超过3分钟，对于短视频而言有些过长了。“分割”操作可以将一段音频素材分割为多段，以便对素材进行重组和删除等操作。用户在轨道区域中选中音频素材，然后将时间线定位至需要进行分割的时间点，接着点击底部工具栏中的“分割”按钮，此时音频素材就会被一分为二，如图6-31和图6-32所示。

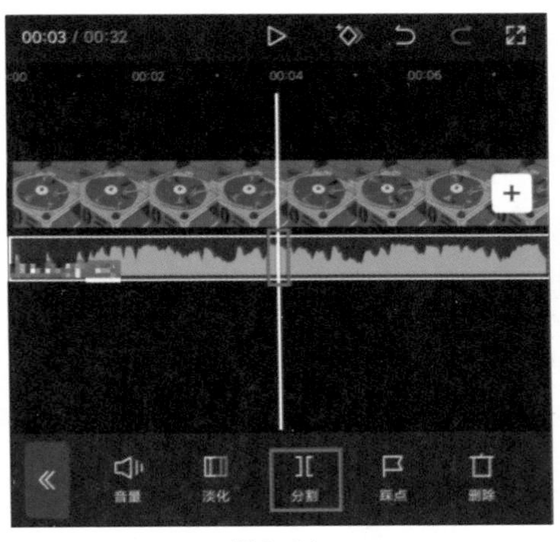

图6-31

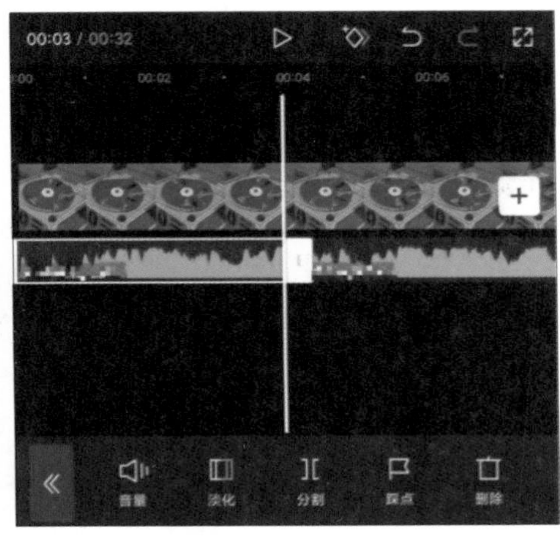

图6-32

6.2.3　调节音量

在视频编辑工作中，视频可能会出现音频素材声音过大或过小的情况，为了满足不同的制作需求，在剪辑项目中添加音频素材后，用户可以对音频素材的音量进行调整。

调节音频素材音量的方法非常简单，用户在轨道区域中选中音频素材，然后点击底部工具栏中的“音量”按钮，如图6-33所示，在打开的“音量”选项栏中左右拖动滑块即可调节素材的音量，如图6-34所示。

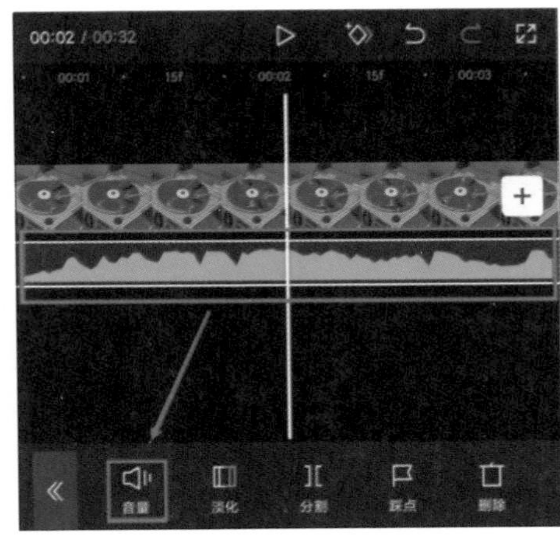

图6-33

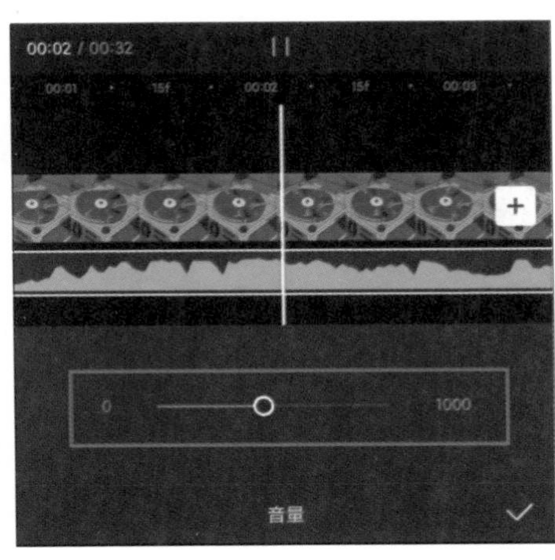

图6-34

高手秘技

剪映中素材音量的调整范围为0～1000。一般添加至剪辑项目中的音频素材的初始音量为100，即代表正常音量。调节时，数值越小，声音越小；数值越大，声音越大。

6.2.4 对视频进行静音处理

在剪映中实现视频静音的方法有以下3种。

1. 关闭视频原声

用户在剪辑项目中导入带有声音的视频素材后，在轨道区域中点击“关闭原声”按钮，即可实现视频静音，如图6-35所示。

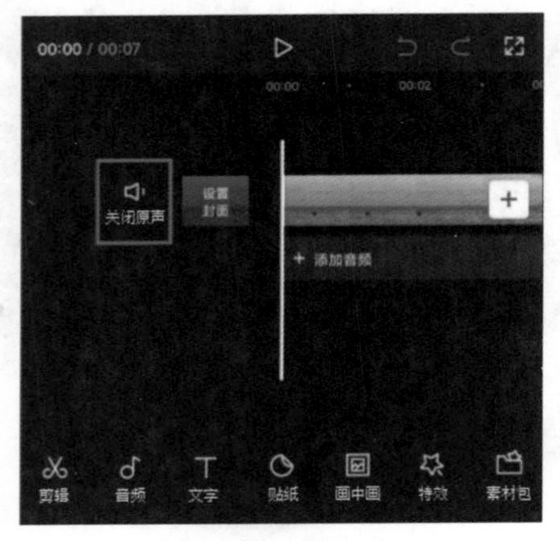

图6-35

2. 音量调整

用户选中素材后，点击“音量”按钮，如图6-36所示，将音量滑块拖至最左侧，使音量数值变为0，即可实现静音，如图6-37所示。

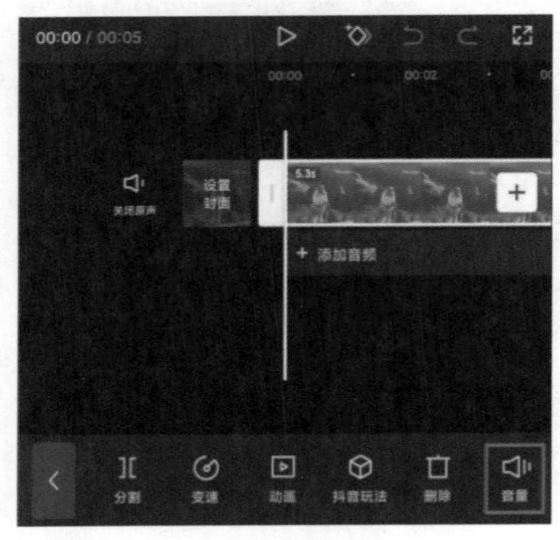

图6-36

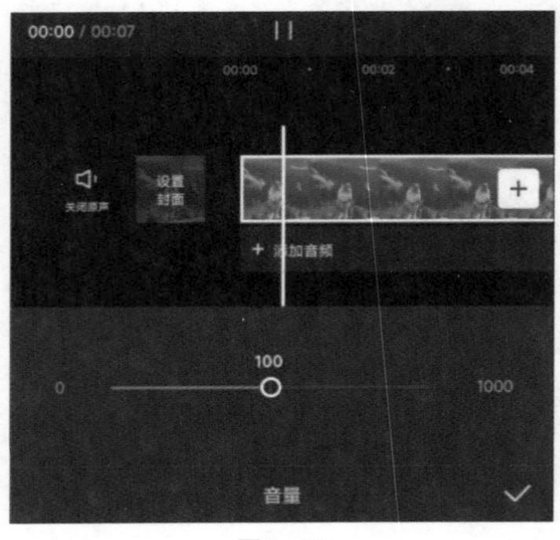

图6-37

3. 删除音频素材

在轨道区域中选中音频素材，然后点击底部工具栏中的“删除”按钮，如图6-38所示，将音频素材删除则可以实现静音。需要注意的是，该方法不适用于自带声音的视频素材。

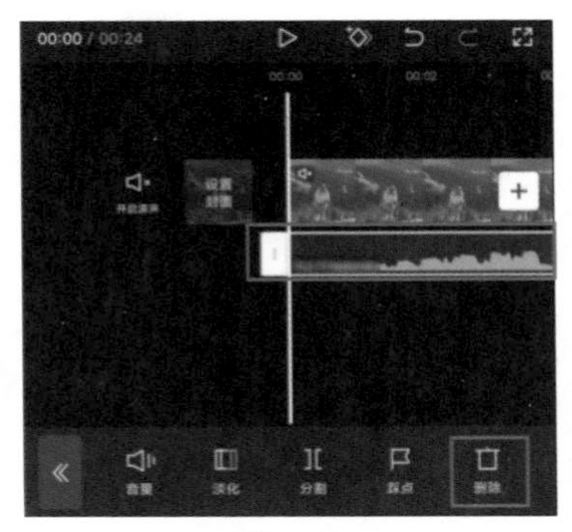

图6-38

6.2.5　音频的淡化处理

对于一些没有前奏和尾声的音乐，在其前后添加淡化效果，可以有效降低音乐进出场时的突兀感。而在两个衔接音频之间加入淡化效果，则可以令音频之间的过渡更加自然。

在轨道区域中选中音频素材，用户点击底部工具栏中的“淡化”按钮，如图6-39所示。在打开的“淡化”选项栏中，用户可以自行设置音频素材的淡入时长和淡出时长，如图6-40所示。

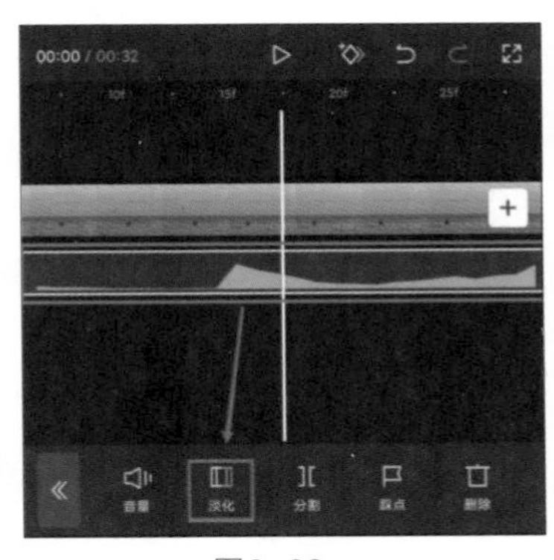

图6-39

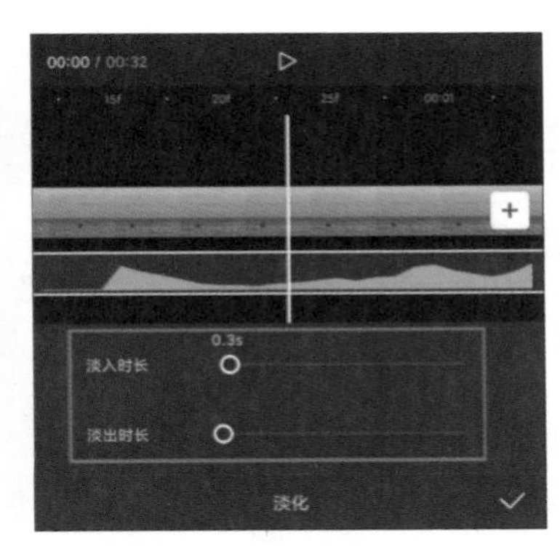

图6-40

6.2.6　实训：淡化音乐

音乐对于短视频来说往往能起到画龙点睛的作用，在剪辑项目中添加音乐后，为了使其更好地融入剪辑项目且不产生突兀感，为其设置淡入及淡出效果很有必要。下面就带领大家学习音乐的淡化操作。

实训：淡化音乐

（1）用户打开剪映，在主界面点击“开始创作”按钮，进入素材添加界面，选择“黄昏”视频素材，点击“添加”按钮，将素材添加至剪辑项目中。

（2）用户进入视频编辑界面后，将时间线定位至素材的起始位置，在未选中素材的状态下，点击底部工具栏中的“特效”按钮，如图6-41所示。

（3）用户在打开的“特效”选项栏中选择“画面特效”，然后选择“边框”，在“边框”选项中选择“手绘拍摄器”，如图6-42所示，完成操作后点击按钮。

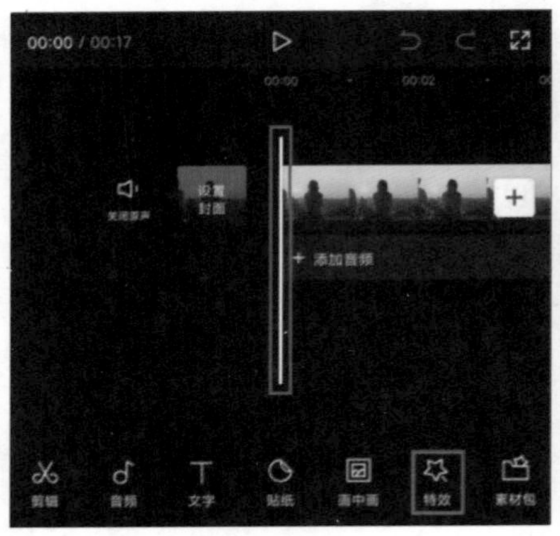

图6-41

图6-42

（4）用户选中边框素材，按住素材尾部的向右拖动，使其尾部与视频素材尾部对齐，如图6-43所示。

（5）在未选中素材的状态下，用户将时间线定位至视频的起始位置，然后点击底部工具栏中的“音频”按钮，进入“音频”选项栏后点击“音乐”按钮，进入剪映音乐素材库，在音乐分类中点击“治愈”选项，如图6-44所示。

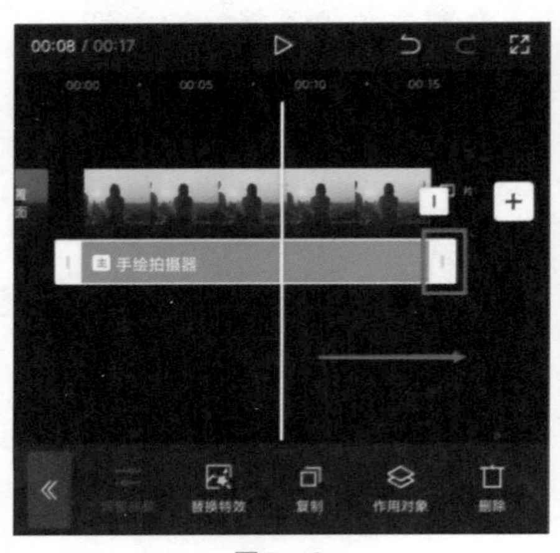

图6-43

图6-44

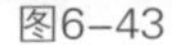

（6）用户进入音乐选择列表，选择一首合适的背景音乐，点击音乐右侧的使用按钮，如图6-45所示，将音乐素材添加至剪辑项目中，如图6-46所示。

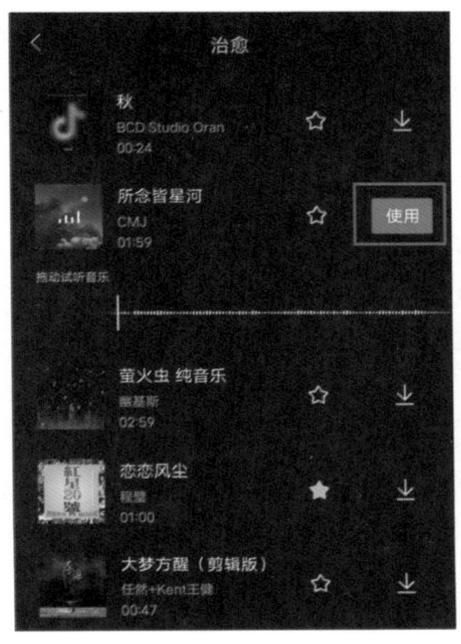

图6-45

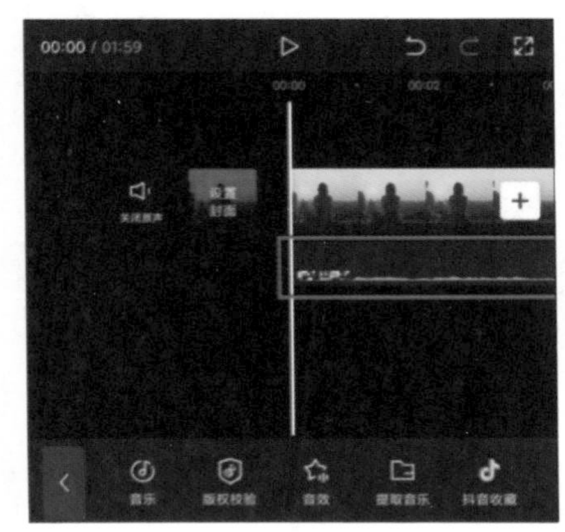

图6-46

（7）用户将轨道区域适当放大，然后将时间线定位至6秒20帧的位置，选中音乐，点击底部工具栏中的“分割”按钮，如图6-47所示。

（8）用户完成音乐的分割后，选择时间线前的音乐片段，点击底部工具栏中的“删除”按钮，如图6-48所示，将选中的片段删除。

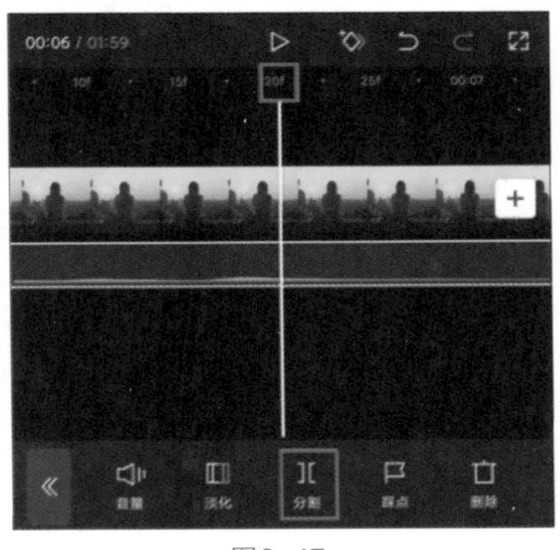

图6-47

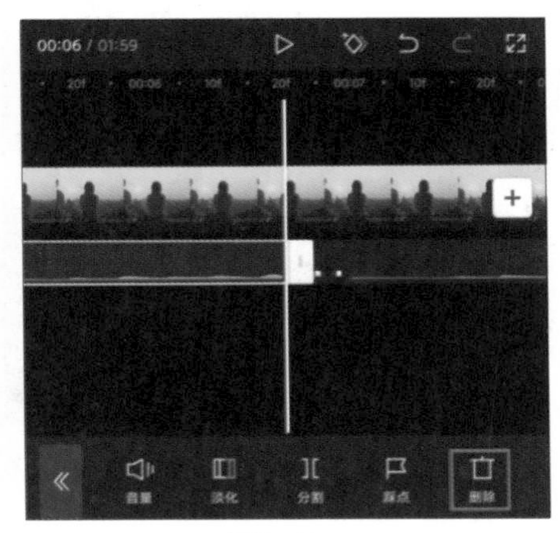

图6-48

（9）用户长按剩余的音乐片段前端的向左拖动，使音乐的起始位置与视频素材的起始位置对齐，如图6-49所示。

（10）用户将时间线定位至视频素材的尾部，然后选中音乐，点击底部工具栏中的“分割”按钮，如图6-50所示。

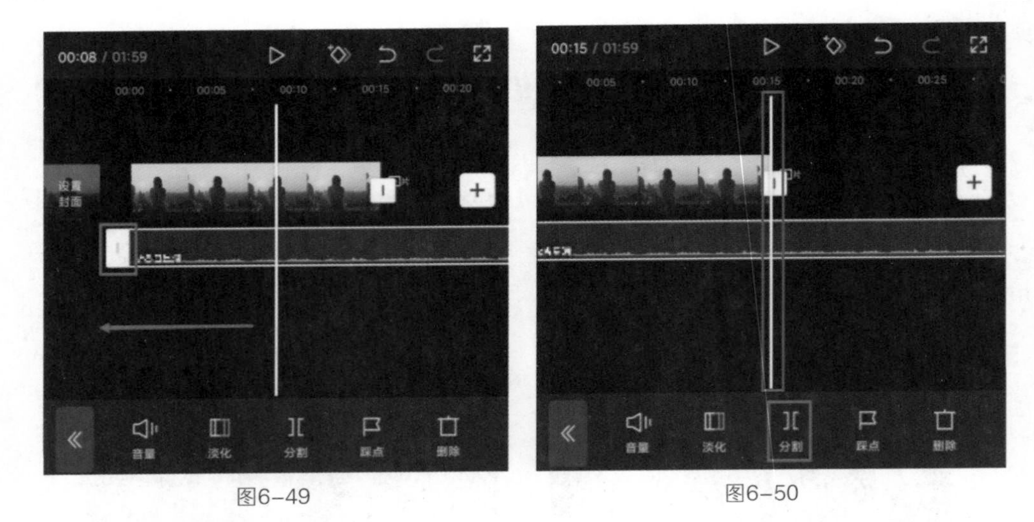

图6-49 图6-50

（11）完成分割后，用户选中时间线后方的音乐片段，点击底部工具栏中的“删除”按钮，如图6-51所示，将多余片段删除。

（12）用户在轨道区域中选中剩余的音乐片段，点击底部工具栏中的“淡化”按钮，如图6-52所示。

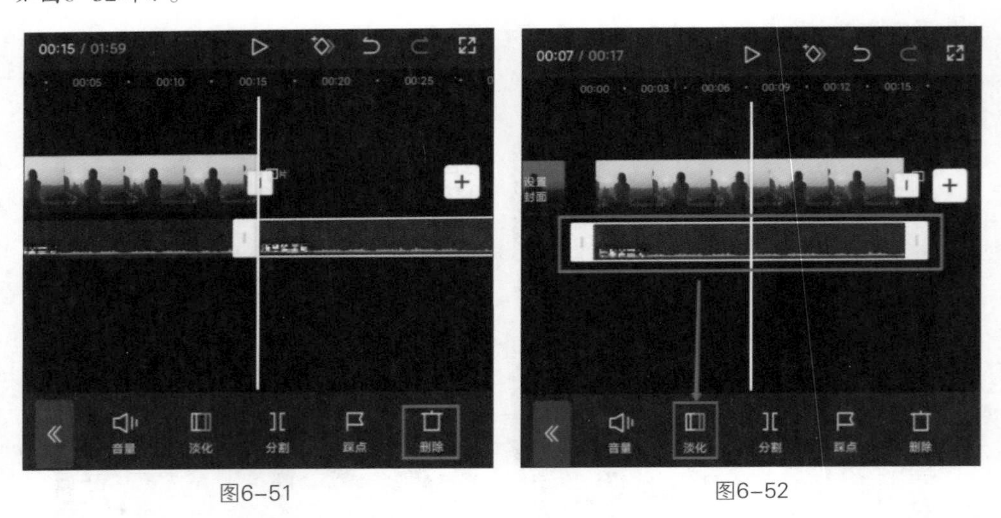

图6-51 图6-52

（13）用户打开“淡化”选项栏，调整“淡入时长”为1s，并调整“淡出时长”为1s，如图6-53所示，完成操作后点击按钮。

（14）此时，用户在轨道区域中可以看到音乐的起始位置和结束位置出现了淡化效果，如图6-54所示。

（15）完成所有操作后，用户点击视频编辑界面右上角的导出按钮，将视频导出到手机相册。视频效果如图6-55和图6-56所示。

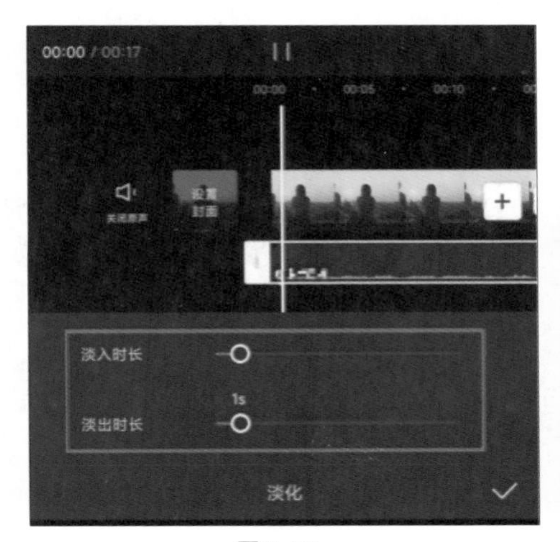

图6-53

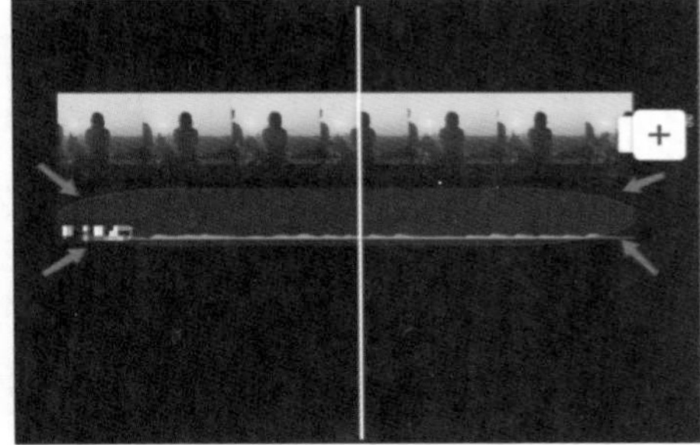

图6-54

图6-55

图6-56

6.2.7　复制和删除音频素材

视频制作过程中用户可能需要多次使用同一个音频素材或删除多余的音频素材，下面为大家讲解复制和删除音频素材的方法。

1. 复制音频素材

若用户需要对某一段音频素材进行重复利用，则可以选中音频素材进行复制操作。复制音频素材的方法与复制视频素材的方法一致。在轨道区域中选中需要复制的音频素材，然后点击底部工具栏中的“复制”按钮，即可得到一段同样的音频素材，如图6-57和图6-58所示。

高手秘技

复制的音频素材一般会自动衔接在原音频素材的后方，若原音频素材后方的位置被占用，则复制的音频素材会自动分布到新的轨道上，但始终衔接在原音频素材的后方。用户可以根据实际需求自行调整音频素材的排列顺序。

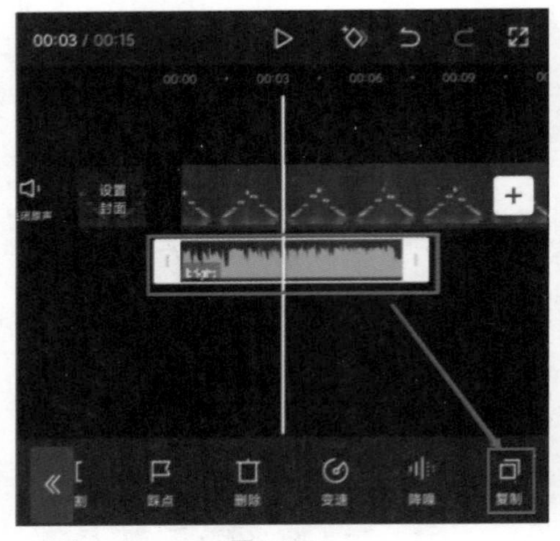

图6-57

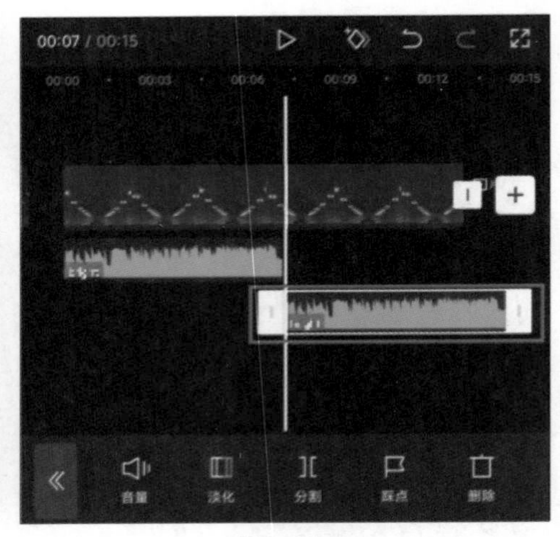

图6-58

2. 删除音频素材

在剪辑项目中添加音频素材后，如果用户发现音频素材的时长过长，则可以先对音频素材进行分割，再选中多余的部分进行删除。删除音频素材的操作非常简单，在轨道区域中选中需要删除的音频素材，然后点击底部工具栏中的“删除”按钮即可，如图6-59和图6-60所示。

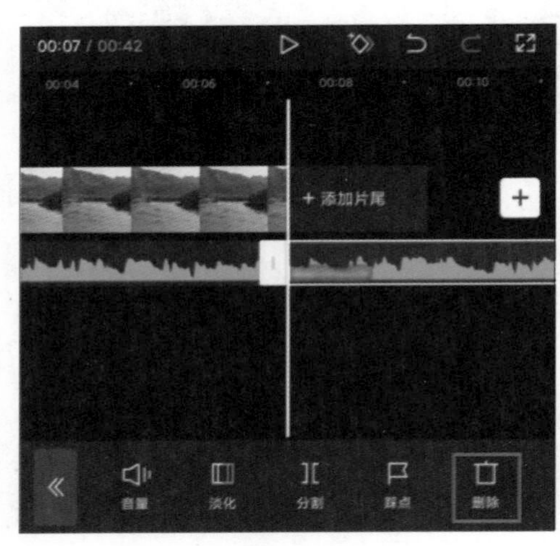

图6-59

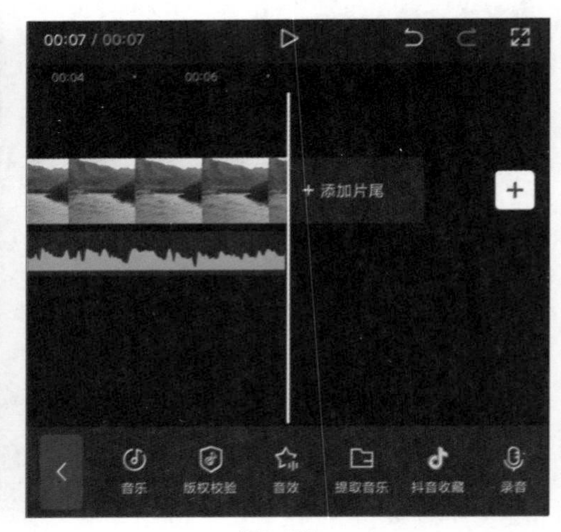

图6-60

↘ 6.2.8 对视频进行降噪处理

在日常拍摄时，由于受环境因素的影响，拍摄的视频或多或少会夹杂一些杂音，非常影响观看体验。剪映为用户提供了视频降噪功能，可以去除视频中的各类杂音、噪声等，从而有效地提高视频的质量。

用户在轨道区域中选中需要进行降噪处理的视频素材，然后点击底部工具栏中的

“降噪”按钮▮，如图6-61所示。此时在打开的“降噪”选项栏中，降噪开关为关闭状态，用户点击开关按钮将降噪功能打开，剪映将自动进行视频降噪处理，如图6-62所示。

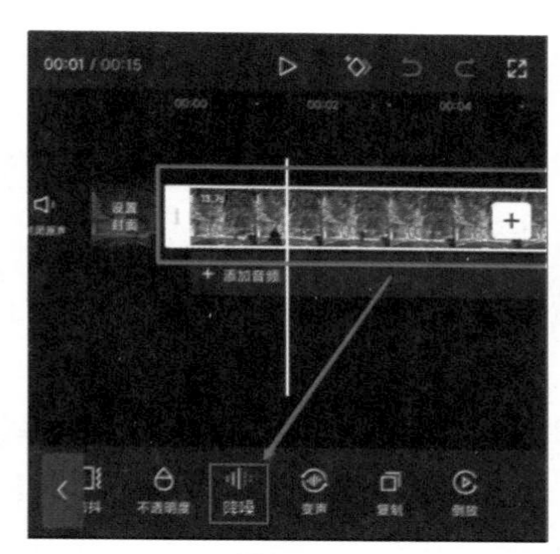

图6-61

图6-62

完成降噪处理后，降噪开关变为开启状态，点击界面右下角的✓保存操作，如图6-63所示。需要注意的是，剪映中的“降噪”功能仅适用于视频素材。

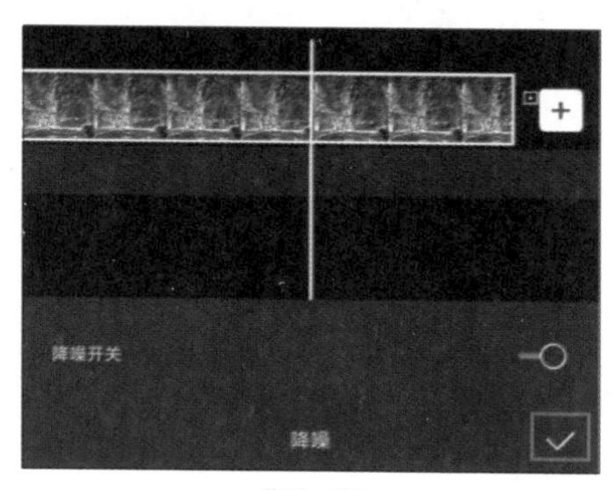

图6-63

6.3 对音频素材进行变声处理

我们在观看一些知名短视频创作者的视频作品时，会发现里面人物的声音不是原声。不少短视频创作者会选择对视频进行变声或变速处理，这样不仅可以加快视频的节奏，还能增强视频的趣味性，形成鲜明的个人特色。

除了专业的后期配音外，音频素材的变声处理手法还包括以下两种：一种是通过改变音频素材的播放速度来实现变声，另一种是通过变声功能将声音处理为儿童音、大叔音、机器人声音等假声效果。

6.3.1 使用“变速”功能

用户在进行视频编辑工作时，为音频进行恰到好处的变速处理，来搭配搞怪的视频内容，可以很好地增强视频的趣味性。

音频变速的操作非常简单，用户在轨道区域中选中音频素材，然后点击底部工具栏中的“变速”按钮，如图6-64所示，在打开的“变速”选项栏中可以调节音频素材的播放速度，如图6-65所示。

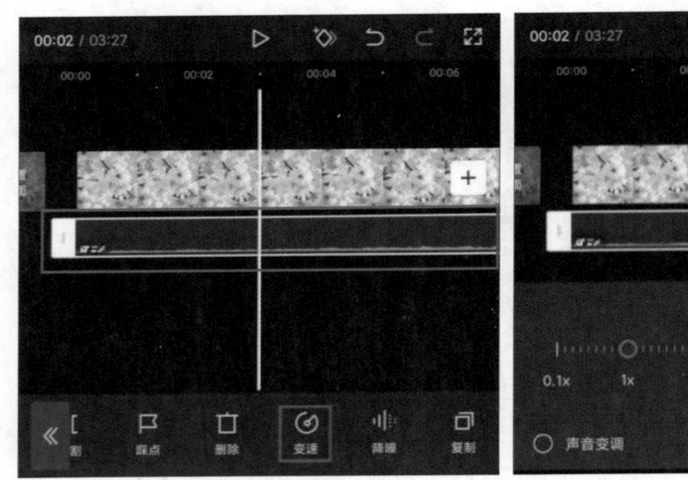

图6-64

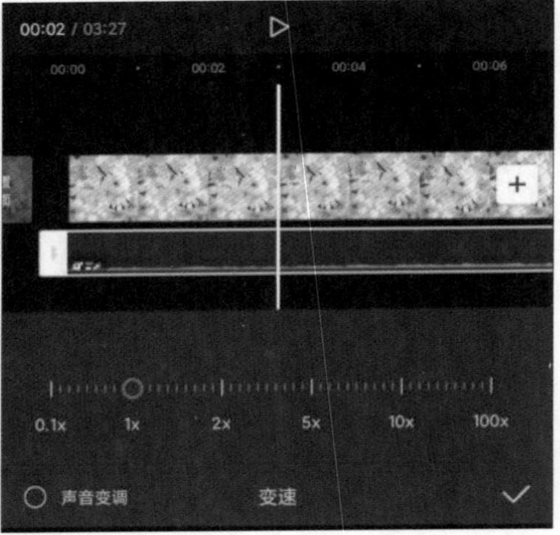

图6-65

用户在“变速”选项栏中左右拖动速度滑块，可以对音频素材进行减速或加速处理。速度滑块停留在“1x”处时，代表此时音频素材为正常播放速度。用户向左拖动滑块时，音频素材将被减速，且素材时长会变长；用户向右拖动滑块时，音频素材将被加速，且素材的时长将变短。

用户在进行音频变速操作时，如果想对旁白声音进行变调处理，可以点击界面左下角的“声音变调”选项，操作完成后，人物说话时的音色将会发生改变。

6.3.2 实训：对短视频音频进行变速处理

实训：对短视频音频进行变速处理

对短视频音频进行变速处理往往能获得不错的搞怪效果，进而增强短视频的趣味性。下面带领大家学习对短视频音频进行变速处理的操作方法。

（1）用户打开剪映，在主界面点击“开始创作”按钮，进入素材添加界面，选择“搞笑片段”视频素材，点击“添加”按钮，将素材添加至剪辑项目中，添加素材的效果如图6-66所示。

（2）在选中视频素材的状态下，用户点击底部工具栏中的“音频分离”按钮，如图6-67所示，获得“视频原声1”。

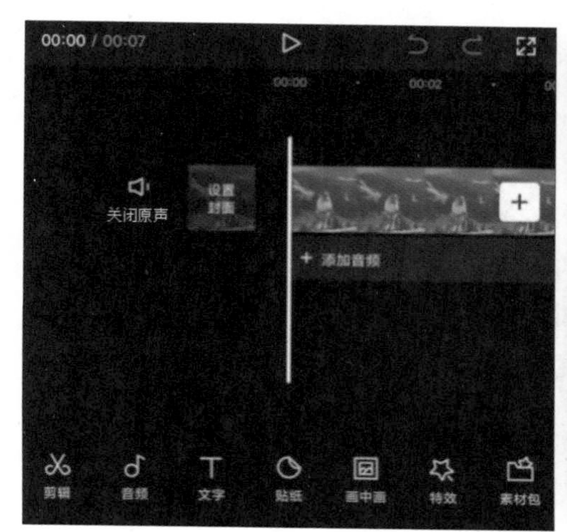

图6-66

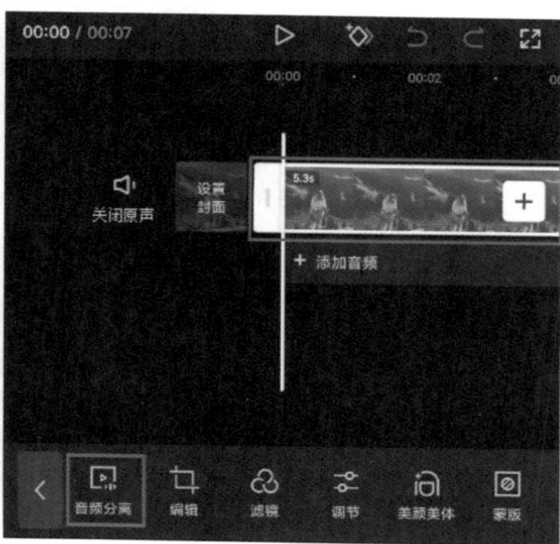

图6-67

（3）选中“视频原声1”，点击底部工具栏中的“变速”按钮，如图6-68所示，在打开的“变速”选项栏中将音频播放速度调至1.5倍并点击“声音变调”，如图6-69所示。

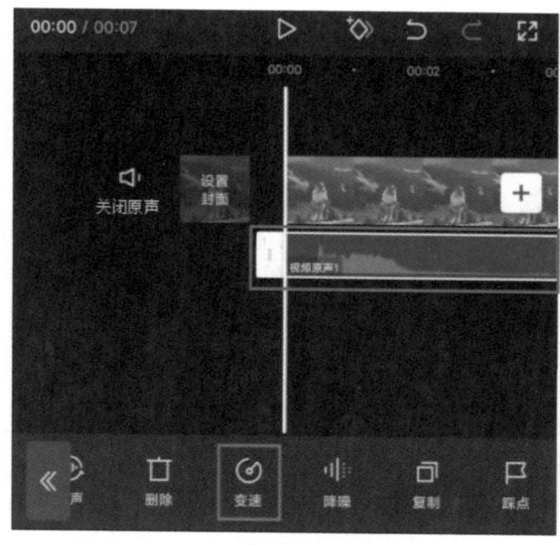

图6-68

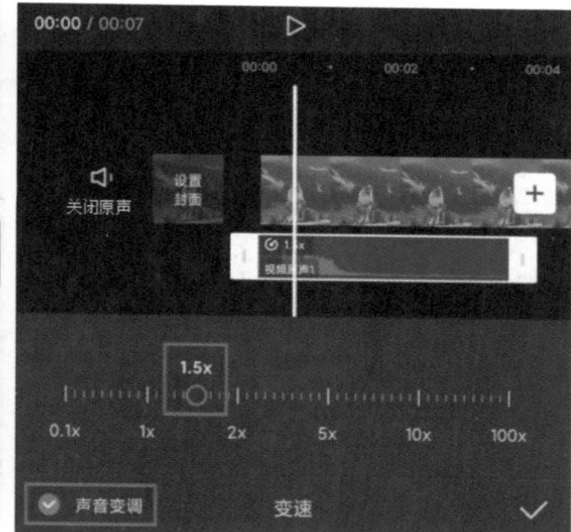

图6-69

（4）用户选中视频素材，按住素材尾部的向左拖动，使其尾部与音频素材尾部对齐，如图6-70所示。

（5）完成所有操作后，用户点击视频编辑界面右上角的导出按钮，将视频导出到手机相册。

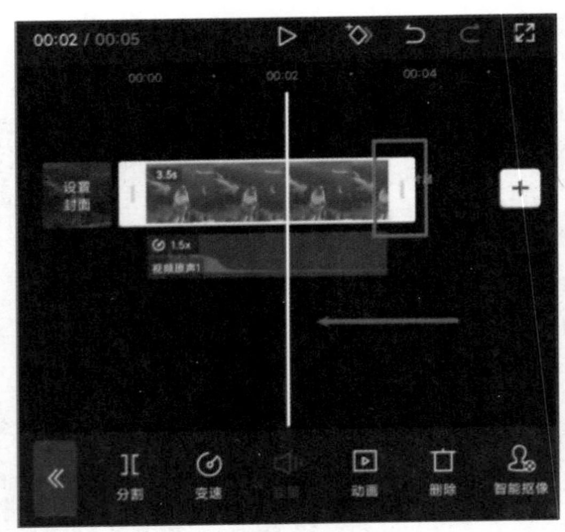

图6-70

↘ 6.3.3 使用“变声”功能

熟悉直播领域的读者应该知道，很多平台主播为了增加直播人气，在直播中会使用变声软件进行变声，搞怪的声音配上幽默的话语，时常能引得观众们捧腹大笑。

用户对视频原声进行变声处理，在一定程度上可以强化人物的情绪。对于一些趣味性或恶搞类短视频来说，变声可以很好地放大其幽默感。

在使用“录音”功能完成旁白的录制后，用户在轨道区域中选中音频素材，点击底部工具栏中的“变声”按钮，如图6-71所示，在打开的“变声”选项栏中，用户可以根据实际需求选择声音效果，如图6-72所示。

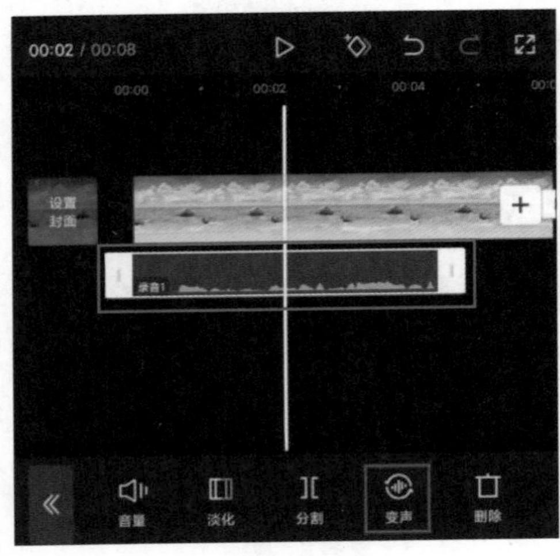

图6-71

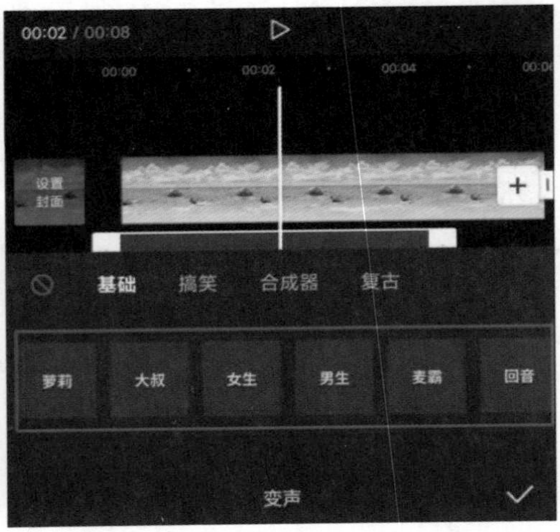

图6-72

6.4 音乐的踩点操作

音乐卡点视频是如今各大短视频平台上一种比较热门的视频，短视频创作者通过后期处理，将视频画面的每一次转换与音乐节奏点相匹配，使整个画面变得节奏感极强。

以往用户在使用视频剪辑软件制作音乐卡点视频时，往往需要一边试听音频效果，一边手动标记节奏点，这既费时又费精力，因此许多新手短视频创作者对此望而却步。如今，剪映针对新手用户推出了特色"踩点"功能，不仅支持用户手动标记节奏点，还能帮用户快速分析背景音乐，自动生成节奏点。

↘ 6.4.1 卡点视频的分类

卡点视频一般分为两类，分别是图片卡点和视频卡点。图片卡点是指将多张图片组合成一条视频，图片会根据音乐的节奏进行有规律的切换；视频卡点则是指视频根据音乐节奏进行转场或内容变化，或是高潮情节与音乐的某个节奏点同步。

1. 图片卡点

图片卡点的制作方法比视频卡点的制作方法要简单一些，用户只需要将图片导入剪辑项目，然后根据背景音乐的节奏对图片进行有序的重组和分割，使图片的切换时间点与音乐的节奏点匹配即可。

2. 视频卡点

视频卡点的制作难度较高，如果不是一镜到底的视频内容，那就需要注重画面表现和镜头变化。在具体制作时，用户要根据音乐节奏合理地截取或选取内容，否则制作出来的卡点视频就算节奏对上了，画面转变也会显得特别突兀。

高手秘技

这里讲解一个技巧，用户在制作卡点视频时，针对一些节奏感强且层次明显的背景音乐，可以将轨道区域放至最大，从而更好地观察音乐的波形。对于一些节奏变化快的音乐，它的波形起伏往往会非常明显，通常波形的高峰处就是节奏点所在的位置，此时可以在节奏点位置对视频素材进行加速处理，使视频素材配合节奏点进行播放或转场。

↘ 6.4.2 音乐手动踩点

用户在轨道区域中添加音乐后，选中音乐，点击底部工具栏中的"踩点"按钮，如图6-73所示。在打开的"踩点"选项栏中，用户将时间线定位至需要进行标记的时间点，然后点击"添加点"按钮，如图6-74所示。

完成上述操作后，用户即可在时间线所处位置添加一个黄色的标记点，如图6-75所示。如果用户对添加的标记点不满意，点击"删除点"按钮即可将标记点删除。

标记点添加完成后，点击✓按钮保存操作，此时在轨道区域中用户可以看到刚刚添加的标记点，如图6-76所示。根据标记点所处位置可以对视频进行剪辑，完成卡点视频的制作。

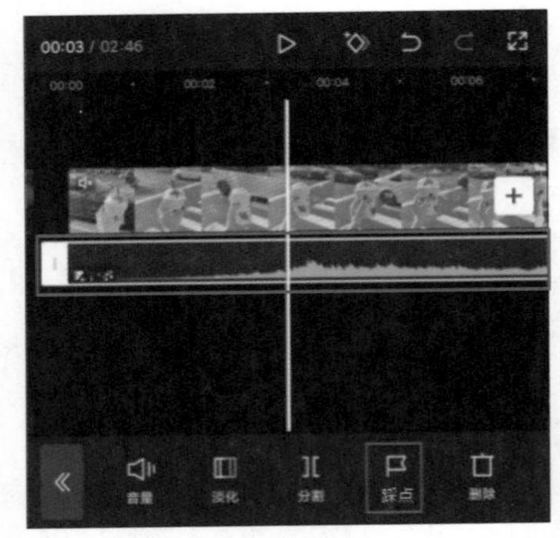

图6-73

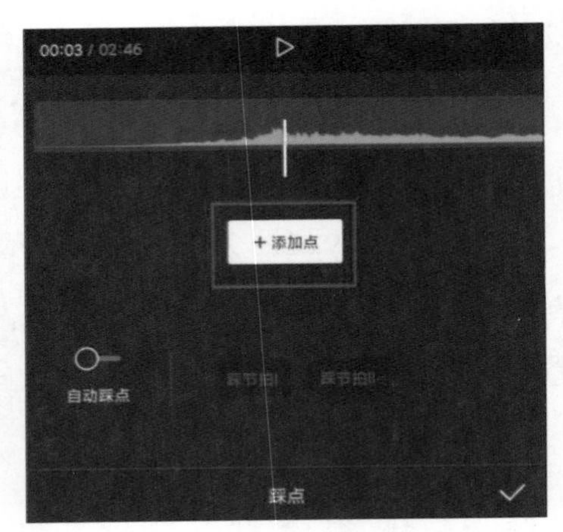

图6-74

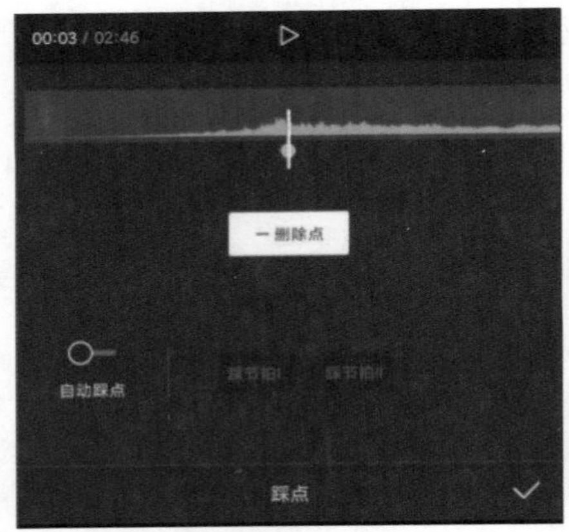

图6-75

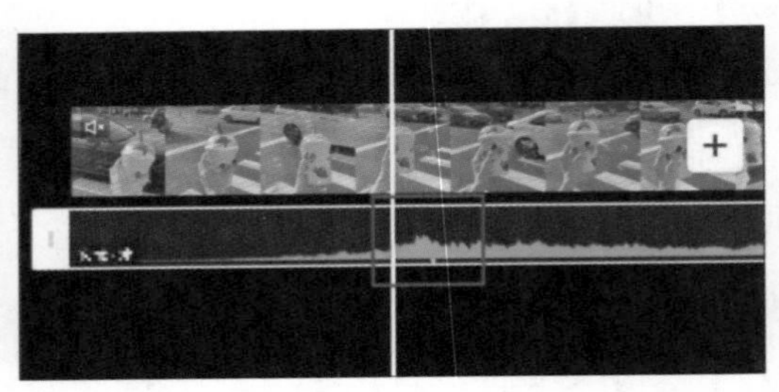
图6-76

↘ 6.4.3　实训：手动踩点制作卡点视频

实训：手动踩点制作卡点视频

下面将通过手动踩点来制作一个简单的音乐卡点视频。在进行手动踩点前，大家要尽可能多储备一些视频或图像素材，在剪映中添加好标记点后，根据标记点的数量来添加相应数量的素材。下面为大家展示利用手动踩点制作卡点视频。

（1）用户打开抖音，进入主界面后点击右上角的🔍，在搜索栏中输入音乐名称“Need You Now”（此刻需要你）进行搜索，切换至“音乐”选项，点击图6-77所示的音乐。

（2）用户在打开的界面中点击“收藏”按钮，如图6-78所示，完成操作后退出抖音。

（3）用户打开剪映，在主界面点击“开始创作”按钮[+]，进入素材添加界面，选择“花”视频素材，点击“添加”按钮，将素材添加至剪辑项目中。

（4）用户进入视频编辑界面后，在未选中素材的状态下，将时间线定位至视频起始位置，然后点击底部工具栏中的“音频”按钮♪，如图6-79所示。

（5）用户进入“音频”选项栏后，点击“抖音收藏”按钮♪，如图6-80所示。

图6-77

图6-78

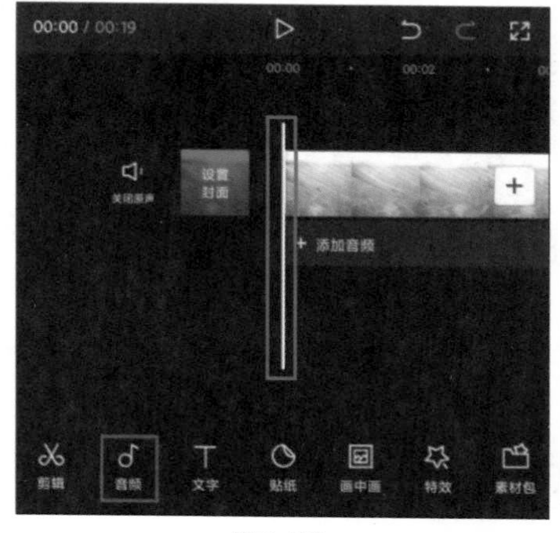

图6-79

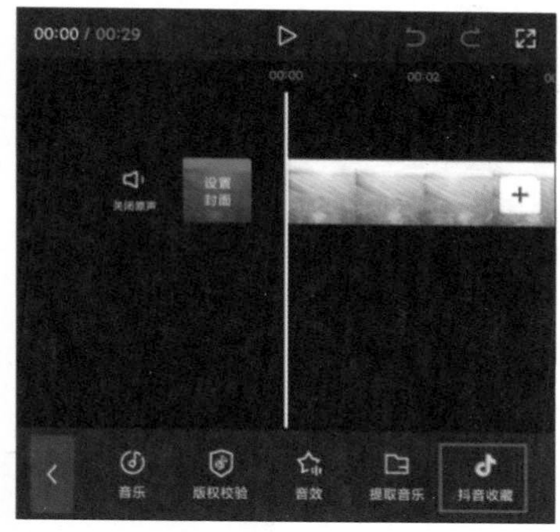

图6-80

（6）用户在音乐素材库中的“抖音收藏”选项栏中，可以看到刚刚在抖音中收藏的音乐，点击该音乐右侧的 使用 按钮，将音乐添加至剪辑项目中，如图6-81和图6-82所示。

图6-81

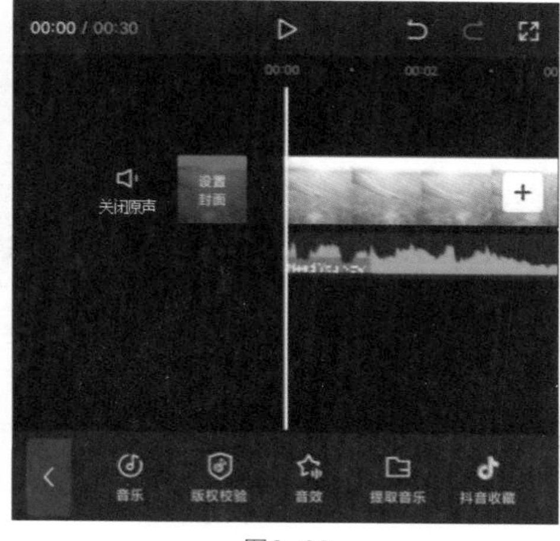

图6-82

（7）用户在轨道区域中选中音乐，然后点击底部工具栏中的“踩点”按钮，如图6-83所示。

（8）用户打开“踩点”选项栏，为了便于观察，将轨道区域放至最大。接着用户点击按钮播放音乐，在9秒处点击“添加点”按钮，添加一个标记点，如图6-84所示。

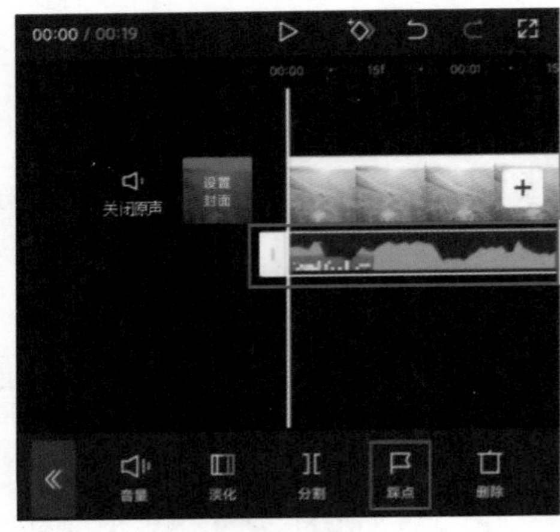

图6-83

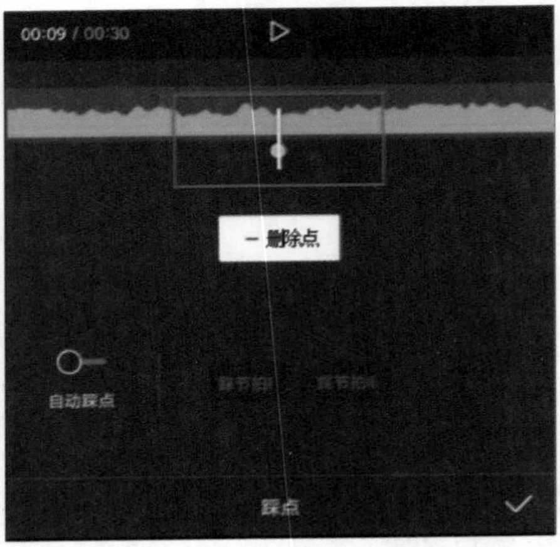

图6-84

（9）用同样的方法，用户继续根据音乐节奏添加6个标记点，如图6-85所示，完成操作后点击按钮。

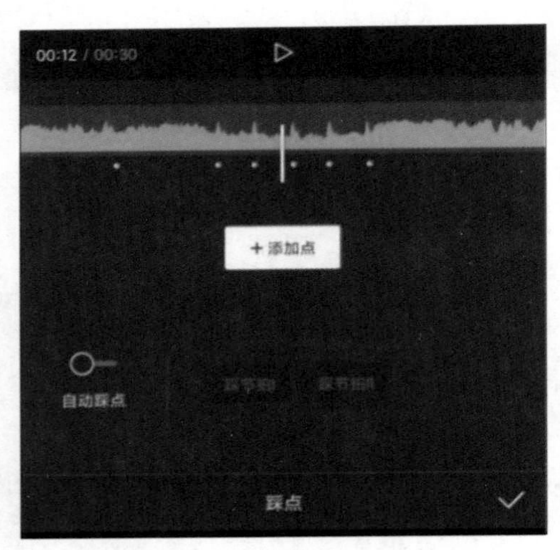

图6-85

（10）用户在轨道区域中选中视频素材，然后在底部工具栏中点击“变速”按钮，在打开的“变速”选项栏中调整速度为“1.4X”，如图6-86所示，完成操作后点击按钮。

（11）用户将时间线定位至音乐素材的第1个标记点处，然后选中视频素材，按住素材尾部的向左拖动至时间线停留处，如图6-87所示。

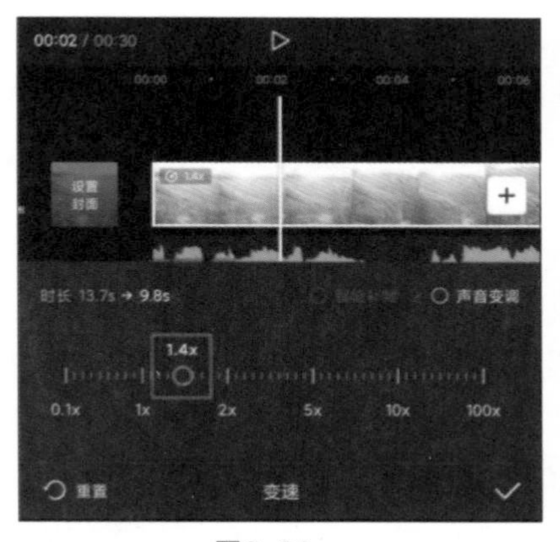

图6-86

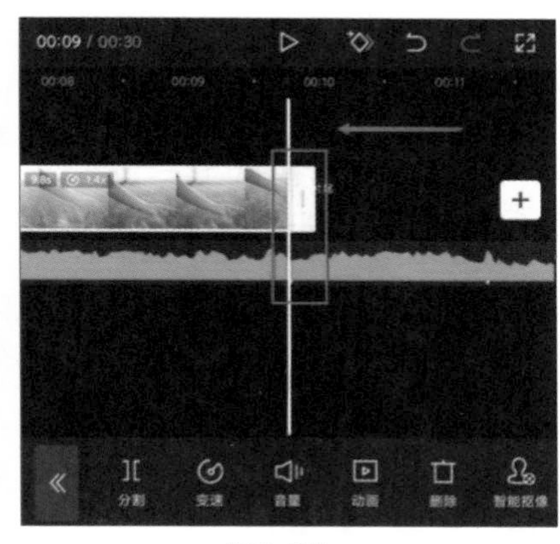

图6-87

（12）在轨道区域中点击+按钮，进入图像素材添加界面，依次选择“01”至“05”这5张图像素材后，点击“添加”按钮，将图像素材添加至剪辑项目中。进入视频编辑界面后，用户可以看到添加的图像素材依次排列在轨道区域中，如图6-88所示。

（13）用户在轨道区域中选中“04”图像素材，此时预览画面会发现该图像没有完全铺满画布，如图6-89所示。

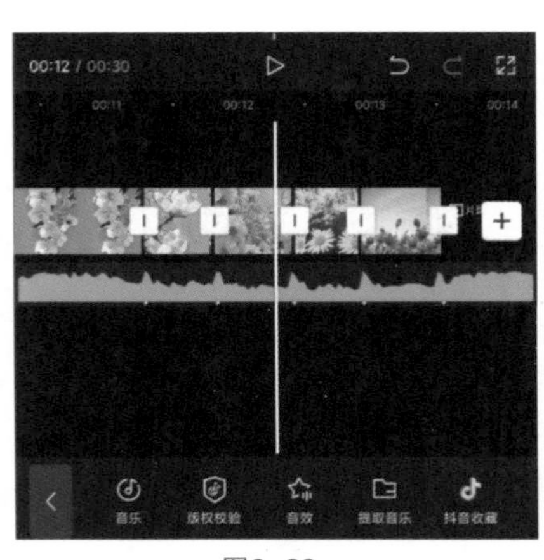

图6-88

图6-89

（14）用户在预览区域中通过两指缩放调节图像素材画面的大小，使其铺满画布，如图6-90所示。

（15）用同样的方法，用户对剩余的4张图像进行调整，使它们都铺满画布。

（16）用户将轨道区域适当放大，便于观察音乐上的标记点。用户接着选中“01”图像素材，按住素材尾部的▯向左拖动至音乐的第2个标记点处，此时素材的时长缩短为2.3秒，如图6-91所示。

图6-90

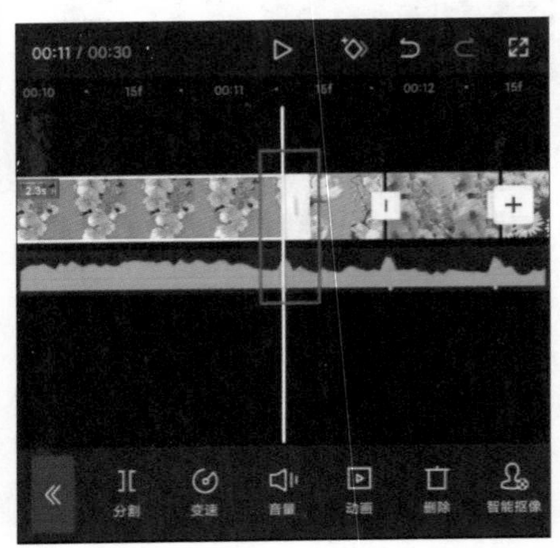

图6-91

（17）选中“02”图像素材，按住图像素材尾部的▯向左拖动至音乐的第3个标记点处，如图6-92所示。

（18）用同样的方法，用户可对剩余的图像素材进行调整，使剩余图像素材的尾部与相应的标记点对齐，如图6-93所示。

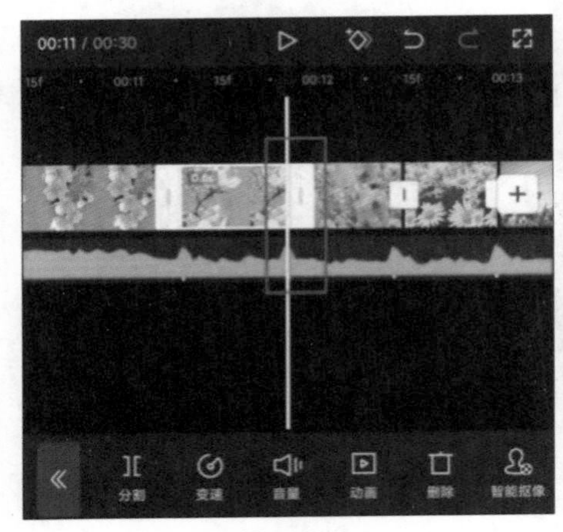

图6-92

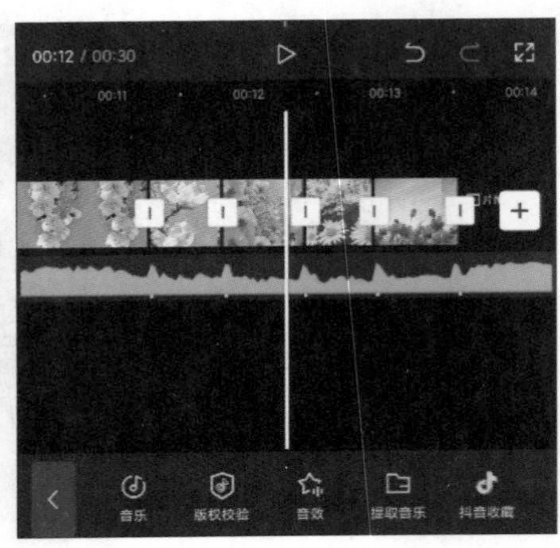

图6-93

（19）用户将时间线定位至“05”图像素材的尾端，选中音乐，点击底部工具栏中的“分割”按钮，如图6-94所示。

（20）用户完成图像素材的分割后，选中时间线后方的音乐片段，点击底部工具栏中的“删除”按钮，如图6-95所示，将多余部分片段删除。

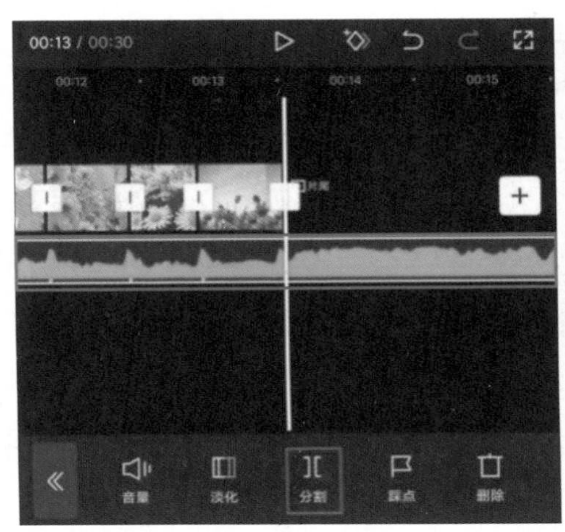

图6-94

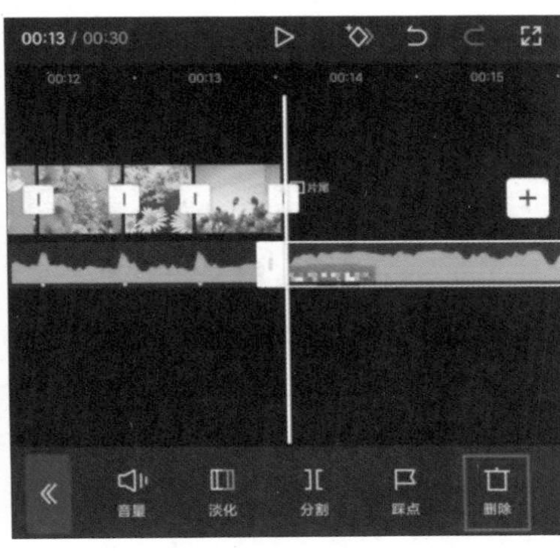

图6-95

（21）用户在轨道区域中选中“01”图像素材，点击底部工具栏中的“动画”按钮，如图6-96所示，打开“动画”选项栏后点击“入场动画”按钮，如图6-97所示。

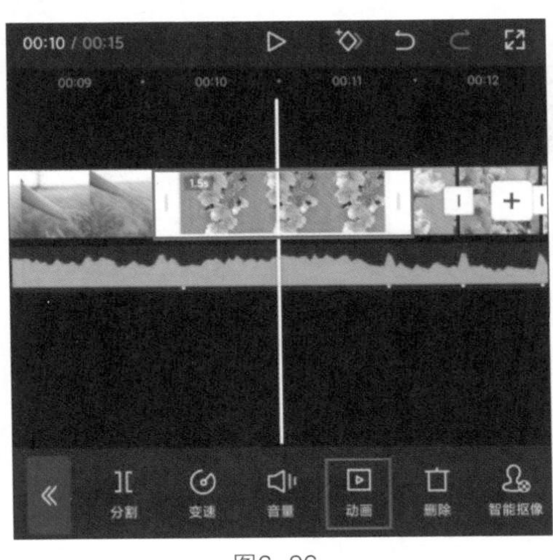

图6-96

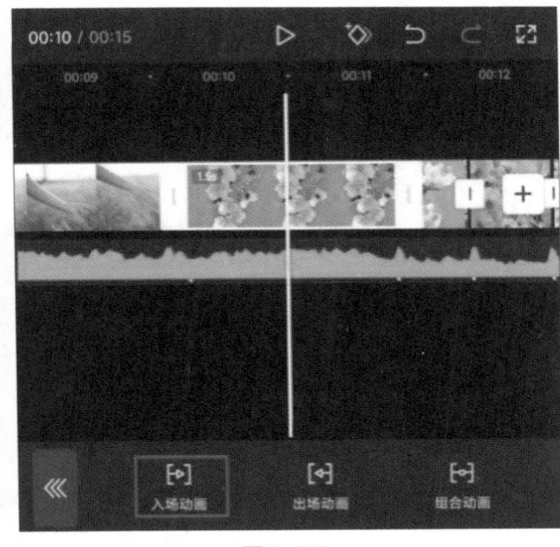

图6-97

（22）用户在打开的“入场动画”选项栏中，选择“向右甩入”，效果如图6-98所示。

（23）用户将时间线定位至“02”图像素材上方，然后在“入场动画”选项栏中继续选择“向右甩入”，效果如图6-99所示。用同样的方法，用户为剩余的4张图像素材应用“向右甩入”，完成操作后点击按钮。

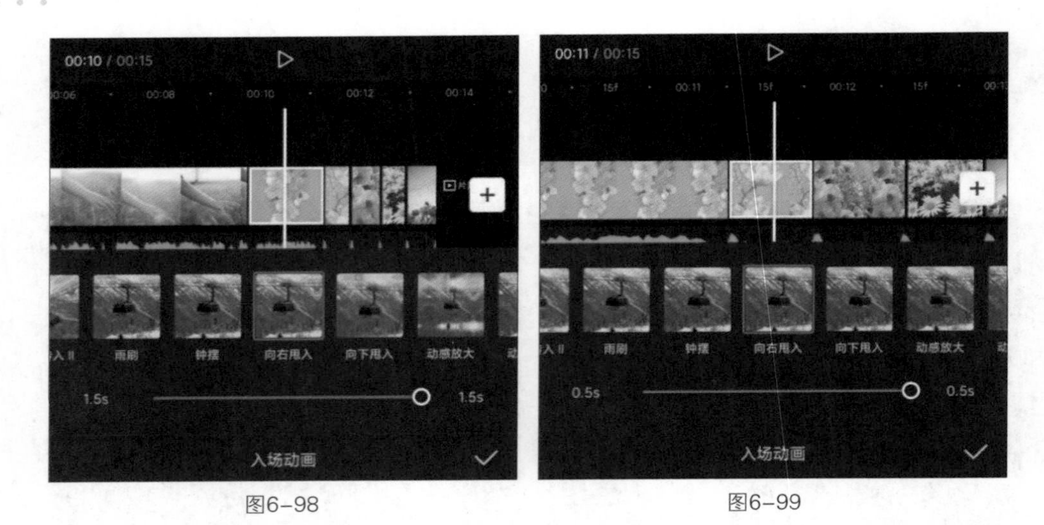

图6-98　　图6-99

（24）完成所有操作后，点击视频编辑界面右上角的 导出 按钮，将视频导出到手机相册。视频效果如图6-100至图6-102所示。

图6-100　　图6-101

图6-102

6.4.4 音乐自动踩点

剪映为用户提供了音乐“自动踩点”功能，用户一键设置即可在音乐上自动生成节奏标记点，并可以按照个人喜好选择踩节拍或踩旋律模式，让作品充满节奏感。相较于前面为大家介绍的“手动踩点”功能来说，“自动踩点”功能更加方便、高效和准确，因此建议大家使用“自动踩点”功能来制作卡点视频。

用户在轨道区域中选中音乐，然后点击底部工具栏中的“踩点”按钮，如图6-103所示。打开“踩点”选项栏后点击“自动踩点”按钮，将“自动踩点”功能打开，此时可以根据需求选择“踩节拍Ⅰ”或“踩节拍Ⅱ”，如图6-104所示。“踩节拍Ⅰ”相较于“踩节拍Ⅱ”节奏会更平缓。

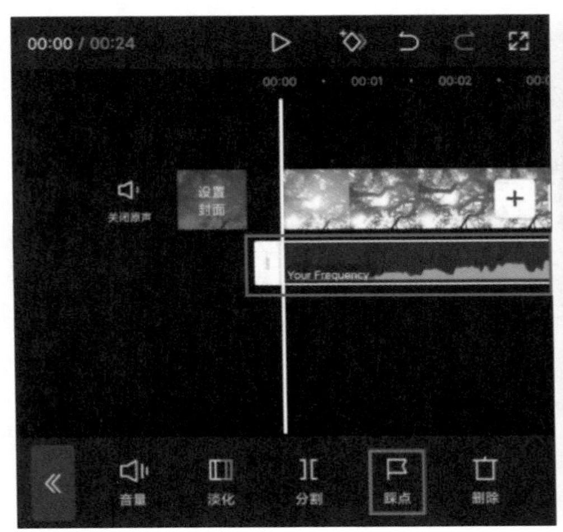

图6-103

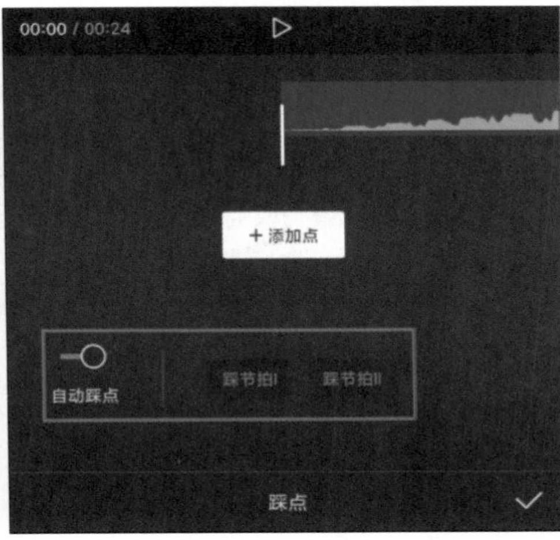

图6-104

完成上述操作后，即可自动生成节奏标记点，然后点击按钮保存操作，此时在轨道区域中用户可以看到刚刚添加的标记点。根据标记点所处位置用户可以对视频进行剪辑，完成卡点视频的制作。

6.5 习题

6.5.1 课堂练习——为短视频录制一段旁白

1. 任务

为短视频录制一段旁白并配上字幕。

2. 任务要求

素材要求：音频素材不少于5秒，视频素材不少于10秒。

制作要求：为字幕设置合适的出场动画，字幕时长与音频素材的时长相同，视频画面效果好。

学习要求：掌握音频素材的录制与处理技巧。

3. 最终效果

最终效果如图6-105和图6-106所示。

图6-105

图6-106

↘ 6.5.2　课后习题——为短视频添加趣味背景音效

课后习题——为短视频添加趣味背景音效

1. 任务

为短视频添加花字字幕并配上趣味背景音效。

2. 任务要求

素材要求：一条或多条时长不短于10秒的视频。

制作要求：为视频添加合适的花字字幕，音效要与视频内容相契合。

学习要求：掌握添加音效的技巧。

3. 最终效果

最终效果如图6-107和图6-108所示。

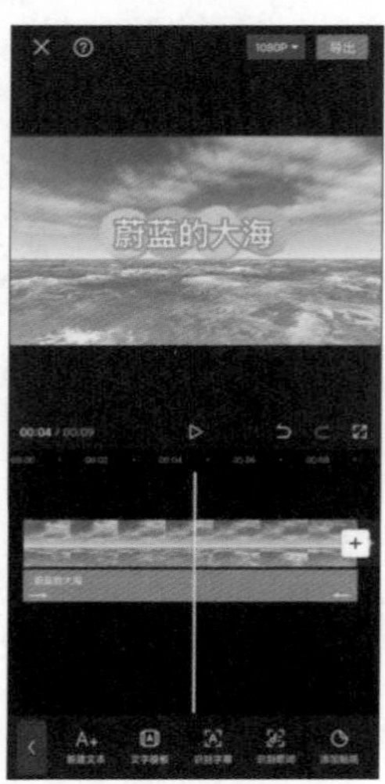

图6-107

图6-108

第 7 章
短视频画面的优化处理

短视频创作者如果想让自己的作品更加引人注目，可以尝试在视频画面中添加一些贴纸、字幕和特效动画等装饰元素，这样能为视频增添不少的趣味性。本章就为读者介绍短视频画面的优化处理方法，帮助读者为视频润色，使作品更具吸引力。

【学习目标】

- 掌握为视频添加趣味贴纸的技巧。
- 掌握短视频动画特效的应用方法。
- 掌握利用特殊功能实现特殊效果的方法。
- 掌握特效模板的应用方法。

7.1 为视频添加趣味贴纸

“贴纸”功能是许多短视频剪辑软件都具备的一项特殊功能。在视频画面上添加贴纸，不仅可以起到较好的遮挡作用（类似于马赛克），还能让视频画面看上去更加炫酷。

用户在剪映的剪辑项目中添加了视频或图像素材后，在未选中素材的状态下，点击底部工具栏中的“贴纸”按钮，如图7-1所示。在打开的“贴纸”选项栏中用户可以看到几十种不同类别的贴纸，并且还在不断更新中，如图7-2所示。

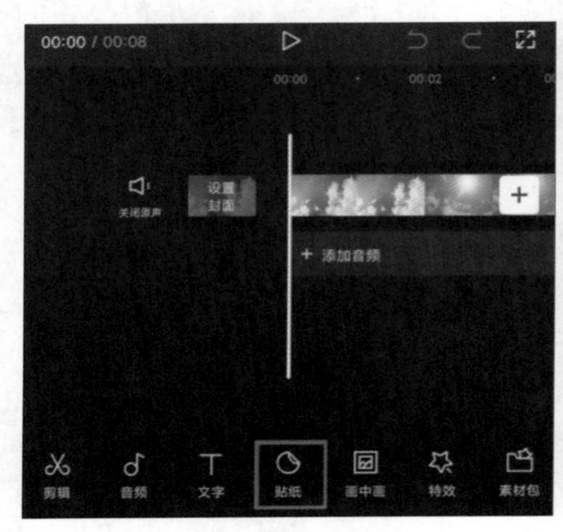

图7-1

图7-2

根据剪映中的贴纸类别，这里将贴纸素材大致分为3类，分别是自定义贴纸、普通贴纸、特效贴纸。下面为大家分别讲解这些贴纸的具体应用。

7.1.1 添加自定义贴纸

打开“贴纸”选项栏后，用户可以在不同的贴纸类别下选择想要添加到剪辑项目中的贴纸，数百种贴纸基本能满足大家的日常剪辑需求。此外，剪映还支持用户在剪辑项目中添加自定义贴纸，以进一步满足用户的创作需求。添加自定义贴纸的方法很简单，在“贴纸”选项栏中点击最左侧的按钮，如图7-3所示，即可打开素材添加界面（手机相册），用户可根据自己的需求选取贴纸元素添加至剪辑项目中。

图7-3

↘ 7.1.2　实训：添加自定义卡通贴纸

实训：添加自定义卡通贴纸

在进行视频剪辑前，用户可以先在网上自行下载一些PNG格式的图像文件，有一定软件基础的用户也可以自行在Photoshop或Illustrator这类设计软件中制作并导出PNG格式的图像文件。将文件传输至手机相册，用户即可在剪映中完成自定义贴纸的添加。下面为大家展示添加自定义卡通贴纸的操作。

（1）用户打开剪映，在主界面点击"开始创作"按钮，进入素材添加界面，选择"小狗"图像素材，点击"添加"按钮，将素材添加至剪辑项目中。

（2）用户进入视频编辑界面，在轨道区域中选择"小狗"图像素材，按住素材尾部的向右拖动，将素材时长延长至5秒，如图7-4所示。

（3）用户将时间线定位至素材起始位置，在未选中素材的状态下，点击底部工具栏中的"贴纸"按钮，如图7-5所示。

图7-4

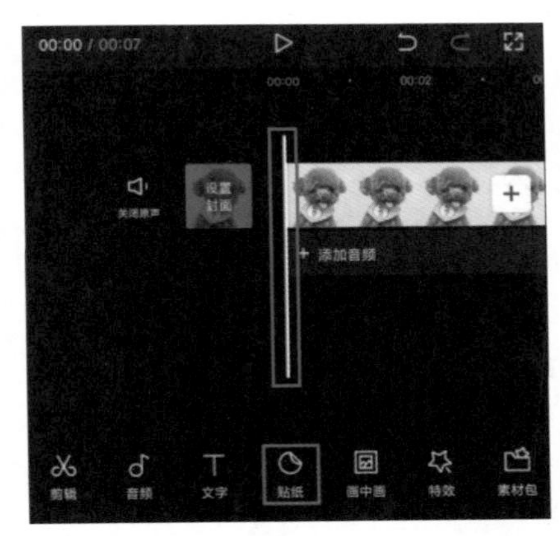

图7-5

（4）用户打开"贴纸"选项栏，点击最左侧的按钮，如图7-6所示。

（5）用户进入素材添加界面后，选择"小草"贴纸素材，将其添加至剪辑项目中，然后在预览区域中将贴纸素材调整到合适的大小及位置，如图7-7所示。

（6）用户在轨道区域中选中"小草"贴纸素材，按住素材尾部的向右拖动，将素材时长延长，使其与"小狗"图像素材的长度保持一致，如图7-8所示。

（7）用户选中"小草"贴纸素材，然后点击底部工具栏中的"动画"按钮，如图7-9所示。

图7-6

图7-7

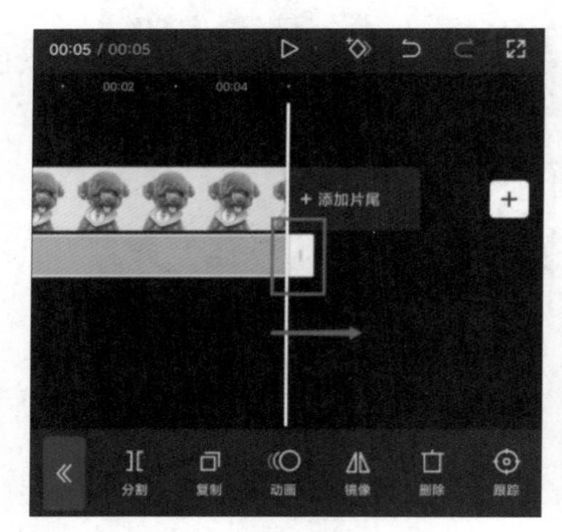

图7-8

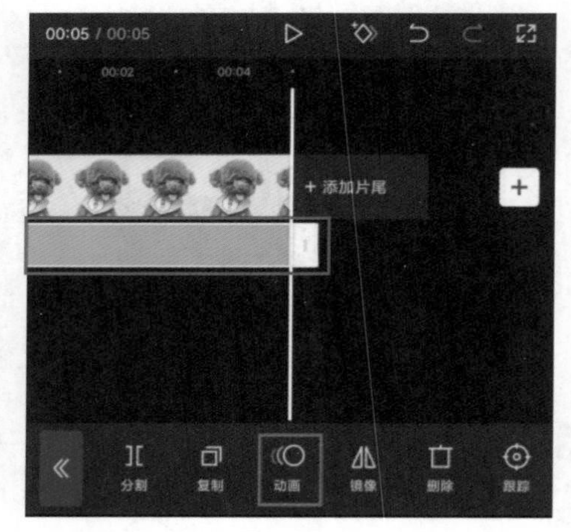

图7-9

（8）用户打开“贴纸动画”选项栏，点击“循环动画”选项，点击“雨刷”效果并设置动画播放速度为1.5s，如图7-10所示。用户完成操作后点击界面右下角的✓按钮。

（9）此时，轨道区域中的贴纸素材上方将生成动画轨迹，在预览区域中用户可以查看贴纸的动画效果，如图7-11所示。

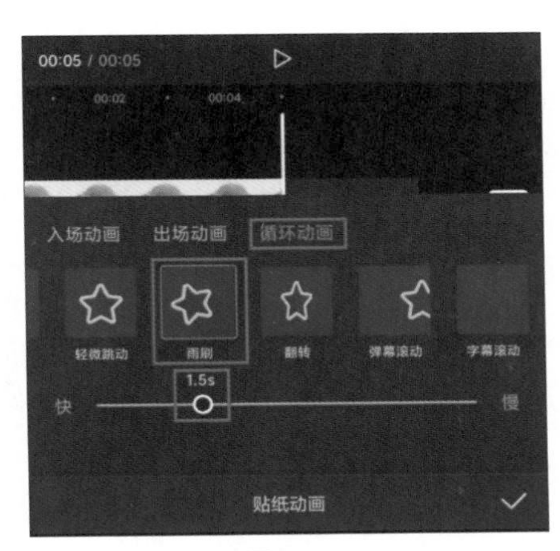

图7-10

图7-11

（10）用户将时间线定位至视频起始位置，在未选中素材的状态下，点击底部工具栏中的“添加贴纸”按钮，如图7-12所示。

（11）用户打开“贴纸”选项栏，点击最左侧的按钮，进入素材添加界面后选择“底部修饰”贴纸素材，将其添加至剪辑项目中，然后在预览区域中将贴纸素材调整到合适的大小及位置，如图7-13所示。

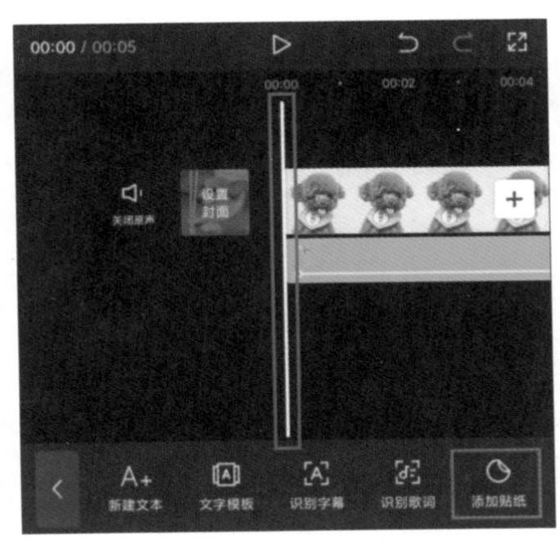

图7-12

图7-13

（12）用户在轨道区域中选中“底部修饰”贴纸素材，按住素材尾部的▯向右拖动，将素材时长延长，使其与“小草”贴纸素材的长度保持一致，如图7-14所示。

（13）至此，用户就完成了添加自定义卡通贴纸的操作。用户点击视频编辑界面右上角的 导出 按钮，将视频导出到手机相册。视频画面效果如图7-15所示。

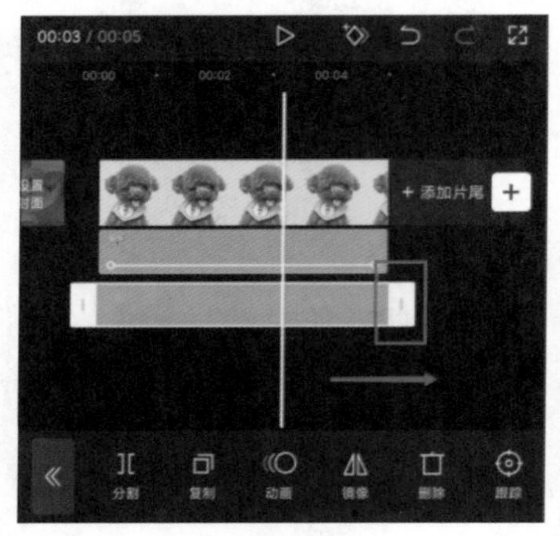

图7-14

图7-15

高手秘技

大家可以通过添加自定义贴纸，尝试将个人照片添加至剪辑项目中，这样也能制作出独具个人特色的短视频作品。

↘ 7.1.3 添加普通贴纸

此处的普通贴纸特指“贴纸”选项栏中没有动态效果的贴纸素材，如emoji类别中的表情符号贴纸，如图7-16所示。大家在制作短视频时，若画面中出现了其他人物的面孔（或本人不方便出镜），不妨使用emoji贴纸进行遮挡，画面效果会比添加马赛克更为美观和有趣，如图7-17所示。

图7-16

图7-17

将这类贴纸素材添加至剪辑项目后，虽然贴纸本身不具有动态效果，但用户可以自行为贴纸素材设置动画效果。设置贴纸动画的方法非常简单，用户在轨道区域中选中贴纸素材，然后点击底部工具栏中的“动画”按钮，如图7-18所示，用户在打开的“贴纸动画”选项栏中可以为贴纸素材设置“入场动画”“出场动画”“循环动画”，并可以对动画效果的播放速度进行调整，如图7-19所示。

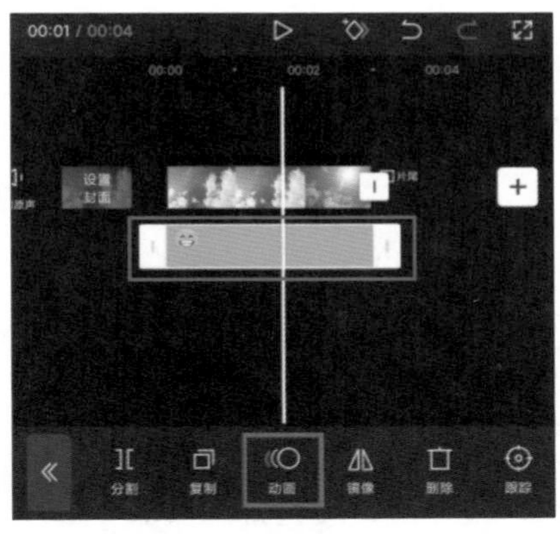

图7-18

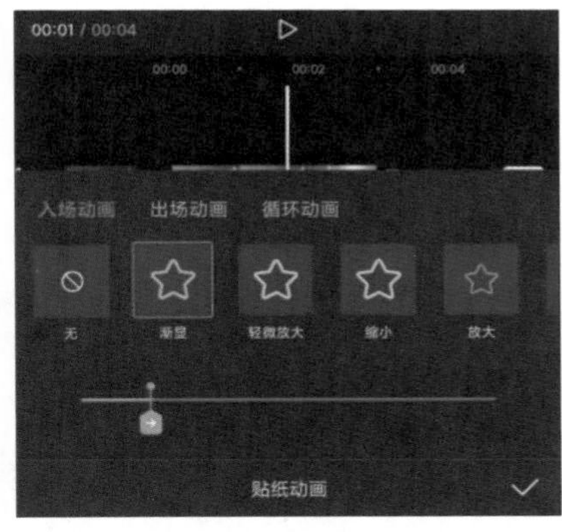

图7-19

高手秘技

点击任意动画效果后，可在预览区域中对动画效果进行快速预览。在调整播放速度时，需要注意的是：数值越大，动画播放速度越慢；数值越小，动画播放速度则越快。

7.1.4 添加特效贴纸

如果觉得视频画面过于单调，而自定义贴纸与普通贴纸又无法满足需求，用户可以添加特效贴纸。此处的特效贴纸特指“贴纸”选项栏中自带动态效果的贴纸素材，如“炸开”贴纸素材、“线条画”贴纸素材等，如图7-20和图7-21所示。相较于普通贴纸来说，特效贴纸由于自带动画效果，因此具备更强的趣味性和动态感，对于丰富视频画面来说是不错的选择。

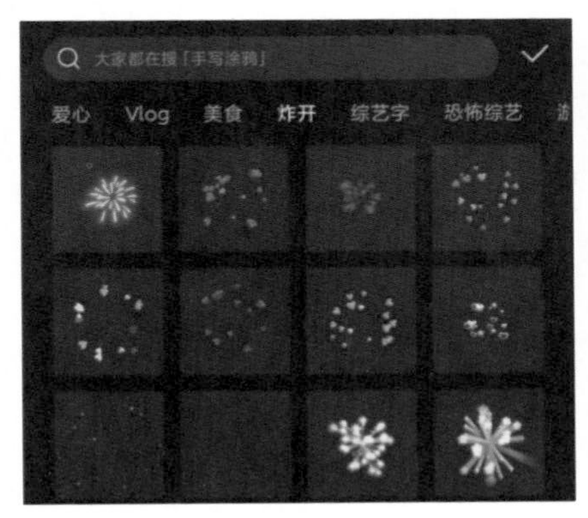

图7-20

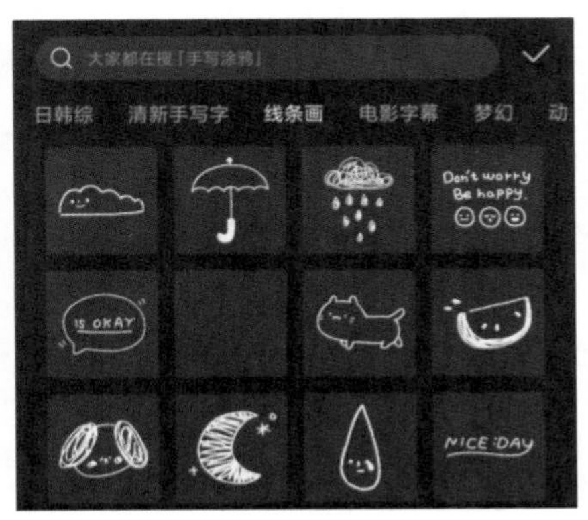

图7-21

7.2 短视频动画特效的应用

剪映为用户提供了丰富的视频剪辑功能，为画面添加动画特效能使视频画面的切换更加顺畅，还能使视频画面内容更丰富。添加动画特效不仅可以增强视频的趣味性，还可以使视频具有鲜明的个人特色。

7.2.1 短视频动画特效的类型

短视频动画特效有3种类型，分别是入场动画、出场动画和组合动画，如图7-22所示。

1. 入场动画

入场动画指视频素材出现时伴随的特效。好的入场动画能使视频素材的出现不突兀，使视频画面的切换更加顺畅。剪映的入场动画非常多，比如“渐显”“轻微放大”“放大”等，如图7-23所示。

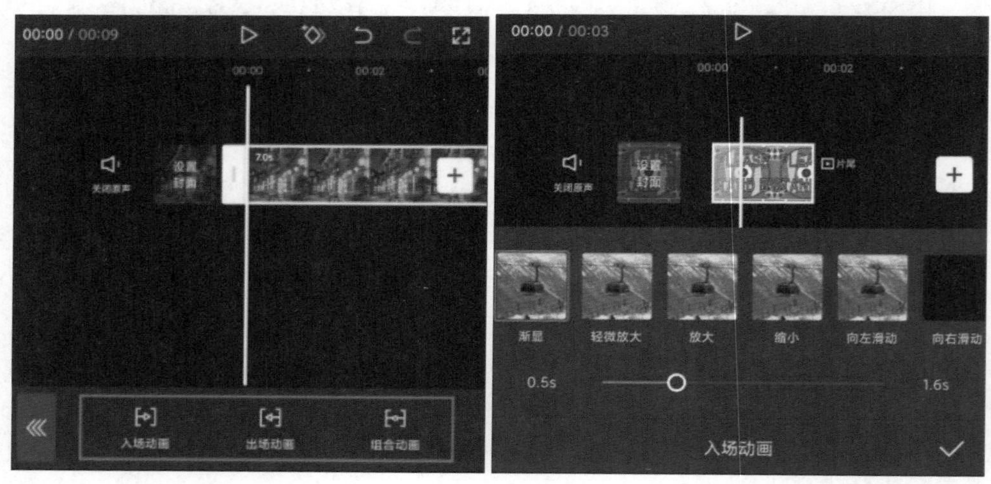

图7-22　　图7-23

2. 出场动画

出场动画与入场动画相反，是用于视频素材消失时的特效。它在保持视频观感的同时能自然衔接下一段视频素材。常用的出场动画有“渐隐”“轻微放大”等，如图7-24所示。

3. 组合动画

组合动画与前两种动画不同，一般作用于整段视频素材，使视频的画面更加绚丽。组合动画具有更加华丽且多变的特效，常用的有“拉伸扭曲”“扭曲拉伸”“缩小弹动”等，如图7-25所示。

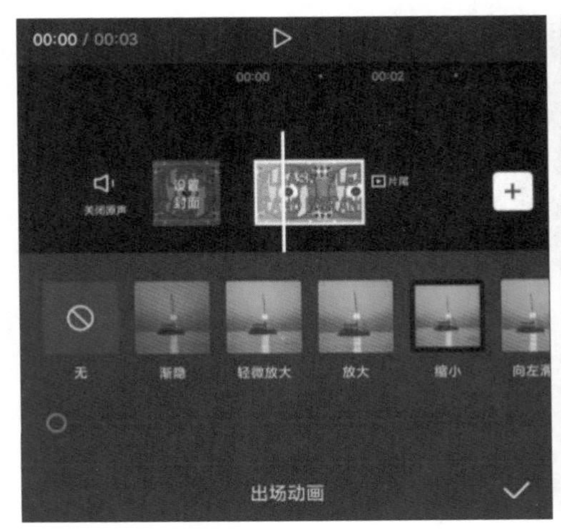

图7-24

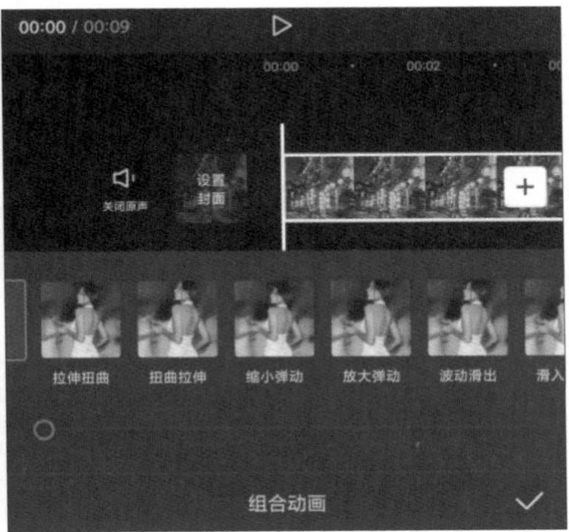

图7-25

↘ 7.2.2　添加与删除动画特效

用户在选中视频素材后，点击底部工具栏中的“动画”按钮，如图7-26所示。在打开的“动画特效”选项栏中用户可以为视频设置“入场动画”“出场动画”“组合动画”，选好想要的动画特效后，用户可以拖动界面下方的滑块对动画效果的持续时间进行调整，如图7-27所示，调整好后点击按钮保存操作。

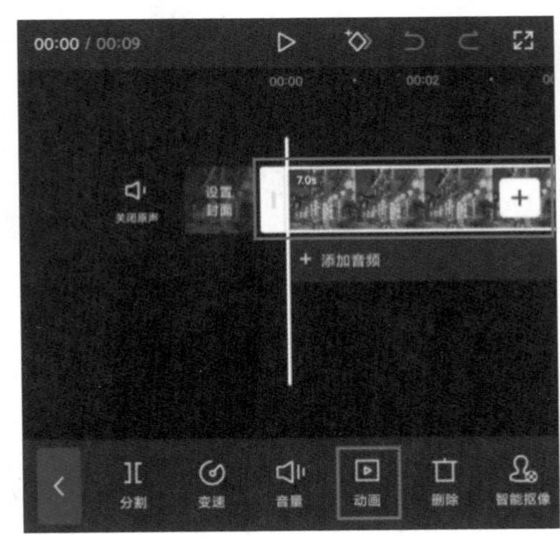

图7-26

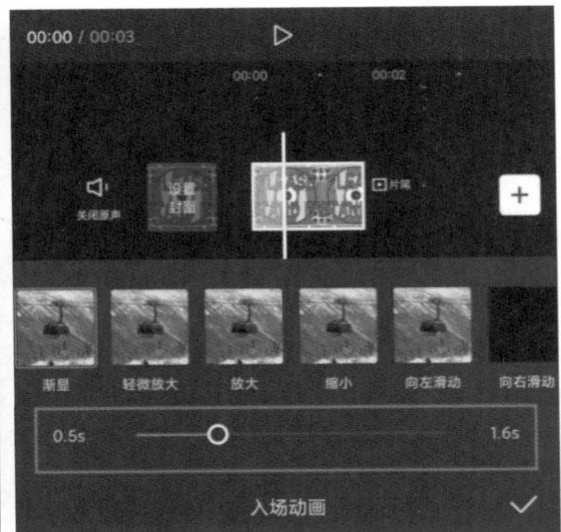

图7-27

用户在视频中添加动画特效后，再次进入特效选择界面，点击“无”按钮，则可以删除已经添加的动画特效，如图7-28所示。

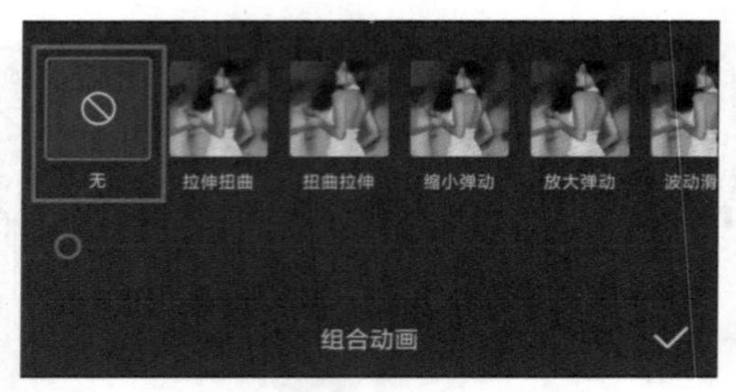

图7-28

↘ 7.2.3 实训：制作热门三分屏视频

实训：制作热门三分屏视频

三分屏视频具有跟一般视频不同的画面效果，因此具有不俗的热度，下面为大家展示制作三分屏视频的方法。

（1）用户打开剪映，在主界面点击“开始创作”按钮，进入素材添加界面，选择“在海边小跑”视频素材，点击“添加”按钮，将素材添加至剪辑项目中。

（2）用户在未选中素材的状态下点击底部工具栏中的“比例”按钮，如图7-29所示。用户在打开的界面中选择画布比例为“9：16”，如图7-30所示。

图7-29

图7-30

（3）用户选中视频素材，将其缩小后放置于画面中间，然后在未选中素材的状态下点击“画中画”按钮，如图7-31所示，随后点击“新增画中画”按钮，选择添加“在海边小跑”视频素材，如图7-32所示。

（4）重复上述操作，效果如图7-33所示。

图7-31　　图7-32　　图7-33

（5）用户选中第1段视频素材，点击“动画”按钮，选择“入场动画”，选择“渐显”，将时长设置为0.5s，如图7-34所示。用户选中第2段视频素材，选择“入场动画”，选择“向右滑动”，将时长设置为0.5s，如图7-35所示。用户选中第3段视频素材，选择“入场动画”，选择“向左滑动”，将时长设置为0.5s，如图7-36所示。

（6）用户选中第1段视频素材，点击底部工具栏中的“滤镜”按钮，如图7-37所示，选择“复古胶片”选项中的“港风”，效果如图7-38所示。

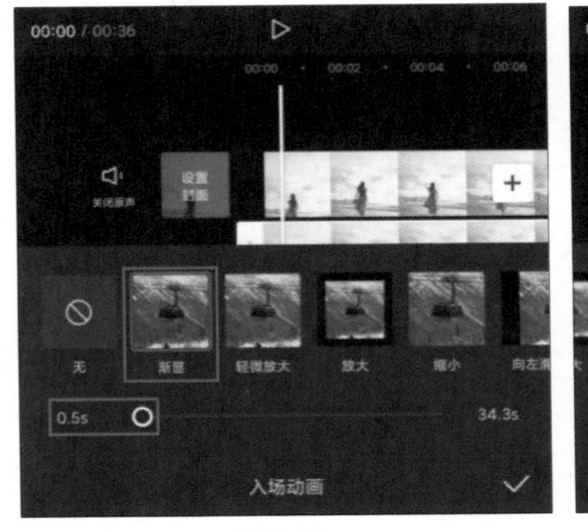

图7-34

图7-35

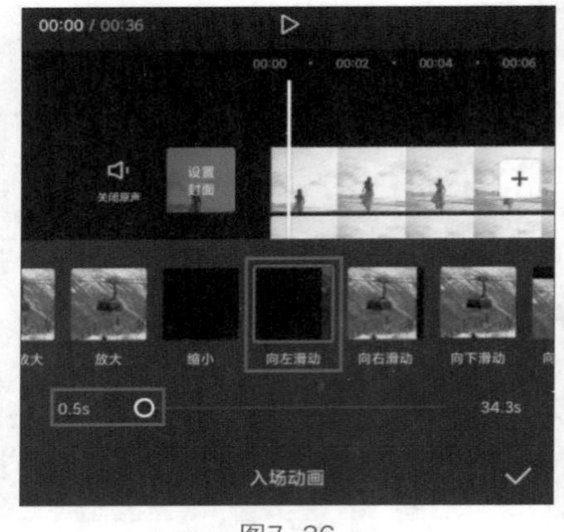

图7-36

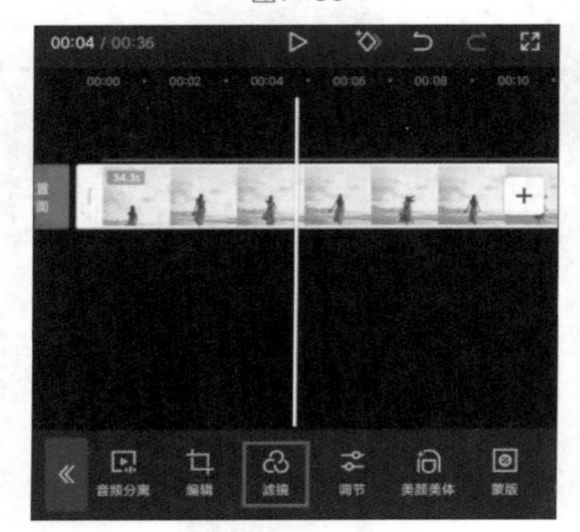

图7-37

图7-38

（7）用户在未选中素材的状态下点击底部工具栏中的“特效”按钮，如图7-39所示。用户在画面特效列表中点击图7-40所示的特效，操作完成后点击按钮。

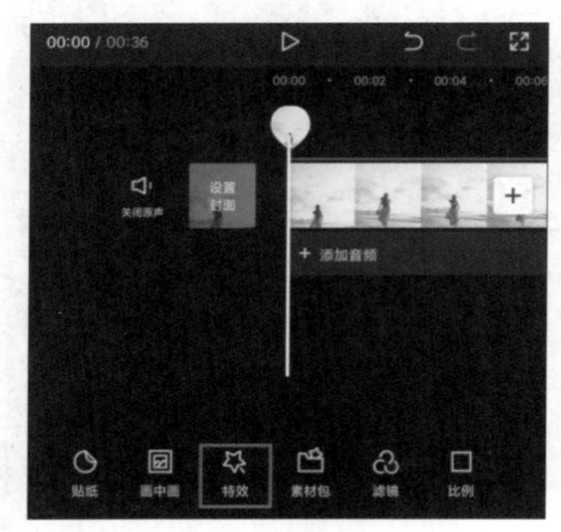

图7-39

图7-40

（8）至此，用户就完成了制作三分屏视频的操作。点击视频编辑界面右上角的导出按钮，将视频导出到手机相册，视频画面效果如图7-41和图7-42所示。

图7-41

图7-42

↘ 7.2.4　关键帧的创建与应用

在视频中添加关键帧能实现视频画面的匀速变化，进而使视频更具创意。用户可以在选中视频素材后点击轨道区域上方的按钮添加关键帧，如图7-43所示。

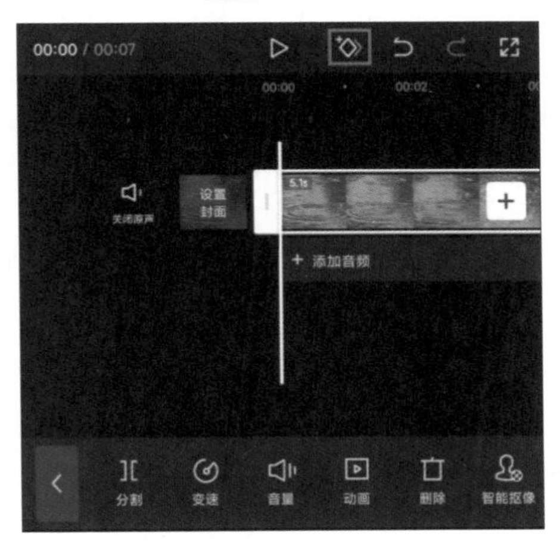

图7-43

下面简单介绍应用关键帧实现视频画面匀速变大的操作。

用户首先将时间线定位于2秒处，点击按钮添加关键帧，然后返回视频起始处，在预览区域中将画面缩小，画面缩小的同时会自动添加关键帧。操作完成后点击播放，视频画面便会在0～2秒间匀速放大，如图7-44至图7-46所示。用户活用关键帧能制作出许多具有创意的视频。

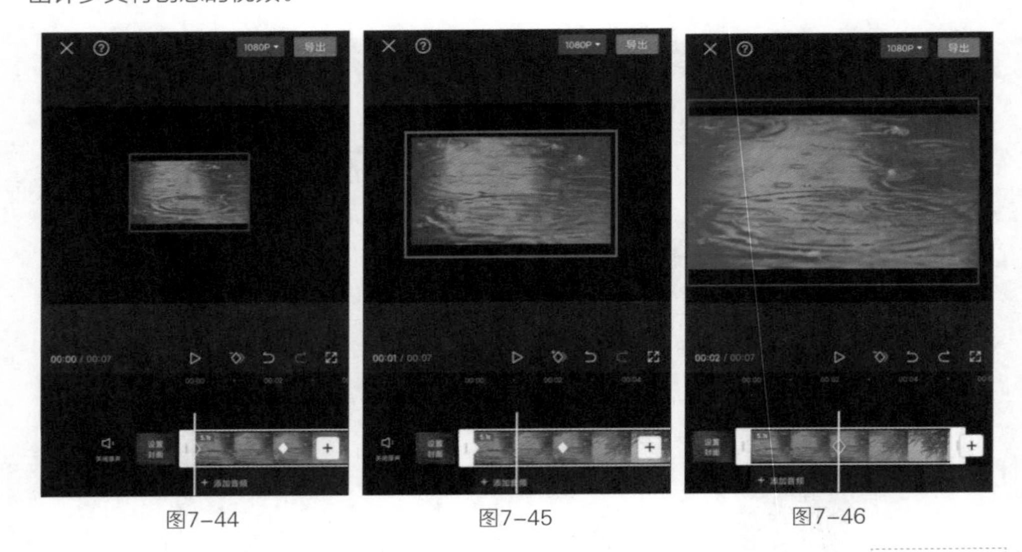

图7-44　　图7-45　　图7-46

7.2.5　实训：创建关键帧动画效果

实训：创建关键帧动画效果

不少优秀的视频作品都运用关键帧为用户提供了一场视觉盛宴，下面为大家展示利用关键帧制作具有国画韵味的“山峰白头”视频的操作。

素养提升

国画一词起源于汉代，主要指的是画在绢、宣纸、帛上并加以装裱的卷轴画。国画是中国的传统绘画形式，是用毛笔蘸水、墨、彩作画于绢或纸上。工具和材料有毛笔、墨、国画颜料、宣纸、绢等，题材可分为人物、山水、花鸟等，技法可分为具象和写意。中国画在内容和艺术创作上具备很高的艺术造诣，体现了古人对自然、社会及与之相关联的政治、哲学、宗教、道德、文艺等方面的认知。

（1）用户打开剪映，在主界面点击“开始创作”按钮，进入素材添加界面，选择“山”视频素材，点击“添加”按钮，将素材添加至剪辑项目中。

（2）用户在未选中素材的状态下点击“画中画”按钮，如图7-47所示。用户点击“新增画中画”按钮，导入与步骤（1）相同的视频素材，并将新增素材拉伸至覆盖原素材，如图7-48所示。

（3）用户选中新增素材，点击底部工具栏中的“滤镜”按钮，如图7-49所示，在打开的界面中用户选择图7-50所示的滤镜，并将强度调整至80，然后点击按钮。

（4）用户选中新增素材，点击“调节”按钮，如图7-51所示，将“光感”调至40，将“亮度”调至5，如图7-52和图7-53所示。

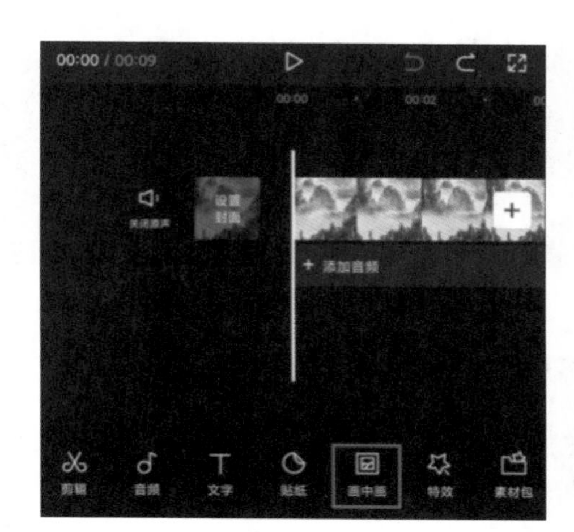

图7-47

图7-48

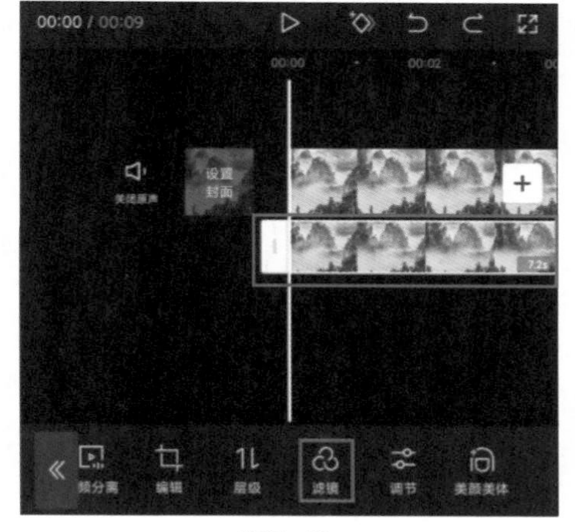

图7-49

图7-50

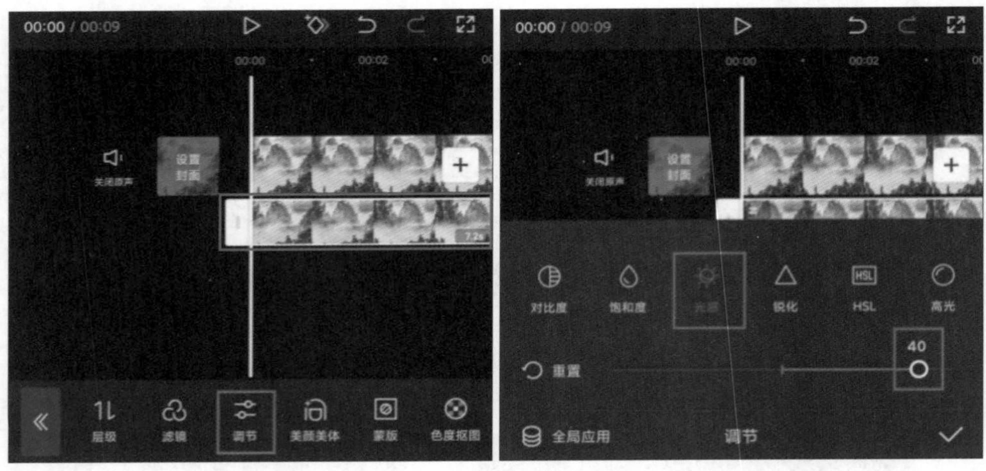

图7-51　　图7-52

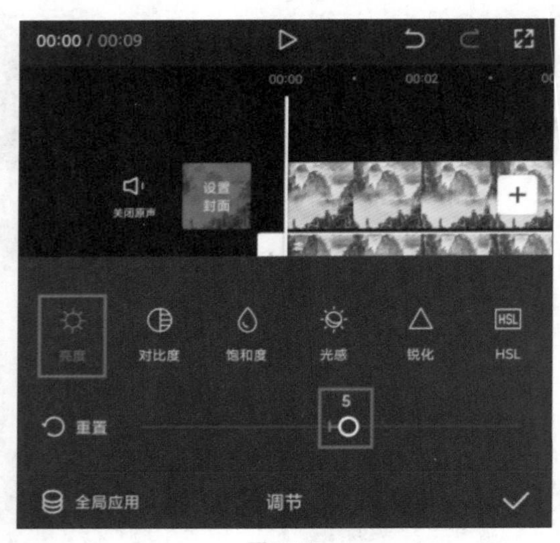

图7-53

（5）用户选中新增素材，点击“蒙版”按钮，如图7-54所示，选择“线性”蒙版，按住画面上的按钮，往下滑动增加羽化效果，如图7-55所示。

（6）用户将时间线定位至视频素材起始处，将黄线移至画面顶端后点击按钮添加关键帧，如图7-56所示。随后将时间线定位至视频第5秒处，将黄线移至画面底端，并添加关键帧，如图7-57所示。

（7）在未选中素材的状态下，用户点击“特效”按钮，如图7-58所示，打开“画面特效”选项栏，点击类别栏中的“自然”选项，在列表中点击图7-59所示的特效，操作完成后点击按钮。

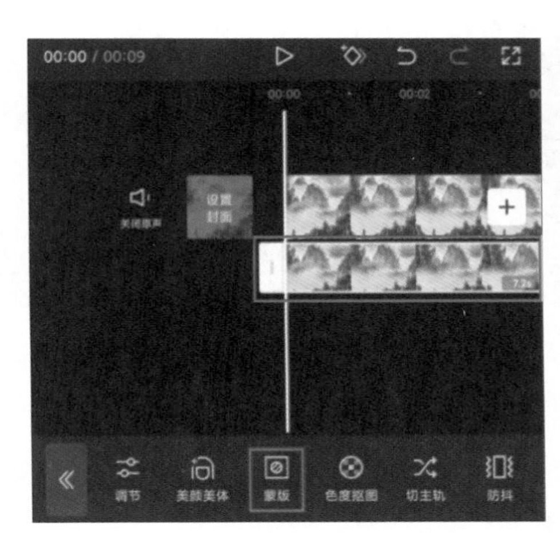

图7–54

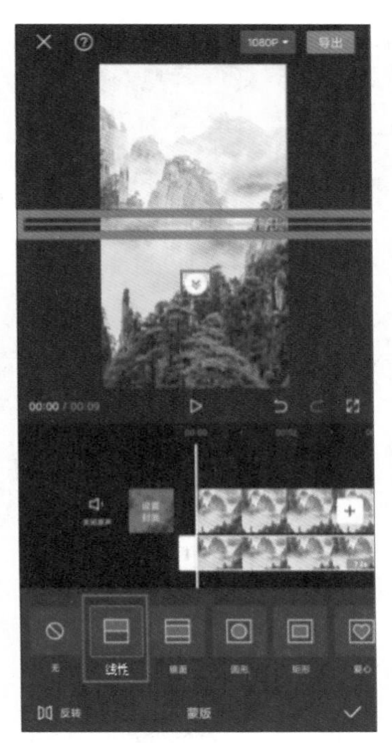

图7–55

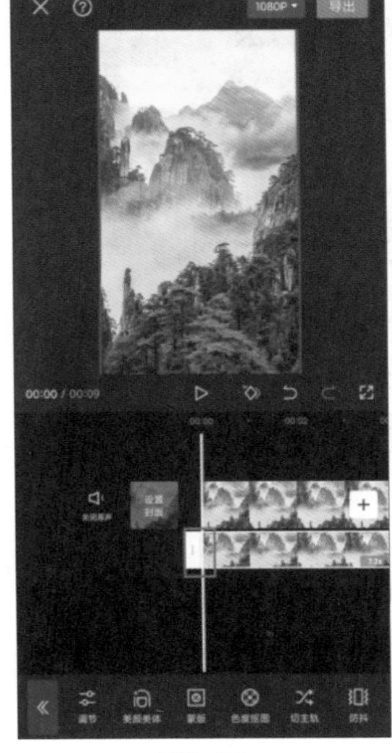

图7–56

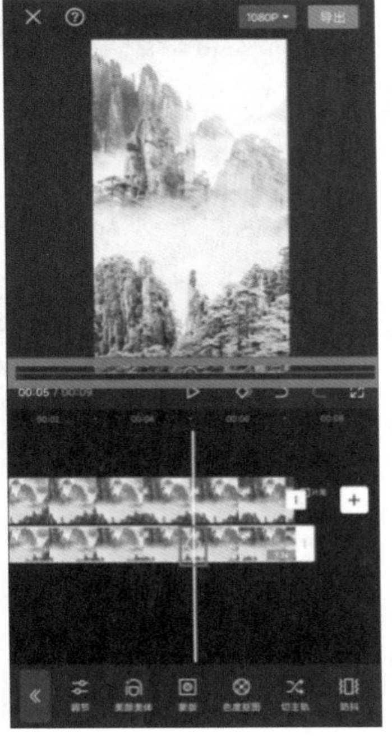

图7–57

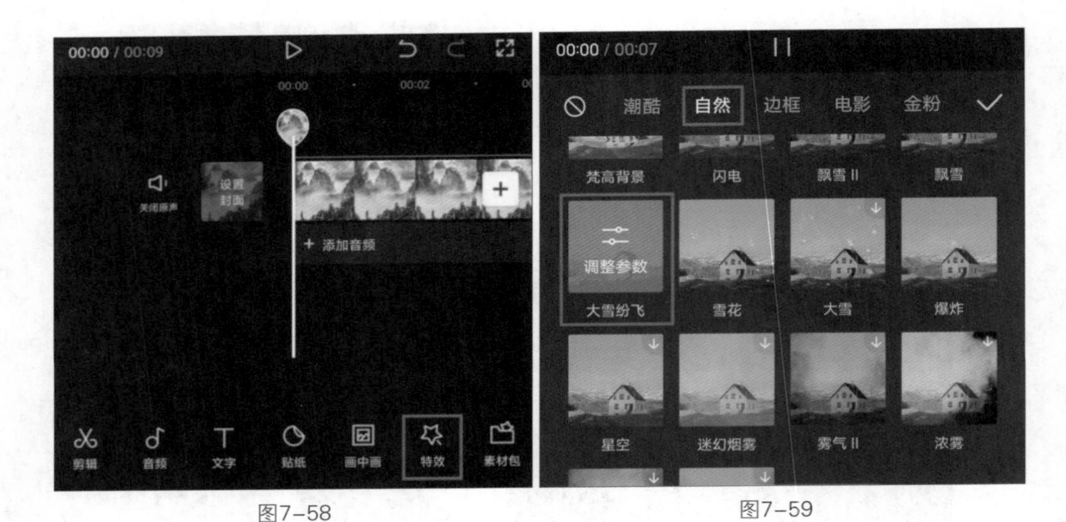

图7–58　　　　图7–59

（8）用户选中“大雪纷飞”素材，按住素材尾部的▯，向右拖动，将素材时长延长，使其与“山”视频素材的长度保持一致，如图7–60所示。

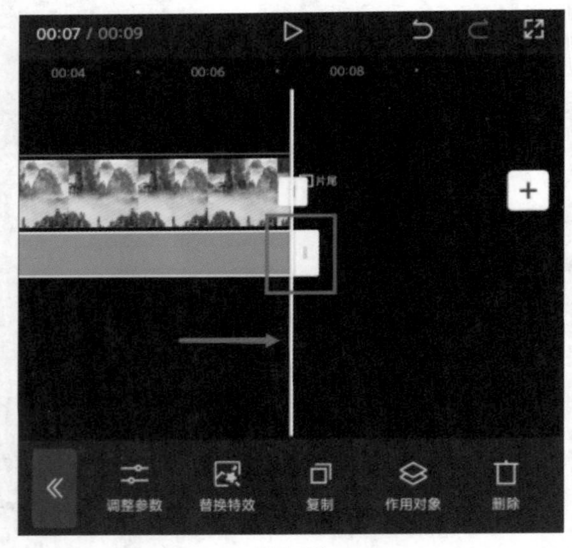

图7–60

（9）用户选中“大雪纷飞”素材，点击底部工具栏中的“作用对象”按钮，如图7–61所示，将作用对象设置为“画中画”，如图7–62所示。

（10）至此，用户就完成了制作关键帧视频的操作。用户点击视频编辑界面右上角的导出按钮，将视频导出到手机相册，视频画面效果如图7–63和图7–64所示。

图7-61

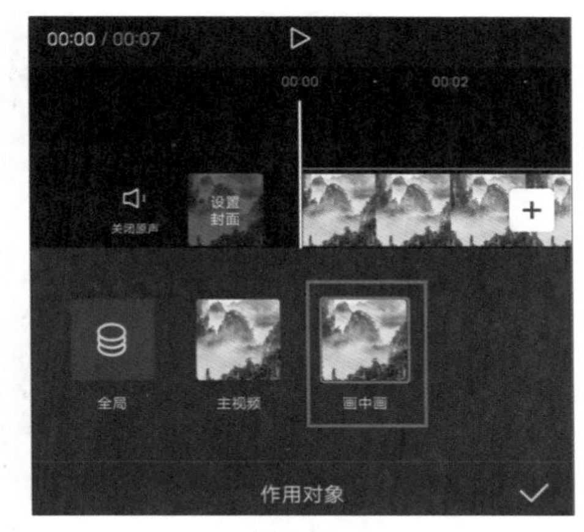

图7-62

图7-63

图7-64

7.3 利用特殊功能实现特殊效果

剪映自带的许多特殊功能能用于创建各种特殊效果，剪映支持用户在剪辑项目中置换视频背景、对视频中的人物进行美化处理及添加各种特效等。

7.3.1 智能抠像

剪映自带许多非常实用的功能，“智能抠像”就是其中之一。剪映的“智能抠像”功能是指将视频中的人像部分抠出来，抠出来的人像可以放到新的视频中，从而制作出特殊的视频效果。“智能抠像”的使用方法也很简单，用户在选中视频素材后点击底部工具栏中的“智能抠像”按钮，便可以将人像从背景中抠出来，如图7-65和图7-66所示，随后利用“画中画”功能便能实现置换背景的效果。

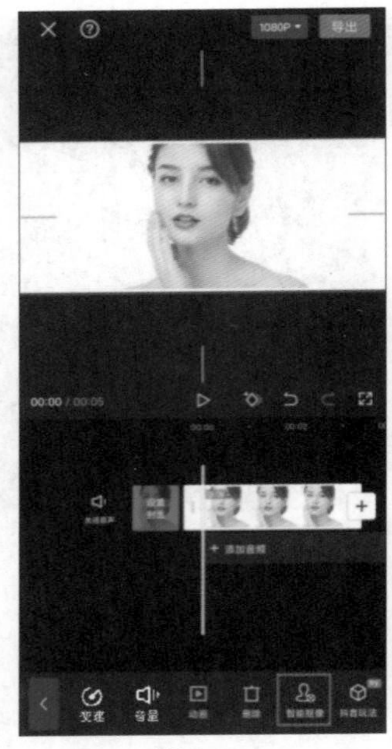

图7-65

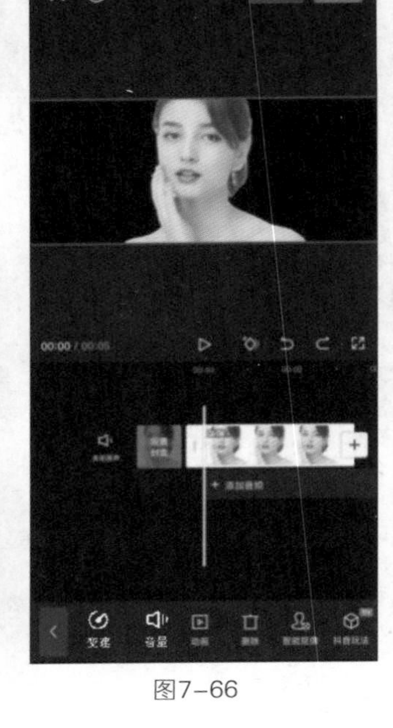

图7-66

7.3.2 实训：运用“智能抠像”功能快速抠出画面人物

实训：运用“智能抠像”功能快速抠出画面人物

下面为大家展示运用“智能抠像”功能快速抠出画面人物并置换视频背景的操作。

（1）用户打开剪映，在主界面点击“开始创作”按钮，进入素材添加界面，选择“荧光背景”视频素材，点击“添加”按钮，将素材添加至剪辑项目中。

（2）用户点击“画中画”按钮，再点击“新增画中画”按钮，导入“跳舞”视频素材，如图7-67所示。

图7-67

（3）用户将时间线定位至“跳舞”视频素材的末端，选中“荧光背景”视频素材，点击底部工具栏中的“分割”按钮，如图7-68所示，随后选中时间线右边的素材，点击“删除”按钮，使两段素材时长相同，如图7-69所示。

（4）用户选中“跳舞”视频素材，点击底部工具栏中的“智能抠像”按钮，并等待其完成，如图7-70所示。

（5）智能抠像完成后，在未选中素材的状态下，用户点击“特效”按钮，打开“画面特效”选项栏，用户点击类别栏中的“动感”选项，在列表中点击图7-71所示的特效，操作完成后点击按钮。

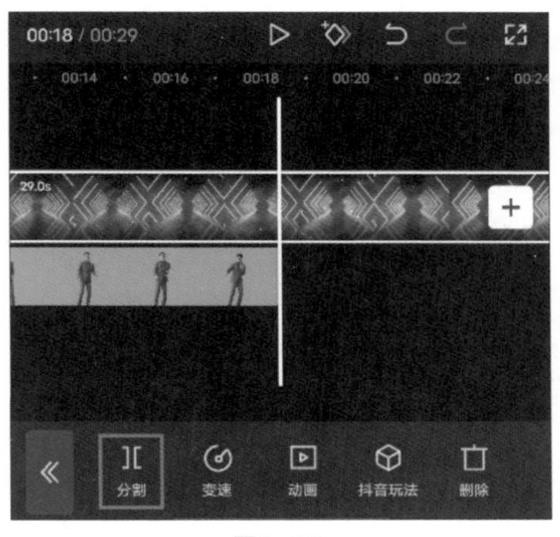

图7-68

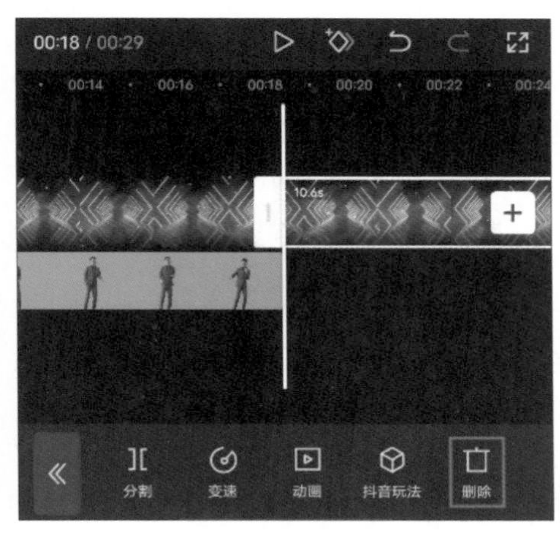

图7-69

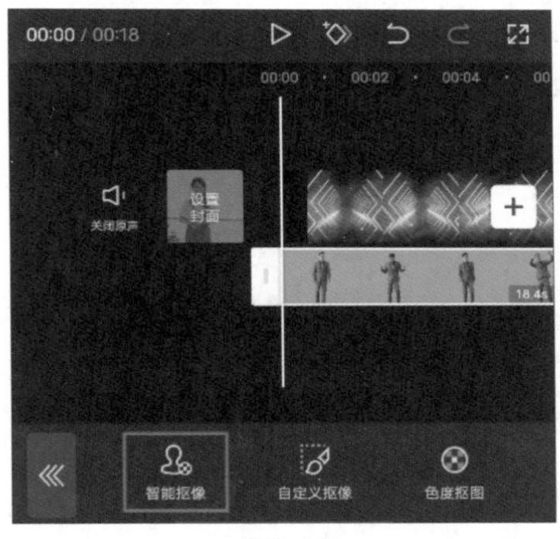

图7-70

图7-71

（6）用户选中“霓虹摇摆”素材，点击底部工具栏中的“作用对象”按钮，并将作用对象设置为“画中画”。

（7）至此，用户就完成了制作智能抠像视频的操作。用户点击视频编辑界面右上角的导出按钮，将视频导出到手机相册。视频画面效果如图7-72和图7-73所示。

图7-72　　图7-73

↘ 7.3.3 美颜美体

大家在对视频进行后期处理时，如果想对人物的面部进行一些美化处理，可以使用剪映内置的“美颜美体”功能，让人物的镜头魅力最大化。

1. 智能美颜

如今手机的拍摄像素越来越高，拍摄时人脸部的毛孔和痘痕等时常较为明显，这对于一些用户来说其实是不太友好的。

在剪映中进行人物美颜处理的操作非常简单，用户在选中素材后，点击底部工具栏中的“美颜美体”按钮，如图7-74所示。选择“智能美颜”选项，进入“智能美颜”选项栏，其中提供了“磨皮”“瘦脸”“大眼”等多个选项。任意选择一项，拖动下方的滑块，可以对美化强度进行调整，如图7-75所示。大家在进行人物美颜处理时可以根据要求调整数值，这样处理的效果会更加自然。

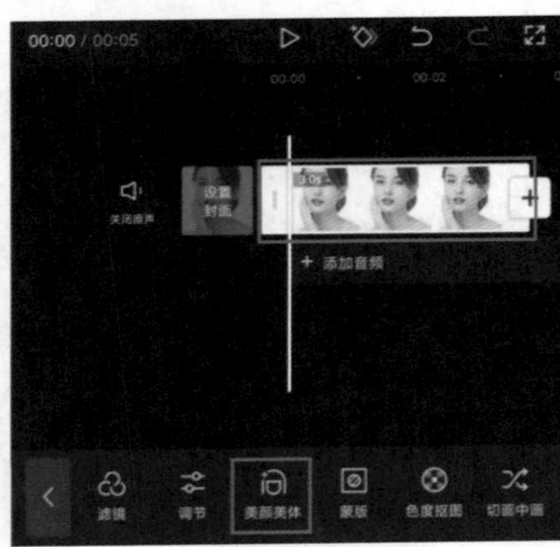

图7-74

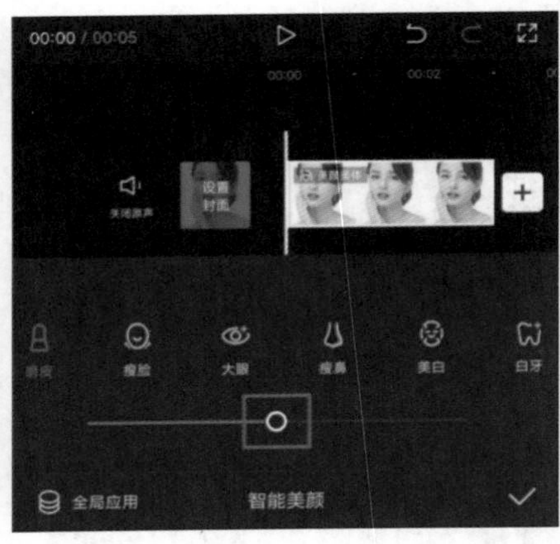

图7-75

2. 智能美体

除了上述所讲的“智能美颜”功能外，在“美颜美体”选项栏中，用户还可以选择“智能美体”选项，通过调整滑块，对人物身体部位进行收缩或拉长处理。该功能可以智能识别人物体形，对人物进行瘦身等处理，如图7-76所示，让用户轻松塑造好身材。

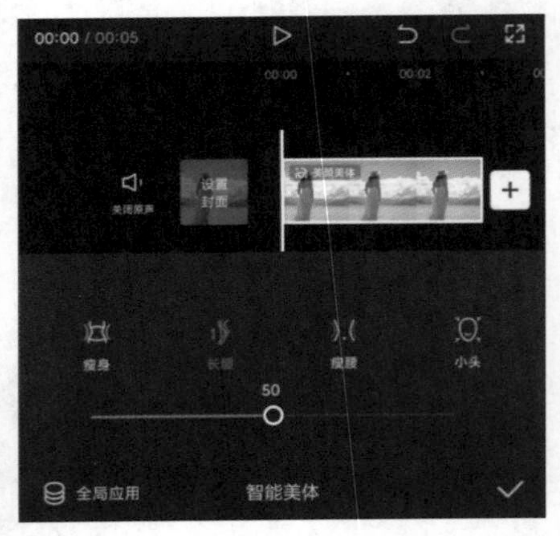

图7-76

3. 手动美体

用户如果对智能识别效果不满意，则可以尝试使用“手动”美体功能。“手动美体”选项栏提供了“拉长”“瘦身瘦腰”“放大缩小”3个选项，拖动下方的滑块可以对美体程度进行调整。“拉长”选项中滑块调整的范围是上下黄线之间的范围，“瘦身瘦腰”则是左右黄线之间的范围，“放大缩小”则是黄色圆圈的范围，如图7-77至图7-79所示。

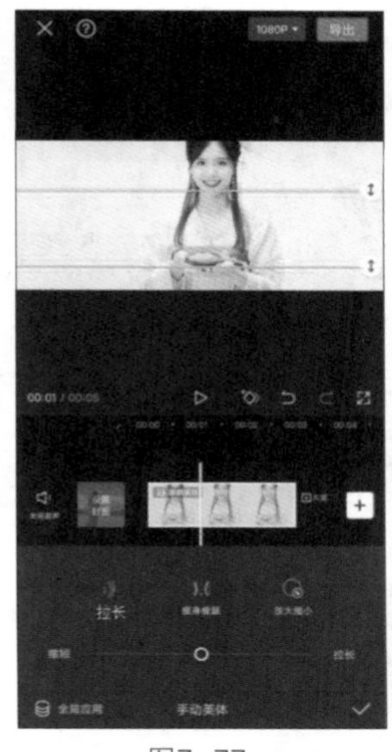

图7-77

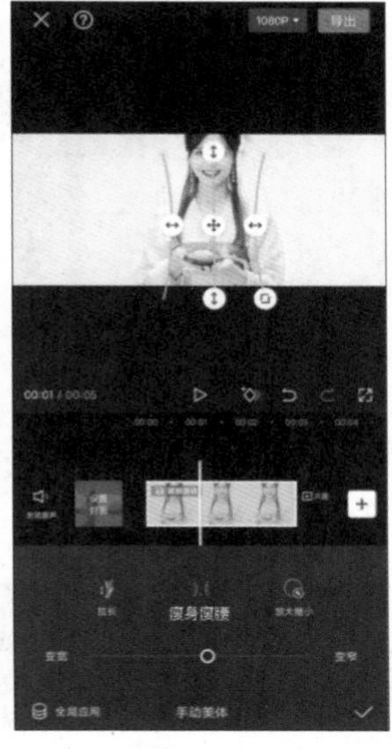

图7-78

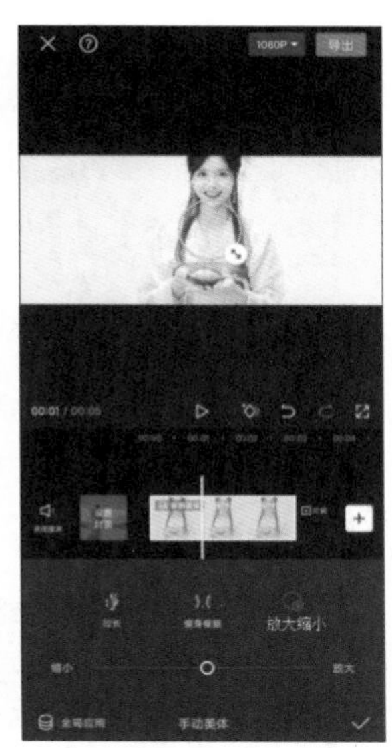

图7-79

↘ 7.3.4　色度抠图

剪映的“色度抠图”功能简单来说就是对比两个像素点之间颜色的差异性，把前景抠取出来，从而实现背景置换。“色度抠图”与“智能抠像”不同，“智能抠像”会自动识别人像，然后将其导出，而“色度抠图”是用户自己选择需要抠去的部分，抠图时，选中的颜色与其他区域的颜色差异越大，抠图的效果越好。用户可以通过“取色器”确定需要去除的部分，如图7-80所示，然后通过调节强度确定抠图效果，如图7-81所示。

图7-80

图7-81

7.3.5 短视频的创意玩法

剪映具有独特的创意功能。用户选中图像素材后，点击底部工具栏中的“抖音玩法”按钮，能轻松为图像素材添加有趣的特效，如“性别反转”“立体相册”等，但图像素材无法使用“丝滑变速”特效，如图7-82所示。

图7-82

视频素材与图像素材相比限制较大，使用“抖音玩法”功能时只能使用“留影子”“吃影子”“丝滑变速”与“魔法变身”4种特效，如图7-83和图7-84所示。

图7-83

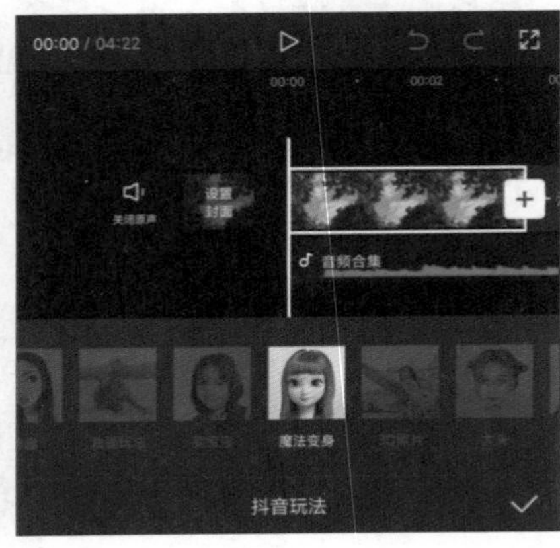

图7-84

7.3.6 实训：利用“抖音玩法”功能制作大头特效

实训：利用“抖音玩法”功能制作大头特效

剪映的“抖音玩法”功能具备有趣且独特的特效，用户活用此功能能为视频增色不少，下面为大家展示利用“抖音玩法”功能制作大头特效的操作。

（1）用户打开剪映，在主界面点击“开始创作”按钮，进入素材添加界面，选择图像素材，点击“添加”按钮，将素材添加至剪辑项目中。

（2）用户点击“添加音频”，再点击“音乐”按钮，如图7-85所示。在弹出界面的上方搜索“man on a mission”（使命在身的人），找到同名歌曲并点击“使用”按钮将其添加进素材轨道中，如图7-86所示。

（3）用户将时间线定位至图像素材末端，选中音乐素材，点击“分割”按钮，如图7-87所示。然后用户选中时间线右边的音乐片段，点击“删除”按钮，如图7-88所示，使素材时长保持一致。

（4）用户将时间线定位至音乐的第1个高潮点处，选中图像素材，点击“分割”按钮，如图7-89所示。用户重复上述操作，根据音乐节奏将图像素材分割为6个部分，如图7-90所示。

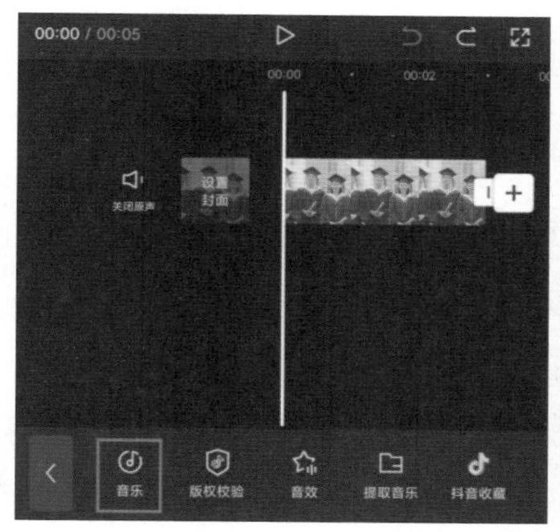

图7-85

图7-86

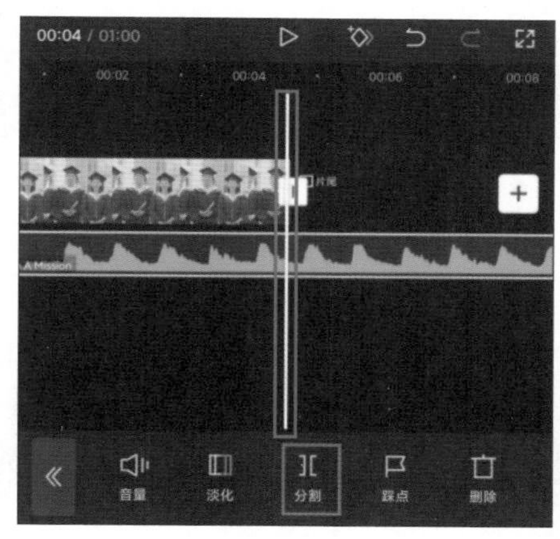

图7-87

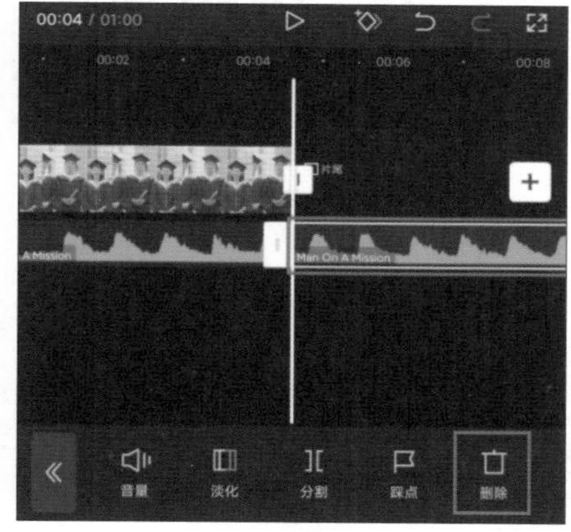

图7-88

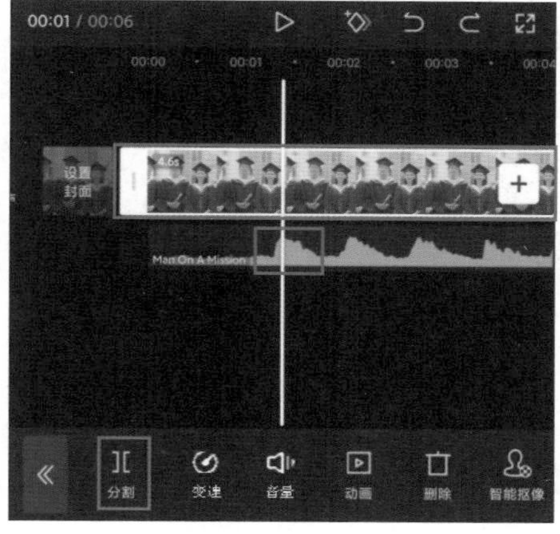

图7-89

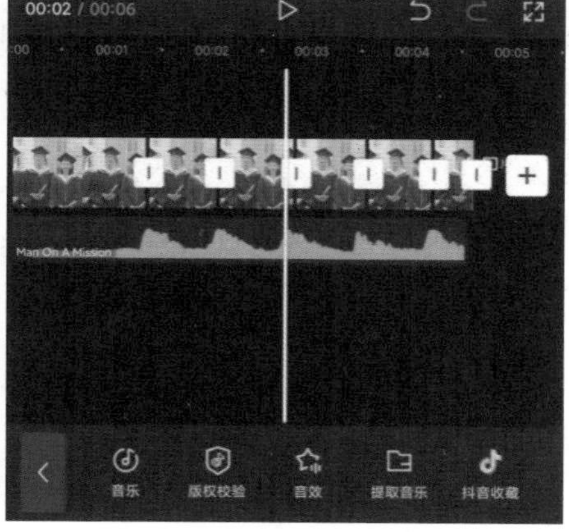

图7-90

（5）用户选中第1段图像素材，点击底部工具栏中的“动画”按钮，如图7-91所示。用户选择“入场动画”选项，在列表中选择图7-92所示的效果并调整滑块，完成操作后点击✓按钮。

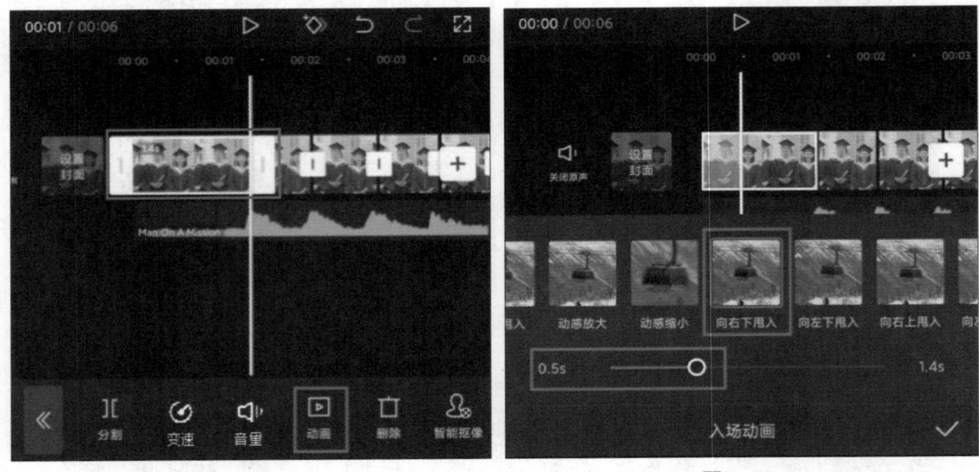

图7-91　　图7-92

（6）用户选中第2段图像素材，点击底部工具栏中的“抖音玩法”按钮，如图7-93所示，在弹出列表中选择“大头”特效，完成操作后点击✓按钮，如图7-94所示。

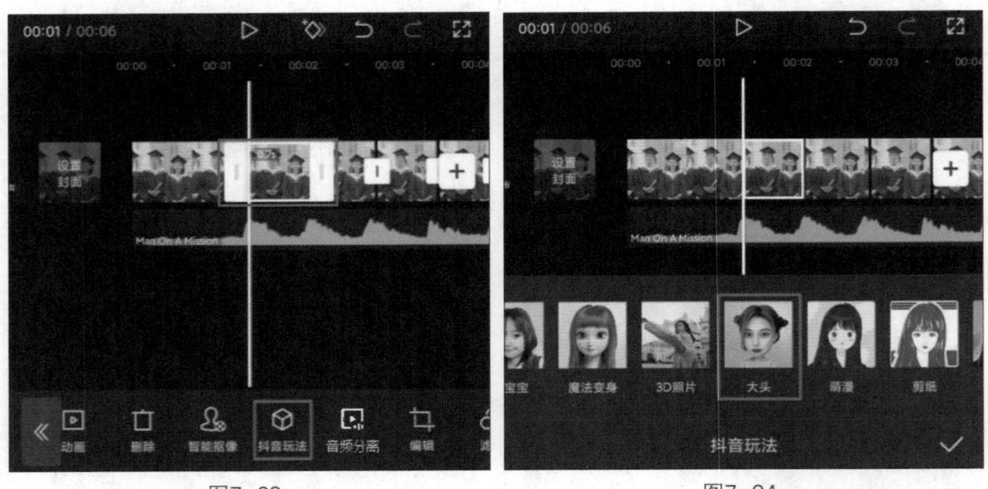

图7-93　　图7-94

（7）用户对第4段与第6段图像素材进行与第2段图像素材相同的处理，而第3段与第5段图像素材则保持不变。

（8）至此，用户就完成了大头特效视频的制作。用户点击视频编辑界面右上角的导出按钮，将视频导出到手机相册。视频画面效果如图7-95和图7-96所示。

图7-95

图7-96

7.4 特效模板的应用

对于刚刚接触短视频制作，不了解视频拍摄技巧和制作方法的用户来说，剪映的“剪同款”功能无疑非常有帮助。通过“剪同款”功能，用户可以轻松套用特效模板，快速且高效地制作出同款短视频。

7.4.1 “剪同款”功能的介绍

使用剪映特效模板的方法非常简单，确定需要应用的特效模板后，用户点击模板视频右下角的“剪同款”按钮，进入素材添加界面，如图7-97和图7-98所示。

图7-97

图7-98

素材添加界面底部会提示用户需要选择几段素材，以及视频素材或图像素材的所需时长。在完成素材的选择后，用户点击“下一步”按钮，等待片刻即可生成相应的短视频内容，如图7-99和图7-100所示。

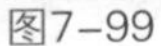
图7-99

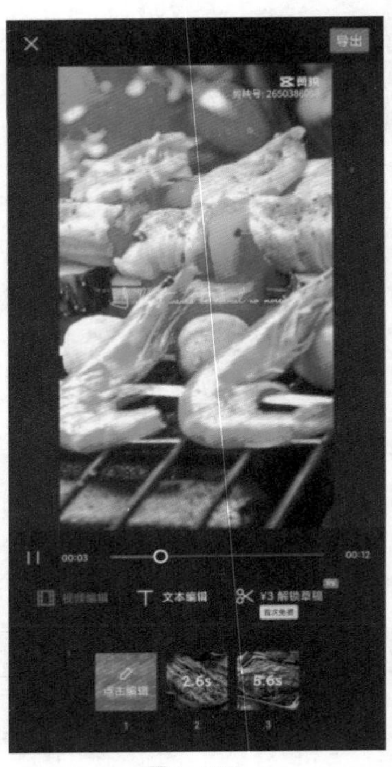

图7-100

生成的短视频内容会自动添加模板视频中的文字、特效及背景音乐，用户在编辑界面中不仅可以对视频效果进行预览，还能对内容进行简单的修改。

编辑界面下方分别提供了“编辑视频”“修改文字”和“解锁草稿”三个选项。在“编辑视频”选项下，用户点击素材缩略图，将弹出“拍摄”“替换”“裁剪”“音量”“编辑更多”5个选项，如图7-101所示。其中，“拍摄”和“替换”选项用来对已添加的素材进行更改。用户点击“拍摄”按钮，将进入视频拍摄界面，如图7-102所示，此时用户可以拍摄新的视频或图像素材来替换之前添加的素材。点击“替换”按钮，用户可以再次打开素材添加界面，重新选择素材进行替换。

用户在预览视频时，如果对画面的显示区域不满意，则可以通过“裁剪”选项打开素材裁剪界面对画面进行裁剪，或移动裁剪框来重新选取需要被显示的区域，如图7-103所示。“音量”可以调节视频素材的声音大小。用户如果购买了作者的草稿，则可以自由编辑模板中所有的元素。

在编辑界面中切换至“修改文字”选项，用户可以看到界面底部分布的文字素材缩略图，点击其中一个文字素材，如图7-104所示，将弹出输入键盘，此时用户可以对选中的文字内容进行修改，如图7-105所示。

图7-101 图7-102 图7-103

图7-104 图7-105

↘ 7.4.2 搜索及收藏短视频模板

用户打开剪映，在主界面点击“剪同款”按钮，即可跳转至模板界面，如图7-106所示。用户在界面顶部的搜索栏中输入内容后进行搜索，即可找到该类型的短视频模板，如图7-107所示。

图7-106

图7-107

用户收藏短视频模板的方法也十分简单，只要给喜欢的短视频模板点赞后便能在“我的”界面中进行查看，如图7-108和图7-109所示。

图7-108

图7-109

7.4.3　实训：利用“剪同款”功能制作漫画变脸效果视频

实训：利用“剪同款”功能制作漫画变脸效果视频

“剪同款”功能为用户提供了快速制作精美视频的途径，用户熟练掌握此功能便能在短时间内创作出各种各样的视频。下面为大家展示利用“剪同款”功能制作漫画变脸效果视频的操作。

（1）用户打开剪映，点击底部工具栏中的“剪同款”按钮，如图7-110所示，在打开界面上方的搜索框中输入“漫画变脸模板”进行搜索，如图7-111所示。

图7-110

图7-111

（2）用户选择图7-112所示的模板，点击“剪同款”按钮，导入图像素材后点击“下一步”按钮，如图7-113所示。

图7-112

图7-113

（3）至此，用户就完成了制作漫画变脸效果视频的操作。用户点击视频编辑界面右上角的导出按钮，将视频导出到手机相册。视频画面效果如图7-114、图7-115和图7-116所示。

图7-114

图7-115

图7-116

7.5 习题

7.5.1 课堂练习——制作老照片修复短视频

课堂练习——制作老照片修复短视频

1. 任务

利用“关键帧”与“蒙版”功能制作老照片修复短视频。

2. 任务要求

素材要求：1张照片。

制作要求：视频时长超过10秒。

学习要求：掌握使用“关键帧”与“蒙版”功能制作短视频的操作。

3. 最终效果

最终效果如图7-117、图7-118和图7-119所示。

图7-117

图7-118

图7-119

↘ 7.5.2　课后习题——制作时尚大片效果短视频

课后习题——制作时尚大片效果短视频

1. 任务

利用“剪同款”功能制作时尚大片效果短视频。

2. 任务要求

素材要求：不少于6张图片。

制作要求：素材与使用模板匹配度高，视频观感好。

学习要求：掌握使用“剪同款”功能制作视频的操作。

3. 最终效果

最终效果如图7-120、图7-121和图7-122所示。

图7-120

图7-121

图7-122

第 8 章 短视频的发布与共享

随着手机的普及和发展，如今的手机不仅自带拍摄视频的功能，还能使用非常多的短视频平台，各平台的功能也越来越完善和人性化。本章就为读者介绍几个热门好用的短视频平台，梳理在相关平台发布短视频作品需要遵守的规则和注意的要点。

【学习目标】

- 掌握常用短视频发布平台的运营定位与特色。
- 掌握发布短视频需注意的要点。

8.1 常用的短视频发布平台

随着短视频行业的持续发展，短视频俨然已经成为新媒体流量的重要入口和发展风口，因此也催生了一大批短视频平台。本节便对目前主流的八大短视频平台逐一进行分析介绍。

8.1.1 抖音——记录美好生活

抖音是一款专注于年轻人音乐短视频创作与分享的社交软件，于2016年9月上线，发展迅速，截至2022年4月，抖音日活跃用户数已超过6亿，是短视频平台中的领跑者。图8-1所示为抖音App图标。

图8-1

抖音的用户受众主要可以分为以下3类。

- **内容生产者：**这类用户就是通常所说的“网红”用户，他们处在每个互联网平台的前端。在抖音，这样的用户群体在音乐和短视频制作上都有很高的热情和专业度，会打造个人品牌，甚至商业矩阵，也会花精力运营粉丝和社群。
- **内容次生产者：**这类用户追随内容生产者，通过模仿制作出自己的作品，抖音中的“拍同款”功能就是针对这类用户打造的。
- **内容消费者：**这类用户没有强烈的自我表达意愿，通常是通过在平台上刷视频找寻乐趣，填补自己的碎片时间，或在这个过程中收获启发和知识。

上述3类用户的特点与目标如表8-1所示。

表 8-1

用户分类	特点	目标
内容生产者	热情、专业	打造个人品牌、商业矩阵
内容次生产者	模仿、渴望表达	增加知名度或粉丝量
内容消费者	表达意愿低	找寻乐趣、填补碎片时间

根据对这3类用户的特点与目标的了解，抖音主要打造了以下几个功能页面。

（1）首页推荐：系统会通过大数据分析，根据用户喜好或好友名单自动推荐内容，如图8-2所示。

（2）同城推荐：为用户推荐同城用户及周边内容，如图8-3所示。

（3）关注页：汇聚了账号关注的抖音号，如图8-4所示。

（4）消息页：可以查看粉丝、互动消息、提到自己的人及对作品的评论，如图8-5所示。

（5）个人页：用户可以看到自己的主页、粉丝量和作品栏，如图8-6所示。

抖音的成长历程非常具有代表性。它在初期邀请了一批音乐短视频领域的KOL（Key Opinion Leader，关键意见领袖）入驻，这些KOL带来了大量的流量，为抖音吸引来了第一批核心用户。而后抖音通过内容转型，进一步扩大用户群体，一跃成为当下最受年轻人追捧的短视频社交平台之一。图8-7所示为抖音官方推出的宣传海报。

图8-2

图8-3

图8-4

图8-5

图8-6

图8-7

1. 平台定位

在抖音发展的过程中，构筑了以下3个平台定位，帮助平台始终保持竞争力与发展潜力。

- 用户定位：面向以年轻人为主的全年龄段互联网用户，该类人群业余时间比较富余，并且有对职场与生活不同阶段的内容需求，能够接受并创作许多不同领域的内容。
- 运营定位：抖音平台设定为音乐社交平台，但是较为弱化社交属性，而重视内容属性。抖音为用户提供“傻瓜式”的视频拍摄方法，既增加了趣味，又解决了普通大众的内容创作难题，让平台有更低的门槛以迎合大众用户。
- 内容定位：抖音中盛行音乐、舞蹈和搞笑段子，以时尚、快节奏的泛娱乐化内容为主导。

2. 平台特色

抖音的平台特色主要有以下几点。

- 音乐唱跳、特色贴纸：音乐唱跳式玩法是抖音的特色之一，这也是抖音吸引众多热爱音乐的年轻人入驻的重要因素；抖音还推出了众多特效贴纸及滤镜效果，以帮助年轻用户不断拓展更多趣味玩法。
- 短视频为主：抖音是一个短视频音乐平台，其更多的复杂功能会倾向于短视频的制作；抖音支持用户上传15分钟以内的视频，但推荐视频更多的是基于短视频推荐算法，长视频的推广力度不大，这也是符合其定位的。
- 热搜和热门话题：用户在搜索区域可以看到抖音热搜及热门话题，同时抖音会根据用户喜好提供相关搜索建议，用户可以根据这些热搜和热门话题找到自己感兴趣的内容，这样既增强了平台的社交性和互动性，也让很多短视频和当下热点产生了联系。

8.1.2 快手——拥抱每一种生活

快手最初是一款用来制作GIF图片的工具型应用，后来转型为一个短视频社区，成为用户记录和分享生活的平台。快手强调人人平等，不打扰用户，是一个面向所有人的产品。图8-8所示为快手官方推出的宣传海报。

图8-8

在用户数量爆发式增长期间，快手在产品推广上没有刻意地策划营销事件和活动，一直依靠短视频社区自身的用户和内容运营，聚焦于社区文化氛围的打造，并依靠社区内容的自发传播。

1. 平台定位

在每天都有新奇事情发生的今天，人们的注意力资源越来越宝贵。在这种情况下，快手依然能保持用户的高黏性和高复用率，并异军突起，主要原因在于找准了以下3个定位。

- **用户定位：**快手满足了被主流媒体所忽略的人群的需求，而非“网红”的需求。在当下互联网存在众多关键意见领袖与关键意见消费者的时代，快手较早地突破了这层边界，专注于普通人的生活，成为一个供普通人记录和分享生活的平台。
- **运营定位：**快手的定位是内容社区与社交平台，不对某一特定人群（如“网红”）进行专门运营，也不对短视频内容进行内容领域分类及热度排行。快手根据用户在快手的互动情况与视频的点赞量，为不同的用户推送各行各业的视频内容。
- **内容定位：**快手是一个用短视频的形态记录和分享生活的视频平台，并对所有人开放，用户主要用它来记录生活中有意思的人和事。

人们常常会将快手和抖音放在一起对比，其实这两个平台在运营定位上各有各的专注点，如表 8-2所示。

表 8-2

对比项目	快手	抖音
产品定位	记录、分享生活	音乐、创意和社交
目标用户	三四线城市用户居多	一二线城市用户居多
人群特征	自我展现意愿强烈，好奇心强	碎片化时间多，对音乐感兴趣
运营模式	规范社区，把控内容	注重推广，扩大影响

2. 平台特色

快手的平台特色主要有以下几点。

- **拍摄作品：**进入快手页面后，首先显示的是“发现”栏，其定位是将最新发表的短视频个性化地推荐给用户；“个性化”的意义在于生产内容的用户可以曝光最新录制的视频，而观看用户会接收没看过的和感兴趣的内容，对于观看用户而言，“热度＋个性化”是他们更为在意的。
- **直播和对决：**在满足直播开通条件的情况下，快手用户可以开通直播功能；在直播的同时，快手还有主播对决小游戏和观众投票环节，对决失败的一方要接受惩罚，如真心话大冒险、跳一段舞或唱一首歌等。
- **同城推荐：**用户在首页点击“同城”选项，可以看到同城的快手短视频制作者或直播主播的推荐，同时会显示距离，增强了用户之间的互动性。

8.1.3 西瓜视频——点亮对生活的好奇心

西瓜视频是字节跳动旗下的个性化短视频平台，通过人工智能帮助每个人发现自己感兴趣的视频类型，并帮助短视频创作者轻松地向外界分享自己的短视频作品。西瓜视频是一个能满足用户的好奇心与求知欲的平台。在西瓜视频，用户既能创作短视频、分享知识，又能在平台中寻找生活的兴趣点。用户既可以单独下载西瓜视频的App使用，界面如图8-9所示，也可以在今日头条上的“视频”页面浏览西瓜视频的视频资讯，如图8-10所示。

图8-9

图8-10

1. 平台定位

在短视频领域，如果说抖音和快手争夺的是竖屏视频市场，那么西瓜视频争夺的就是横屏视频市场。横屏视频与竖屏视频的市场之间主要存在内容源不同的差异：横屏视频市场更多的是专业摄像机拍摄的有一定创作门槛与深度的短视频；竖屏视频市场更多的是手机摄像头拍摄的相对简单易得的短视频。

西瓜视频的本质是去掉图文的今日头条，它首先提供的是信息流资讯，其次才是一种内容形式的视频。

创作者为西瓜视频提供内容，同时获得收入分成。广告商为西瓜视频提供收入，同时获得流量。用户为西瓜视频提供流量，同时获得内容。三者形成一个闭环，彼此赋能。图8-11所示为西瓜视频生态的三方——用户、创作者和广告商的关系。

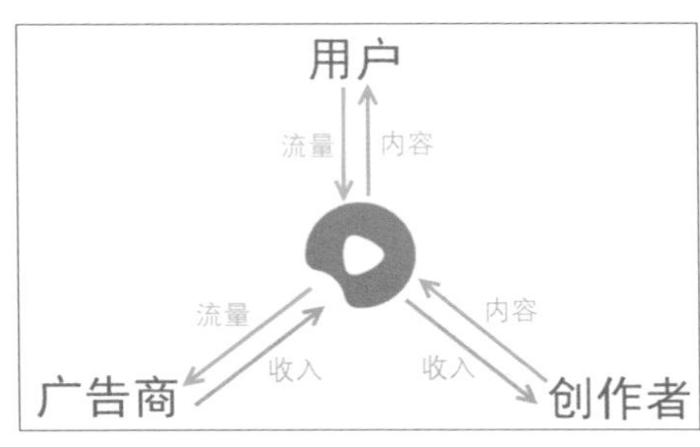

图8-11

2. 平台特色

西瓜视频的平台特色主要有以下几点。

- 长短兼备：西瓜视频不仅具有趣味、高效的短视频，还有内容更专业、丰富，传递的信息更体系化的长视频；在运营上，西瓜视频主张“以短带长，以长助短”，灵活地使长视频、短视频等各类视频优势互补，增强用户黏性。
- 高额补贴：西瓜视频有一套成熟的培训体系，能提供定期的技能培训，帮助短视频创作者快速成为专业的内容生产者；此外，西瓜视频有利好的扶持措施，比如3+X 变现、平台分成升级（日常流量6倍的分成收入）、边看边买（商品卡片）、西瓜直播，这些措施都能帮助短视频创作者实现商业变现。
- 版权引入：内容是短视频行业竞争的壁垒，有了更专业的内容，平台就可以沉淀更多高质量的用户，极大地降低获取用户的成本；西瓜视频引入了大量国内外优秀的电影资源，其典型代表如2020年年初的贺岁电影《囧妈》。

8.1.4 微信视频号——人人皆可创作

微信视频号是腾讯公司的一个内容记录与创作分享平台，内容以图片和视频为主，用户可以发布时长不超过1分钟的视频，或者不超过9张的图片，还能带上文字内容和公众号文章链接。微信视频号于2020年1月开启内测，后逐渐向微信用户全面开放。图8-12所示为微信视频号的图标。

图8-12

微信视频号不同于抖音、快手、西瓜视频等独立的短视频平台，它是一个隶属于微信的内容创作与分享产品，微信用户开通视频号功能即可使用微信视频号。微信视频号没有独立的App与网页，而是在微信的发现页内设置了一个平台入口，就在朋友圈入口的下方，如图8-13所示。

图8-13

1. 平台定位

微信视频号是一个全开放的平台，其定位为一个人人可以记录和创作的平台。

微信视频号是微信生态中一个日渐成熟的子产品，有很强的社交属性，这也是它与其他短视频平台最大的不同。通过连接微信生态，微信视频号能借助公众号、搜一搜、看一看、小程序等已趋成熟的产品，形成微信生态合力，使优质的内容和服务辐射更多人。图8-14所示为微信官方展示的微信生态示例图。

图8-14

2. 平台特色

微信视频号的平台特色主要有以下几点。

➢ 朋友圈分享：用户可以将微信视频号的内容分享到自己的朋友圈中，内容会自动显示为卡片形式，微信用户可以在浏览朋友圈的过程中了解其他好友的浏览内容。

➢ 关注页：微信视频号的关注页不仅会显示关注的视频号账号所发布的内容，还会显示微信账号关注的公众号所发布的视频号内容。

➢ 好友互动：进入微信视频号的好友点赞页，用户可以看到微信好友点赞、收藏、看过的视频等内容，了解好友的观看内容，这样能实现更好的信息分享。

➢ 直播打赏、连麦：微信视频号开放了直播功能，用户不仅可以进行直播，还可以使用直播美颜、连麦等功能，参与直播抽奖、打赏等活动。

8.1.5 微博视频号——微博内容运营助手

微博视频号是一个隶属于微博的内容分享平台。微博所有的视频服务均由微博视频号承载，每一个发布视频的微博用户都可以开通微博视频号。微博用户开通微博视频号功能后即可在视频号平台发布自己的创作内容。微博视频号在2020年6月开始内测，同年7月便正式上线，依托于微博平台庞大的用户群体，迅速拥有了数量可观的用户群体。

1. 平台定位

微博有较强的容纳性，在其他互联网平台有所积累的用户能够在微博中获得粉丝与社交资产，普通的微博用户同样可以在微博平台获得独特的社交媒体价值，不同内容领域的视频创作者都可以在微博视频号占据一席之地。图8-15所示为不同领域的微博视频号账号示例。

微博视频号是微博在“短视频+”策略方面的主要内容产品，助力微博容纳更多的需求群体，建立一个完整的互联网内容生态。在现在的微博平台中，微博视频号内容与微博账号的图文内容平分秋色，共同构筑着微博的内容海洋。

图8-15

微博视频号的主要受众群体是“90后”和“00后”，用户结构呈现年轻化趋势。大多“90后”和“00后”在微博常看娱乐、社会资讯、情感类内容，喜欢关注Vlog、游戏、美妆、数码领域的“大V”视频号。因此，泛生活、泛娱乐是微博视频号的核心运营领域。

目前微博是信息资讯传播过程中的重要平台，微博视频号是微博多媒体内容形式中的重要组成部分，媒体热点的发布与传播也是微博视频号运营内容中的重要一环。

2. 平台特色

微博视频号的平台特色主要有以下几点。

- 粉丝首页推送：微博视频号的内容一经发布，会直接推送至视频号粉丝的微博首页，与其他图文内容一起按照发布时间的顺序显示，并且还会在粉丝的“消息—动态”页面更新账号动态，推送最新的内容。
- 用户搜索推送：微博视频号内容发布成功后，会实时显示在视频内容相关词条的搜索结果页中，并且有机会显示在相关词条与热搜的“热门”栏中。
- 版权保护：微博视频号大力推动对原创视频的保护，视频号用户可以加入微博自制视频保护系统，保护自己的权益不受侵害。
- 广告分成与品牌合作：优质视频号可以通过微博视频号的“引力计划”获得广告分成，还有机会和众多品牌进行商务合作。

8.1.6 好看视频——轻松有收获

好看视频是百度公司的短视频旗舰产品，它依托百度技术，致力于为用户提供优质的视频内容。好看视频以创作者、用户为核心，支持短视频创作者为百度生态用户提供美食、旅游、汽车、科技、兴趣学习、美妆穿搭、开箱测评、运动健康、房产家居、文化历史、知识科普等方面的视频内容。图8-16所示为好看视频的图标与标语。

图8-16

1. 平台定位

好看视频定位为泛知识视频平台，致力于以视频化的方式为用户传递知识、解决问题，帮助百度利用短视频放大自身的信息与知识的价值。知识的拓展与学习往往与主动检索挂钩，依托百度在知识信息服务上的技术与生态沉淀，好看视频结合用户主动搜索、知识探索带来的“主动流量”构建视频知识图谱，坚持做“轻知识”向内容。例如，2021年好看视频将综艺与知识传播相结合，推出了“泛知识”类综艺《你的生活好好看》，综合节目短剧、热搜话题、专家解读等内容形式，希望做到帮助用户“轻松有收获”。图8-17所示为《你的生活好好看》的宣传海报。

图8-17

好看视频的短视频内容以1分钟以上的横屏视频为主，支持短视频创作者进行更加精细化、专业化的知识内容创作。图8-18所示为好看视频上某短视频创作者创作的系列短视频纪录片。

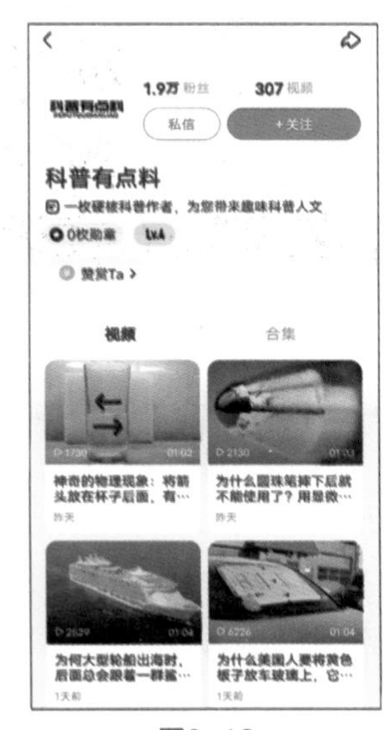

图8-18

2. 平台特色

好看视频的平台特色主要有以下几点。

➢ Tab类别全而精：好看视频内容全面且划分精细，根据信息分类设置“搞笑”“影视”“音乐”“教育”“军事”“科技”等多样化Tab，以满足用户快速获取优质内容的需求，也方便用户主动选择感兴趣的内容。

➢ 圈一下功能：好看视频打造出专属社区符号，短视频创作者和用户可以在视频中圈出有用的知识点、有趣的话题点、有态度的观点，实现知识的分享与互通，有助于构建一个氛围良好的视频知识社区。

➢ 搜索功能：好看视频的搜索功能设置在页面的显眼位置，并且在用户输入关键词后，会自动提取更加实用的检索关键字，能够给出结果精准、内容专业的检索结果。

➢ 优质内容一键关注：好看视频筛选出权威媒体和优质自媒体账号并进行分类，用户可一键关注，此外用户在观看视频的过程中还可直接订阅视频。

➢ 与爱奇艺互联互通：好看视频与爱奇艺同为百度旗下产品，两大平台在内容分发等方面实现了互联互通，用户可以进行账号与内容的共享。

↘ 8.1.7 小红书——标记你的生活

2013年小红书成立于上海，一开始只是一个用户分享海外购物经验的社区平台，后面开始逐渐转型升级，并发展为全面触及大众消费经验和生活方式的综合型平台。图8-19所示为小红书官方发布的宣传海报。

图8-19

2020年8月，小红书推出“视频号”，向平台内粉丝数量超过500、有视频发布经验的短视频创作者开放，并且支持最长15分钟视频的发布。小红书的普通用户同样可以发布视频内容，但视频号是用户的又一个身份权益，能够让用户在原有账号功能权益的基础上，额外获得发布视频的特殊权益，为自身的视频创作争取更多的创作空间。

1. 平台定位

小红书定位为年轻人的生活方式平台，平台标语为“标记我的生活”，它已经成为年轻人重要的生活方式平台和消费决策入口。小红书的视频号功能，是小红书在视频时代转型创新的体现，旨在丰富平台的内容形式，加速平台内容从图文向视频的转变。

2. 平台特色

小红书的平台特色主要有以下几点。

➢ 专属视频流量扶持：开通小红书视频号后，账号所发布的视频会自动获得视频号专属流量扶持。

➢ 创建视频合集：小红书视频号用户可以创建自定义的视频合集，聚合同一主题的视频作品，不仅能够提高视频质量、提升观众观看体验，还能帮助用户保持视频创作的内容连续性。

➢ 添加进度条章节：小红书视频号支持在视频进度条中添加内容章节，切分视频内容，帮助观众明确视频内容并及时跳转，使视频更易获得点赞和收藏。

➢ 定时发布：小红书视频号账号可以设置时间，定时发布视频，避免短视频创作者错过发布黄金时段。

➢ 官方助力：小红书平台开设了一个小红书视频号的同名账号，专门负责小红书视频号相关内容，包括但不限于视频号创作话题推荐、精选视频号创作者、解读相关平台条约和功能、宣传创作学院课程等。

↘ 8.1.8 哔哩哔哩——你感兴趣的视频都在B站

哔哩哔哩，又叫bilibili，常被简称为B站，现为中国年轻人高度聚集的文化社区和视频平台。该网站于2009年6月26日创建，经过十年多的发展，围绕用户、创作者和内容，构建了一个源源不断产生优质内容的生态系统，已经成为涵盖7000多个兴趣圈层的多元文化社区。

图8-20所示为哔哩哔哩官方推出的宣传海报。

图8-20

哔哩哔哩在2020年加入短视频赛道，经过这几年的发展，短视频内容也逐渐在哔哩哔哩占据了一席之地。庞大的用户基数、丰富全面的内容领域、青年群体为主的用户人群，都帮助哔哩哔哩在短视频赛道中突围。

1. 平台定位

哔哩哔哩旨在拓展短视频领域内容与用户，通过“短视频+长视频”的内容形式，产出更加多样的内容，拓展更广阔领域的用户群体。哔哩哔哩的短视频更多的是作为符合用户兴趣点的内容，与其他长视频内容、专栏图文内容一起被推送给用户。图8-21所示为哔哩哔哩的短视频推送页面。

图8-21

2. 平台特色

哔哩哔哩的平台特色主要有以下几点。

➢ 弹幕功能：哔哩哔哩的短视频播放界面保留了传统的弹幕功能，弥补了用户不能及时翻看评论区留言的不足，并为观众提供实时表达的渠道，为用户观看短视频营造了更好的互动氛围。

➢ 优质内容产出：哔哩哔哩作为代表性的PUGV（Professional User Generated Video，专业用户生产内容）和UGC（User Generated Content，用户生成内容）平台，有许多优质的原生创作者进行高质量视频内容的产出，为用户带来更加优质的视频内容。

➢ 泛二次元化内容：哔哩哔哩的视频内容带有明显的泛二次元化特征，二次元、娱乐、知识、鬼畜、测评等短视频内容颇受用户欢迎。

8.2 发布短视频时需要注意的要点

不管在哪个平台发布短视频，短视频创作者都应该遵守对应平台的规则，并掌握一定的短视频发布技巧，以便事半功倍地推广视频内容。

8.2.1　掌握发布短视频需遵守的规则

短视频创作者一定要了解短视频行业的相关法规及平台规则，严格遵守相关法规及平台规则，这样才能保障账号的安全运营。

1. 遵守国家法律法规

短视频行业的快速发展吸引了一大批企业和资本投身其中，伴随着短视频行业竞争进入白热化阶段，短视频内容低俗化的情况屡有发生。一些短视频创作者受利益驱使，不潜心生产优质内容，只为拿到项目补贴和分成，为了在短时间内吸引更多粉丝，竞相制作违规的视频内容来博眼球。

然而网络不是法外之地，广大短视频创作者要知道短视频既是新媒体产品，也是互联网产品，其创作活动要遵守国家法律法规，传播的内容要有正能量，要积极实现内容的健康传播，坚持正确的内容和价值取向。

事实上，在监管力度日益增强的当下，很多短视频平台已经开始对内容进行高标准把关。对于短视频创作者来说，一定要注重内容价值，在创作短视频时，首先要遵守法律法规，同时要遵守各个短视频平台的规则，做短视频内容的第一把关者。

2. 符合平台商业规则

每个短视频平台都有自己的规则，按照规则的差异，短视频平台可分为内容型平台和商品型平台。内容型平台禁止在短视频中直接售卖商品，也不允许商品的售卖信息直接出现在短视频中；而商品型平台本身是提倡商品销售的，支持在视频中进行商品销售。

用户在使用平台发布作品前，务必先了解平台的规则和制度，以免上传的作品由于违规而下架，造成损失。图8-22所示为抖音的“抖音社区自律公约”。

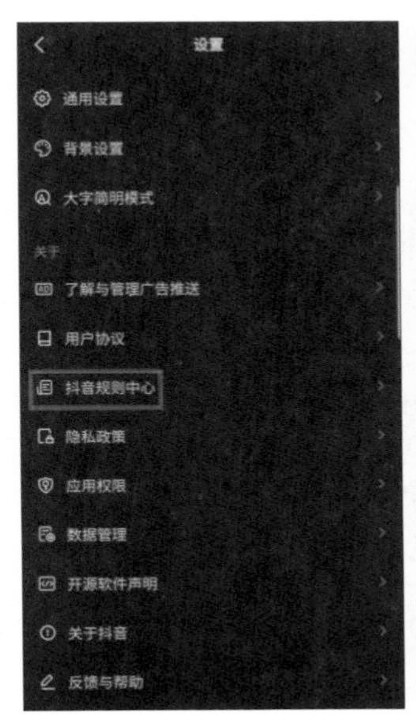

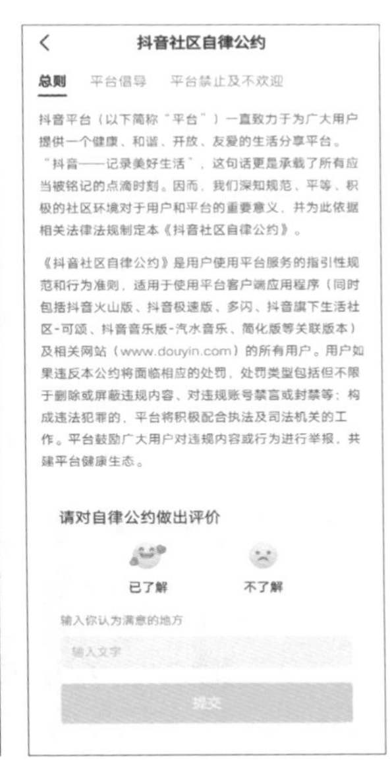

图8-22

3. 避免侵权盗版行为

在众多的视频中，尤其是近年来大受欢迎的“影视二创”类视频，充斥着大量的影视、音乐作品的内容，短视频创作者应该注意在创作过程中有关素材使用的版权问题，避免侵权盗版行为。

自2022年3月以来，多个短视频平台官方已出面和影视内容的版权方协商，通过商务合作获取短视频平台用户使用影视素材的版权授权。例如，微信视频号官方为了扶持“影视二创”内容的创作者、鼓励影视题材的创作，争取了腾讯视频版权的授权。在2022年3月4日，微信视频号的创作者中心版块新增了“腾讯视频版权授权”功能，支持用户根据授权协议使用微信视频号的视频版权库内的作品进行创作。图8-23所示为微信视频号的腾讯视频版权授权页面。

图8-23

素养提升

盗版是指在未经版权所有人同意或授权的情况下，对其拥有著作权的作品、出版物等进行复制、再分发的行为。网络侵权盗版是一种侵犯知识产权的违法行为。短视频创作者在利用一些现有素材进行视频创作的过程中，应该要始终注意不要触及侵权盗版的红线，应使用有授权的合规合法素材。

8.2.2 发布短视频应该掌握的技巧

有几个普遍适用于所有平台的短视频发布技巧。不管短视频创作者最终选择在哪一个平台发布短视频，都可以利用普适的发布窍门，帮助自己的短视频作品获得更好的效果。

1. 避免沦为“标题党”

随着移动互联网的普及，网上一些“标题党”显然已经无法吸引观众的注意力，反而经常会因为哗众取宠引发大量的负面评价。平台方也陆续出台了一些规则来防止“标题党”的产生，如西瓜视频所属的今日头条禁用“震惊”和“万万没想到”等耸人听闻的夸张词汇。

视频标题的取用可以包含一定的巧思，但还是要以短视频的实际内容为基准，进行内容的概括凝练表达。

2. 选定发布黄金时间

对于短视频来说，发布时间是非常重要的，在恰当的时间发布短视频，不仅有助于获取更大的点击量，还能促使用户形成在固定时间观看的习惯。

如果短视频的目标用户是上班族，那么在工作日期间可以将发布时间锁定在以下几个时间段。

（1）7:00—9:00，这个时间段多数用户在公交车和地铁上，他们会利用上班途中的碎片时间浏览视频。

（2）11:30—14:00，这个时间段用户上午的工作通常已结束，经过一个上午的辛勤工作，他们会利用就餐和午休时间浏览视频。

（3）17:00—18:00，这个时间段用户多处于准备下班或已经下班的状态，他们在下班途中会利用碎片时间浏览视频。

（4）21:00—00:00，这个时间段为用户临睡期间，他们一般会利用这个时间段好好放松，这也是一天之中流量比较高的一个时间段。

虽然上述几个时间段的确有很大的流量，但大家也不能一味地参照这个标准来发布自己的视频，建议大家根据自己的视频定位、粉丝活跃数据来灵活选择发布时间。

高手秘技

运营者最好在固定的时间发布视频，这样才能方便流量池更好地识别账号。

3. 通过熟人加快传播

对于还未积累起一定数量的粉丝的短视频创作者来说，在发布短视频后的第一时间进行社交圈转发，可以非常有效地提高短视频的播放量。其中比较推荐的是通过熟人进行转发，如果方法运用得当，能在短时间内实现“一传十，十传百”的传播效果，如图8-24所示。

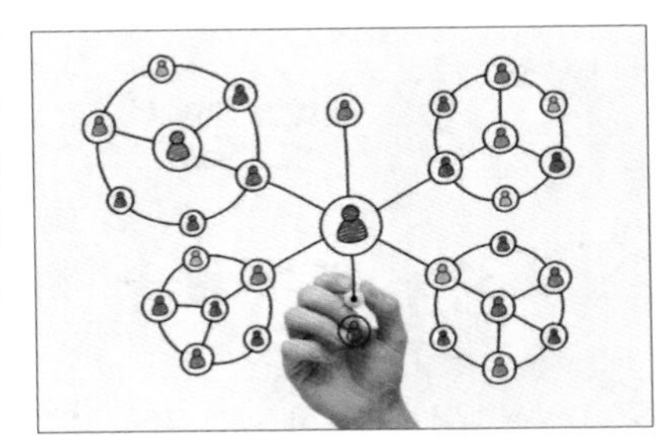

图8-24

熟人转发需要依托于现有的社交资源来进行，如何在不引起他人反感的情况下达到增加视频曝光度的目的，是短视频创作者需要重点考虑的。

短视频创作者首先需要建立良好的社交关系，扭转人们抵触转发的思维定势，增强转发效果，具体可以从以下几个方面入手。

（1）建立良好的互助关系

中国人向来讲究“礼尚往来”，在社交过程中，一味地要求别人帮忙是很容易招人厌烦的。当别人向你求助时，你在能力范围内尽量给予帮助，就会形成一个“互帮互助”的良性循环，有助于建立良好的互助关系。

（2）选择对短视频感兴趣的熟人

拜托熟人帮忙把短视频分享到社交平台上的时候，熟人其实就是最初的内容受众，因此短视频创作者要尽量选择需求导向一致的熟人帮忙转发。当熟人对视频内容产生兴趣的时候，就意味着该短视频比较符合他的品位，那么他自然而然会主动去分享，并且还会配上有真情实感的评价内容，这样才能获得理想的转发效果。

（3）控制好求助频率

你在向熟人求助的过程中，必须要控制好求助的频率，不能让这件事成为你们之间主要的交流内容。如果你平时很少和对方交流，甚至是不交流，那突然向其求助，一两次对方会同意帮忙，但是长此以往会让对方觉得你是在利用他。这样不仅会使对方不再帮忙分享，而且可能会造成关系破裂。

除了拜托熟人帮忙，为了提高短视频的第一时间转发率，大家在制作完短视频后也可以将其发布在自己的社交平台上，这样做可以使短视频的播放量得到增加，同时也可帮助吸引更多的粉丝。

4. 巧用平台推荐机制

每个平台的推荐机制不一样，在发布短视频之前，大家最好先了解一下平台的推荐机制，慢慢调整内容来适应平台要求。

以小红书为例，该平台通常会从视频的播放量、评论量、点赞量和转发量这4个方面来评判内容是否优质，然后参考这些数据决定是否将内容推向更多的受众。作品发布后，首先进入一个小的流量池，当播放量、评论量、点赞量和转发量都达到一定的标准后，小红书才会将它放入更大的流量池，让更多的用户看到。

需要注意的是，平台的推荐机制并不是一成不变的，一方面平台会利用交互信息来分析视频和观众；另一方面平台也会与时俱进，利用算法更准确地掌握用户的真实喜好，从而优化推荐机制。

8.3 习题

8.3.1 课堂练习——将短视频发布到抖音

课后习题——将短视频发布到抖音

1. 任务

在抖音发布短视频作品。

2. 任务要求

重点掌握平台的内容上传入口、短视频作品的选择以及如何编辑稿件信息。

3. 最终效果

此处以抖音App为例展示操作画面。

① 内容上传入口如图8-25所示。

② 短视频作品的选择页如图8-26所示。

图8-25

图8-26

③ 稿件信息编辑页如图8-27所示。

④ 短视频成功发布后的页面如图8-28所示。

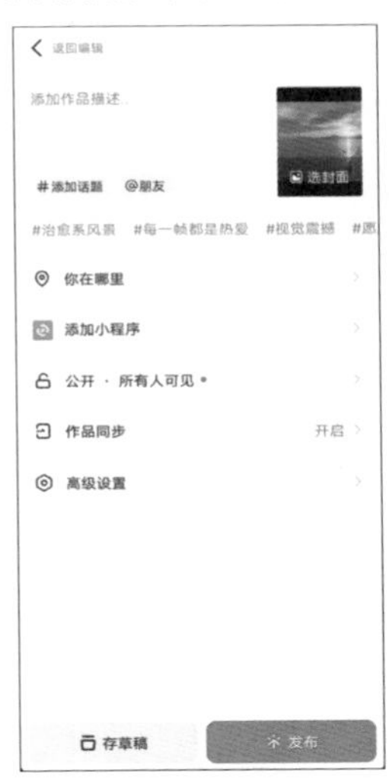

图8-27

图8-28

8.3.2 课后习题——将短视频发布到哔哩哔哩

课后习题——将短视频发布到哔哩哔哩

1. 任务

在哔哩哔哩发布短视频作品。

2. 任务要求

重点掌握平台的内容上传入口、短视频作品的选择以及如何编辑稿件信息。

3. 最终效果

此处以哔哩哔哩网页版为例展示操作画面。

① 内容上传入口如图8-29所示。

图8-29

② 短视频作品的选择页如图8-30所示。

图8-30

③ 稿件信息编辑页如图8-31所示。

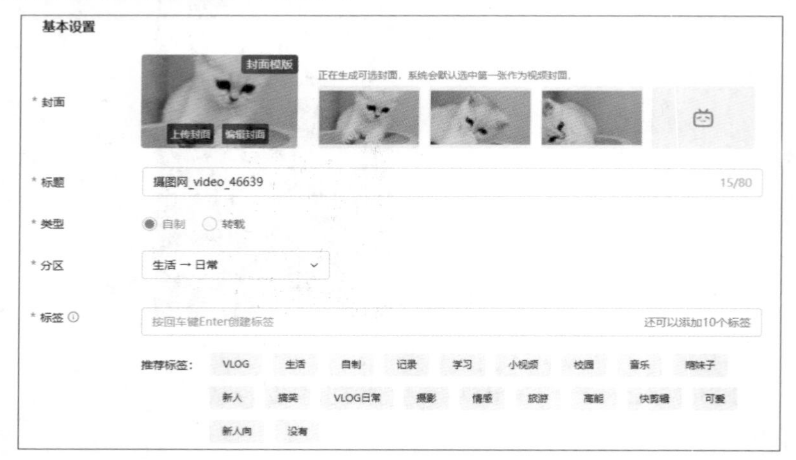

图8-31

④ 在哔哩哔哩发布内容被称为“投稿”，短视频成功上传后会显示“稿件投递成功”画面，待平台审核通过，短视频便能成功发布。

第9章 短视频的运营、推广与变现

短视频经过策划、制作、剪辑等流程后，就进入运营环节。一个账号要想长期受到关注，只有内容是远远不够的，需要配合切实有效的运营才能打造出“热销款”。短视频运营的核心内容主要有3个部分，分别是平台运营、用户运营和数据运营。成功进行短视频运营之后，如何实现商业变现也需要引起重视。

【学习目标】

- 掌握选择短视频运营平台的方法。
- 掌握用户运营的相关概念与操作。
- 掌握短视频运营的数据指标与意义。
- 掌握短视频账号运营的常见变现模式。

9.1 短视频运营平台的选择

短视频日益火爆，大量的短视频App纷纷上线。对于短视频运营者来说，选择平台时不要局限于某个平台，也不要仅仅因为某个平台发展更加突出而选择它。笔者建议短视频运营者在了解各平台的短视频运营与推广的现状后，兼顾自身创作特点，综合选择适合自己的平台，最大化地实现流量和粉丝人数的双增长。

9.1.1 了解各个平台的运营推广情况

每个平台的资源结构都有差异，用户的组成也存在很大差异，从性别比例、地域、教育背景到兴趣爱好却不尽相同，并且不同平台的推送与扶持机制也有差异。短视频运营者尽量选择适合自己内容方向的平台来发布视频，这样能够更加精准地匹配目标用户。

下面为大家分析几个主流短视频平台的基本情况。

- 抖音：机器算法，以年轻用户群体为主，女性用户数量稍多于男性用户数量。
- 快手：机器算法加推荐系统，男性用户数量较多。
- 小红书：更多地依赖算法推荐，以女性用户群体为主，盛行“网红”文化。
- 好看视频：用户选择与信息分发并重，以“70后”“80后”用户为主。
- 西瓜视频：更多地依赖算法推荐，以男性用户群体为主。
- 微信视频号：以推荐算法为主，用户与微信体系用户重合，大学生、青年工作者、中老年人占比均较高。
- 微博视频号：更多地依赖资源推荐，其用户以年轻人为主，涉及影视明星、企业高管、文化名人等社会各类群体。
- 哔哩哔哩：更多地依赖算法推荐，Z世代为主要用户群体，大学生占比较高。

不同的短视频运营平台，其运营技巧也存在差异。想要在短视频领域的竞争中获胜，唯有在内容上下功夫，并掌握运营技巧。

下面为大家举例说明几个不同平台的运营技巧。

- 抖音：无论是做受众广的泛娱乐类型还是深耕某个垂直领域，都需要进行专业的内容运营和用户运营，同时保证内容产出的创意和质量。
- 小红书：贴合目标用户的真实生活与内容需求，进行专而精的细分垂直领域的深耕。
- 西瓜视频：根据目标用户的需求，制作高质量的短视频作品，匹配上平台的优质内容识别模型，从而获得大幅的流量倾斜及内容扶持。

高手秘技

在平台运营时，衡量流量价值有一个基本规则，即流量获取难度代表流量价值大小。换算方法为1个微信播放量=1个今日头条播放量=100个秒拍播放量，由此可以轻松地换算出1000个微信播放量对比100 000个秒拍播放量的价值。如果想要得到进一步的提升，短视频运营者需要做好平台布局，带动流量的持续增长。

↘ 9.1.2　结合自身情况选择合适的平台

在了解完不同平台的内容特征与运营特征后，短视频创作者还应该从自身账号的创作特征、运营诉求出发，选择符合自身情况的短视频平台进行短视频运营。

不同的短视频创作者拍摄视频的诉求可能会有所不同，有些人拍短视频是为了更广泛地传播信息，有些人拍短视频则更多地关注视频的变现效果。除此之外，各自的账号属性和内容定位也有所区别，有的人倾向于产出优质、有深度的视频，有的人则更愿意制作潮流、新奇的视频内容，因此根据自身情况合理选择短视频平台是短视频创作者正式开始运营前的重要工作内容。

下面为大家举例说明几个不同情况的短视频创作者较为适合何种短视频平台。

➢ 小红书：结合自身实际生活体验进行垂直领域视频制作的创作者，适合重点运营小红书。

➢ 西瓜视频：擅长制作体育、财经、军事、科技、纪录片等领域视频的创作者，或是创作的视频内容能够满足用户求知需求的创作者，适合运营西瓜视频。图9-1所示为西瓜视频优质财经领域内容创作者示例。

图9-1

➢ 微信视频号：想要深度融合微信生态圈，融合公众号推广、视频号推广或运营微信小商店的短视频创作者，适合重点运营微信视频号。

9.2 用户运营与推广

短视频的用户运营可以被简单地理解为依据用户的行为数据，对用户进行回馈与激励，不断提升用户体验和活跃度，促进用户转化。做好短视频的用户运营要注意3个方面：流量原理、获取种子用户、激活用户。

9.2.1 了解流量的原理

对于短视频运营者来说，获取流量是运营的核心目标，也是实现变现的重点。

1. 流量的价值

短视频流量的价值核心在于变现，短视频运营者在通过内容吸引流量的同时，把流量转换到其他需要流量的商业活动中，最终促成交易，达到赢利的目的。流量越精准，用户垂直度越高，流量的商业价值就越大。

目前流量提升主要有3种方式：精品内容打造、品牌推广、用户运营，如图9-2所示。其中，精品内容打造非常考验短视频运营者的内容生产能力和专业性，需要短视频运营者静下心来精雕细琢，不断改进；品牌推广对公关能力、资源和资金的要求较高；对短视频运营者来说，除了内容的打磨外，用户运营是用最低成本获取流量的重要方式。

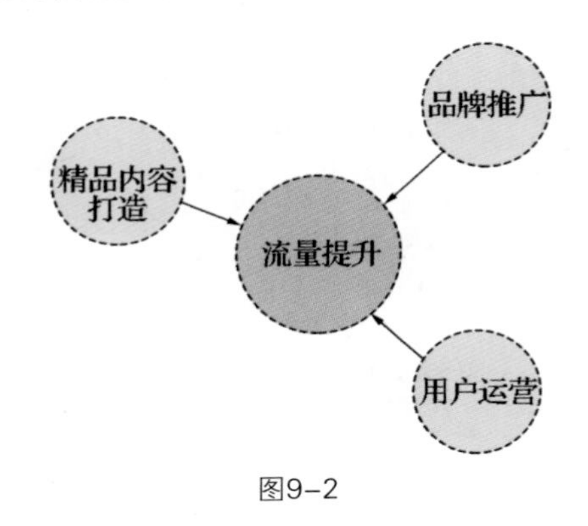

图9-2

素养提升

流量常用的统计指标包括平台的独立用户数量（一般指IP）、总用户数量（含重复访问者）、页面浏览数量、每个用户的页面浏览数量、用户在网站的平均停留时间等。短视频创作者在进行短视频与用户运营的相关工作时，应该通过合理的途径争取更多的流量，切忌利用网络水军获得虚假流量。

2. 平台推荐机制

短视频运营者要做好短视频的用户运营，获取更多流量，离不开对各平台推荐机制的深入研究。短视频平台的推荐机制已经从以前的编辑模式跨入了机器算法时代。算法获取有效信息的直接途径包括短视频的标题、描述、标签、分类等。以抖音为例，该平台的推荐机制被称为“流量赛马机制”，这种推荐机制主要包括以下3个阶段，如图9-3所示。

图9-3

➢ 冷启动曝光：对于上传到平台的短视频，机器算法在初步分配流量的时候，会进行平台审核，审核通过后将其放入冷启动流量池，给予每个短视频均等的初始曝光机会；这个阶段，短视频主要分发给关注的用户和附近的用户，然后会依据标签、标题等进行智能分发。

➢ 叠加推荐：对于经过分发的短视频，机器算法会从曝光的短视频中进行数据筛选，对比点赞量、评论量、转发量、完播率等多个数据，选出数据表现出众的短视频，将其放入流量池，给予叠加推荐，依次循环往复。

➢ 精品推荐：经过多轮筛选后，多个数据（点击率、完播率、评论的互动率）表现优秀的短视频会被放入精品推荐池，最先推荐给用户。

↘ 9.2.2 增加账号及内容曝光量

在短视频运营的工作中，如何增加账号与短视频内容的曝光量，是短视频运营者需要从多方面着手解决的重要内容。特别是在账号创建初期，通过冷启动曝光获得足够多的种子用户，是短视频运营者在初期运营时的重心。下面为大家介绍几种增加账号及内容曝光量的方法。

1. 多渠道转发

短视频运营者利用个人的社交关系和影响力，在朋友圈、微信群、知乎、贴吧和微博等渠道进行传播，可以获得更多用户的关注，如图9-4所示。

图9-4

2. 参加挑战和比赛

很多短视频平台都有挑战项目，这些项目自带巨大流量。例如，抖音推出的“话题挑战赛”，每天都有各种主题的热门话题和挑战活动，鼓励用户积极参加。参与话题挑战赛，就是跟拍网友们的同款视频，最后看谁拍的效果好。这样一种带有娱乐竞赛性质的活动，不仅可以很好地起到引导推广作用，还让用户有机会通过这种方式来“引爆”流量。

3. 付费推广

一些平台提供了付费推广渠道，有助于短视频运营者获取更大的曝光量，如微信视频号推出的视频号推广小程序，如图9-5所示。视频号推广作为微信广告官方付费推广工具，直接连接微信生态，支持将推广视频展示在小程序和朋友圈中，快速提高视频播放量，通过系统预估提供推广可能带来的播放量数据供用户参考，实现以合适的价格达成推广目的。

图9-5

4. 追热点

追热点是一种高效可行的增加曝光量的方法。短视频运营者可以在一些流量较大的“大V”或热门微博下进行评论、回复，积极分享自己的观点，帮助别人解决问题，从而吸引别人的关注，这也是一种获取流量的方法。

此外，一些自带流量和关注度的热点新闻、热点话题也是短视频运营者需要随时关注的。将这些话题融入自己的短视频内容，既可以吸引感兴趣的用户点击，还可以让用户产生强烈的共鸣，引发热烈的讨论。例如，在2022年爆红的《小鸡恰恰舞》短视频，以欢快的表情与动作，不仅吸引了众多网友们的转发和讨论，还吸引了许多短视频创作者进行翻跳与再创作。哔哩哔哩某新人UP主（内容创作者）创作了一个熊猫版的《小鸡恰恰舞》短视频作品，在极短时间内，观看量就超过了90万，点赞量超过了4万，如图9-6所示。

图9-6

5. 活动推广

活动推广大致可以分为以下两种。

➢ 转发抽奖：转发抽奖是经常被使用的形式。其奖品的设置比较关键，可以是用户感兴趣的礼品，也可以是其他形式的奖品，关键是从用户的角度出发；短视频运营者也需要考虑什么样的抽奖机制能提高用户的参与度。

➢ 线下推广：成功的线下推广能以比较低的成本吸引精准的用户群体，应尽量选择商场、地铁站、高校食堂这类人比较多的场所进行，同时一定要注意和场地工作人员提前协商好。

6. 导流

在与其他的自媒体人进行合作时，相互导流也是沉淀用户的好方式。例如，哔哩哔哩UP主之间就会通过哔哩哔哩的联合投稿功能进行视频的合作创作。参与创作的UP主若具有一定的粉丝基础，通过合作可以实现各自粉丝的互相导流，获得不错的播放量，如图9-7所示。但对于一些跨平台导流操作，则需要提前了解两个平台之间是否允许相互导流，只有在被允许的情况下进行操作才是正规的。

图9-7

9.2.3 提高粉丝黏度

对于短视频运营者来说，粉丝是维系账号发展的重要支撑。粉丝能够为短视频账户带来庞大的利益，只有维护好粉丝，才能使账号逐步发展。维护粉丝的主要手段就是不断地与粉丝进行互动，提高粉丝活跃度，引导粉丝持续关注。下面就为大家详细介绍几种提高粉丝黏度的方法。

1. 评论互动

互动数据是短视频平台算法中重要的指标。在成功发布短视频后，短视频运营者可以从以下两个方面来进一步回应和沟通。

➢ 在视频中引导评论：在视频中设置提问环节，短视频运营者抛出能够引发用户共鸣和思考的问题，可以有效地提升用户的参与感，引导他们进行评论和讨论。

➢ 回复评论：短视频运营者及时回复用户评论，可以激发用户的参与热情；一旦发现高质量、幽默且具有代表性的评论，短视频运营者可以将其设置为精选置顶评论，借此引导更大范围的互动。

2. 私信

一个具有一定粉丝量的短视频账号通常会收到很多的私信，其中大部分都是粉丝的主动沟通与留言。短视频运营者面对大量的私信消息，每日查看回复并不现实，但是可以间隔两周或每月一次查看相关信息，回复部分粉丝的留言。这样不但可以增加与粉丝的友好互动，提高粉丝黏度，还可以了解粉丝的心理与需求，这对后续短视频创作大有助益。很多短视频运营者还会从私信中筛选部分内容，制作以“读私信”为主题的短视频作品，通过视频回复、评论回复等方式与粉丝进行优质互动。图9-8所示为抖音某博主的“读私信”短视频，图9-9所示为哔哩哔哩某UP主的“读私信”短视频。

图9-8

图9-9

对于一些互动频率和质量较高的用户，短视频运营者可以将其作为重点培养对象，进行互相关注、跟进评论，或者是私信沟通，形成友好的互动关系。

3. 话题活动

开展富有创意和传播性的活动是短视频运营的一种重要方式，也是提高粉丝黏度的有效方式。鉴于短视频平台的局限性，短视频运营者可以通过社群的方式将粉丝沉淀下来，通过后续的各种活动来获取用户反馈，提高用户黏度，也可以鼓励用户积极表达，鼓励他们成为内容的生产者。需要注意的是，开展单纯的抽奖活动并不是长久之计，能够激发用户参与热情的话题活动也很重要。

9.3 数据运营与推广

短视频运营者针对短视频的所有运营行为都是以数据为导向的。短视频运营者除了需要通过数据持续了解播放量、点赞量和转发量外，还需要观测后续数据的发展，调整短视频的内容、发布时间和发布频率，逐步提高短视频的平台流量。

9.3.1 明确数据分析的意义

数据是运营的灵魂，所有的运营都建立在数据分析的基础之上。对于短视频运营者来说，数据分析的意义大致可以分为以下两个方面。

1. 数据引导内容方向

在创作初期，短视频运营者对短视频时长和选题的了解不够充分，需要借助数据来指导内容方向。短视频运营者明确了用户定位、做好竞品分析后，可以选取资源较为充足的选题，按照最小化启动原则，不断根据播放量、点赞量和转发量等数据的对比来统计短视频的受欢迎程度，持续调整内容方向。

在内容方向稳定下来后，数据分析就更加重要了。短视频运营者需要通过和竞品的数据对比，以及自身账号的几个维度的数据分析，来改进选题、提高流量、提高粉丝黏度。

2. 数据指导发布时间

短视频的发布频率和时间也是影响短视频运营效果的关键因素。每个平台都有自己的观看流量高峰，单靠人工去判断高峰时段和推荐机制的差异，工作量很大，准确率也不够高，此时运用数据管理工具，则可以大大提高效率，获得精确数据。图9-10所示为短视频和直播电商数据分析平台飞瓜数据的官网界面。

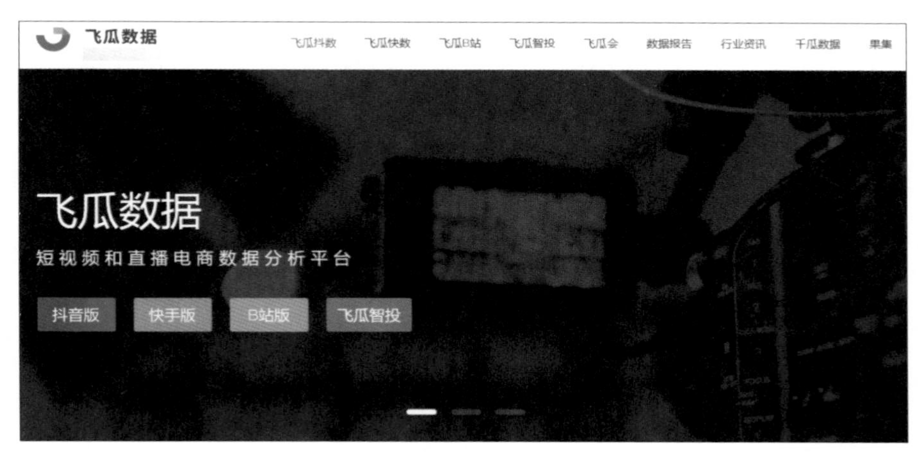

图9-10

9.3.2 数据分析的关键指标

数据分析的关键指标

在短视频运营中，数据分析是不可或缺的环节，所有运营行为的分析和优化都建立在数据的基础上。以下几组数据是短视频运营者需要关注的。

1. 固有数据

固有数据是指发布时间、视频时长、发布渠道等与短视频发布相关的数据。

2. 基础数据

基础数据是指短视频发布后，反应短视频数据变化的数据，通常包括以下几点。

- 播放量：通常涉及累计播放量和同期对比播放量，运营者通过播放量的变化对比可以总结出一些基本规律，如标题含金量、选题方向等。
- 评论量：反映出短视频引发共鸣、关注和讨论的程度。
- 点赞量：反映了短视频的受欢迎程度。
- 转发量：反映了短视频的传播度。
- 收藏量：反映了短视频的利用价值。

3. 关键比率

短视频的基础数据是变化的，但比率是有规律的。这些比率需要根据基础数据计算得出，既是分析数据的关键指标，也是进行选题调整和内容改进的重要依据。

- 评论率：评论率=评论数量/播放量×100%，体现出哪些选题更容易引发用户的共鸣，激发用户讨论的欲望。
- 点赞率：点赞率=点赞量/播放量×100%，反映出短视频受欢迎的程度。
- 转发率：转发率=转发量/播放量×100%，代表用户的分享行为，说明用户认可短视频表达的观点和态度。转发率高的短视频，通常带来的新增粉丝量也比较多。
- 收藏率：收藏率=收藏量/播放量×100%，能够反映用户对短视频价值的认可程度，同时用户收藏后很可能再次观看，会提高完播率。
- 完播率：完播率是指完整看完整个短视频的人数比例，是短视频平台统计的一个重要指标。完播率的提高要注意两点，第一是调整短视频节奏，努力在最短的时间内抓住用户的眼球；第二是通过文案引导用户看完整个短视频。

4. 同行数据

短视频运营者进行短视频数据分析，不仅要分析自己的视频数据，还要分析同行的视频数据、榜单视频数据，各维度对比有助于短视频运营者从宏观和微观角度把握短视频创作的趋势和内容方向。

9.3.3 获取数据并实现运营

很多短视频平台都为用户开设有数据中心板块，不同平台的命名可能有差异，但是其功能都是为用户提供短视频作品的相关数据。用户可以在该板块中查看短视频的相关数据。图9-11、图9-12和图9-13分别为哔哩哔哩、抖音和西瓜视频的数据中心板块入口。

短视频平台内部公布的数据，相对而言更偏向于用户的个体数据，并且数据内容较为基础。短视频运营者可以借助一些专业的短视频数据分析平台来获取更加全面的短视频数据，实现数据的更深度解析和大量数据的可视化分析，便于进一步高效运营短视频账号。

图9-11　　图9-12　　图9-13

下面为大家介绍两款比较高效的数据分析平台。

灰豚数据可以利用大数据追踪短视频的流量趋势，提供各平台的热门视频、人气直播及优质账号等信息，能帮助短视频运营者了解所处行业和平台的流量趋势，更加高效地进行账号日常数据管理，助力短视频运营者发展粉丝经济。图9-14所示为灰豚数据的短视频平台热点排行榜的显示页面。

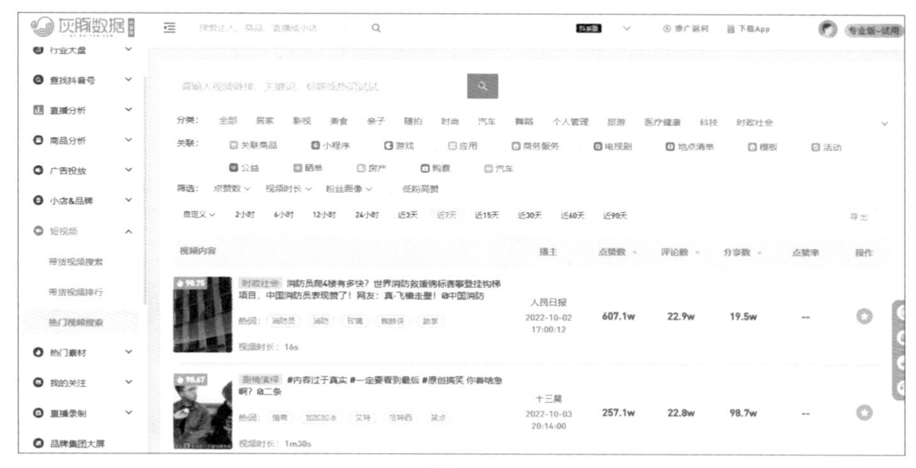

图9-14

卡思数据是一款基于全网各平台的数据开放平台，为用户提供全方位的数据查询、趋势分析、舆情分析、用户画像、视频监测和数据研究等服务，为短视频运营者在内容创作和用户运营方面提供数据支持，为广告主的广告投放提供数据参考，为内容投资者提供全面客观的价值评估。图9-15所示为卡思数据官网界面。

图9-15

数据对于短视频运营者的重要性不言而喻，短视频运营者要想尽早实现内容变现，时刻关注市场数据走向是很有必要的。通过数据分析，短视频创作者可以精确地掌握全网热点，了解用户的喜好，高效打造热门视频。对于一些需要带货的主播或淘客来说，数据分析可以行之有效地定位平台近期热门商品，逐步实现商品变现，如图9-16所示。

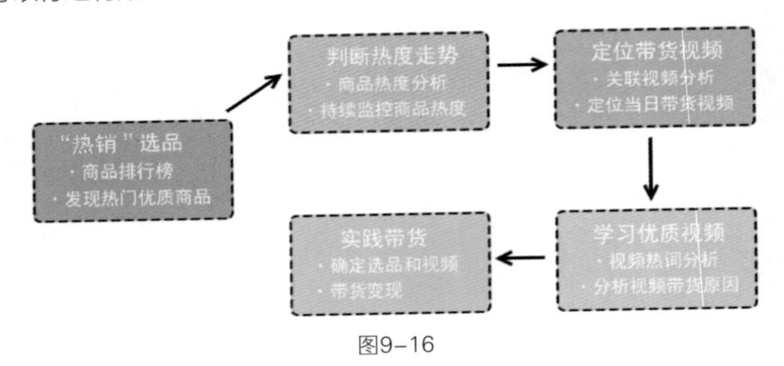

图9-16

9.4 短视频运营变现的常见模式

短视频行业瞬息万变，但变现始终是短视频运营者关心的核心问题。如今，抖音、快手、西瓜视频、微博视频号等平台，纷纷利用丰富的补贴措施、流量扶持和商业变现计划抢夺优质的短视频资源。但对于许多短视频团队来说，要实现变现，单靠平台补贴是远远不够的，更多的还要从广告、电商等方面入手。

本节就为大家介绍几种目前比较主流的短视频运营变现模式，包括广告变现、电商变现、粉丝变现等。其中，广告变现是可以直接通过短视频作品实现盈利的变现模式，电商变现、粉丝变现等变现模式则需要短视频创作者在成功运营短视频账号的基础上，进行内容导流与变现。

↘ 9.4.1　广告变现模式

随着短视频行业的快速发展，众多商家萌生了以短视频进行产品推广的想法，争先恐后地涌入短视频领域，纷纷利用短视频进行广告投放。商家涌入短视频广告市场，给短视频运营者和平台带来了不少的利润。对于短视频运营者来说，此时应当把握时机，率先通过发布创意性广告，让用户更容易接受广告的内容，同时提高短视频广告的变现效率。这也是比较适合新手的一种短视频变现模式。短视频的广告大致可以分为以下3种。

广告变现模式

1. 贴片广告

贴片广告一般会出现在短视频的片头或片尾，是在短视频中加贴的专门制作的广告，主要是为了展现品牌本身，如图9-17所示。这类广告通常与短视频本身的内容无关，其突然出现往往会让观众感到突兀和生硬。如果贴片广告处理得不够巧妙，很容易让观众产生抗拒心理。

图9-17

2. 浮窗Logo

浮窗Logo通常是指短视频播放时出现在边角位置的品牌Logo。某知名美食视频博主一般会在视频的右下角加上特有的水印，如图9-18所示，这不仅能在一定程度上防止视频被盗用，同时Logo还具备一定的商业价值。观众在观看视频的同时，不经意间看到角落的Logo，久而久之便会对其有印象。

图9-18

高手秘技

浮窗Logo适合创立了品牌或准备创立品牌的短视频运营者采用。有计划在账号有一定影响力后创立品牌的短视频运营者，可以在运营之初就设计账号的特色Logo并插入作品中，提前为后续广告变现奠定基础。

3. 创意软植入

创意软植入是指在短视频中将广告和内容相结合，让广告成为视频内容本身。最好的方式就是将品牌融入短视频场景，如果结合得很巧妙，那么观众在观看短视频的同时会很自然地接纳品牌。这类广告不像前两种广告那么生硬，且收益也是比较可观的。

现在在很多短视频中经常可以看到，短视频创作者在传递主题内容的同时，自然而然地提及某个品牌，或是拿出一件产品，如图9-19所示。如果这种植入行为自然且有趣，其实观众是不排斥的，观众大都愿意为喜爱的短视频创作者产生购买行为。

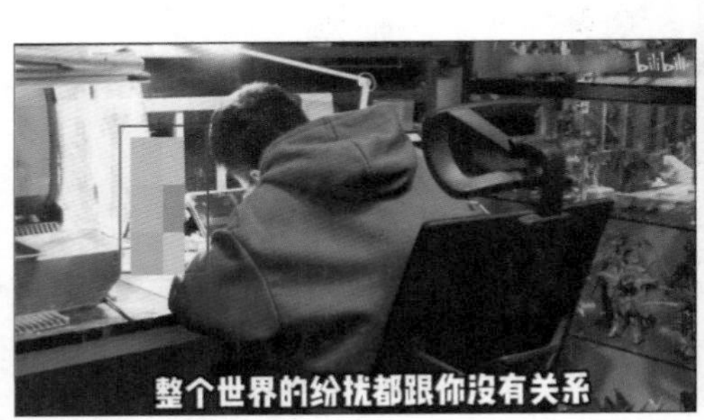

图9-19

对于商家来说，这种广告形式比传统的竞标式电视、电影广告更划算，因为短视频行业流量可观，用户定位精准。对于有一定粉丝基础的短视频创作者来说，有想法、有创意、有粉丝愿意买单，一旦产生了很好的广告效果，自然也会引得商家纷纷投来合作的橄榄枝。

9.4.2 电商变现模式

内容电商已经成为当前短视频行业的热门趋势，越来越多的企业、个人通过发布原创内容，凭借基数庞大的粉丝群构建起自己的盈利体系，电商逐渐成了短视频创作者探索商业模式过程中的一个重要选择。很多拥有一定粉丝基础的短视频创作者，会选择与自己的短视频内容息息相关的产品进行电商带货。下面为大家介绍两种主流的电商变现模式。

1. 带货导购

如今许多短视频平台都推出了“边看边买”功能，用户在观看短视频时，对应商品的链接将会显示在短视频下方，用户点击该链接，可以跳转至电商平台进行购买。

以抖音的“商品分享”功能为例，视频左下角放置有商品链接，用户点击商品链接后便会出现商品介绍信息，点击“领券购买”按钮可以跳转至购买付款页面，如图9-20至图9-22所示。

图9-20

图9-21

图9-22

高手秘技

在开通平台电商功能之前，短视频创作者最好提前了解平台的相关准则及入驻要求，避免产生违规交易及操作。图9-23所示为抖音平台“成为带货达人”权限申请的页面，成功申请开通该权限后，短视频创作者便可以在个人主页的商品橱窗、短视频、直播中分享商品，进行带货。

图9-23

2. 直播带货

直播带货是电商变现的另一种模式，主要是以直播为媒介。短视频创作者引导被优质短视频作品吸引到的、黏度较高的账号粉丝进入直播间，通过实时互动的直播对产品进行介绍与推荐，促使粉丝在直播间进行购买，从而获取一定的利益。

以小红书直播间为例，主播在右下角放置商品链接，用户点击商品链接后可以跳转至相关页面进行购买，如图9-24所示。

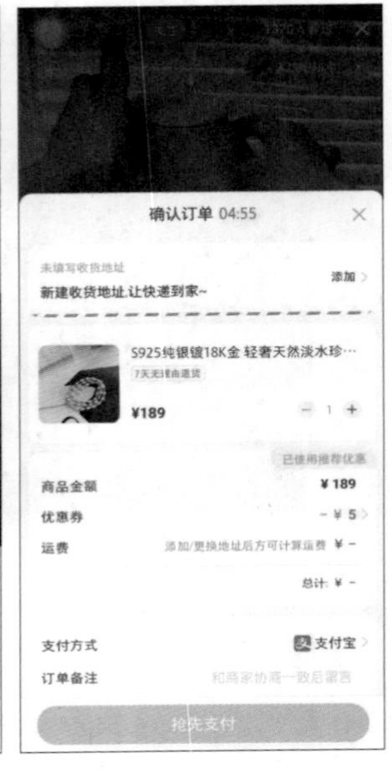

图9-24

↘ 9.4.3 粉丝变现模式

短视频运营以营利为目的，大家要始终明白有流量才有利润，实现粉丝变现才是关键。很多短视频运营者都会面对粉丝数量饱和的问题，想要解决此问题，短视频运营者可以从内容、互动、推广等方面着手，吸引更多的粉丝。在具备了一定的粉丝基础后，短视频运营者可以尝试从以下几个方面入手，实现粉丝变现。

1. 直播打赏

直播打赏是直播的主要变现手段之一，直播带来的丰厚收益是吸引众多短视频创作者转入直播领域的重要因素。

许多短视频平台都具备直播功能，短视频创作者通过开通直播功能可以与粉丝进行实时互动，除了要积攒人气，平台的打赏功能也为那些刚入门的短视频创作者提供了一些能够坚持下去的经济动力。部分短视频创作者的短视频质量很高，也积累了可观的粉丝量，但是接不到太多的视频广告，也不擅长直播带货，这类短视频创作者可以尝试开启与粉丝交流的直播，从而获得一些粉丝打赏，获得直播间流量变现后的收益。图9-25所示为哔哩哔哩推出的直播礼物及直播打赏界面展示。

图9-25

很多短视频运营者通过直播打赏功能获得了相当可观的收入。直播打赏一般分为两种情况，第一种是用户对运营者直播的内容感兴趣，第二种是用户对运营者传达的价值观表示认同。直播打赏作为变现的一种形式，在一定程度上凸显出粉丝经济的惊人力量。对于短视频运营者来说，要想获得更多打赏收益，还是应该从直播内容出发，为账号树立良好口碑，尽量满足用户需求，多与用户进行互动交流。

2. 付费课程

通过付费课程变现，也是粉丝变现的典型模式，这种变现模式主要被一些能提供专业技能的运营者所使用。

以抖音为例，2020年2月3日，抖音正式支持付费课程，付费课程可作为商品发布在抖音的商品页面，用户在抖音搜索栏中输入关键词后，就可以在搜索结果的“商品”栏中看到相关付费课程，如图9-26所示。图9-27所示为抖音平台付费课程的查看与购买页面。

短视频运营者通过付费课程实现变现，除了要有制作精良、干货满满的课程内容外，还需要在相应的平台进行课程宣传与推广。很多短视频运营者会自行发布或与其他短视频运营者合作发布推广短视频，通过短视频的形式为用户介绍课程相关内容，这种短视频是带有广告性质的作品。图9-28所示为抖音某账号发布的课程推广短视频。

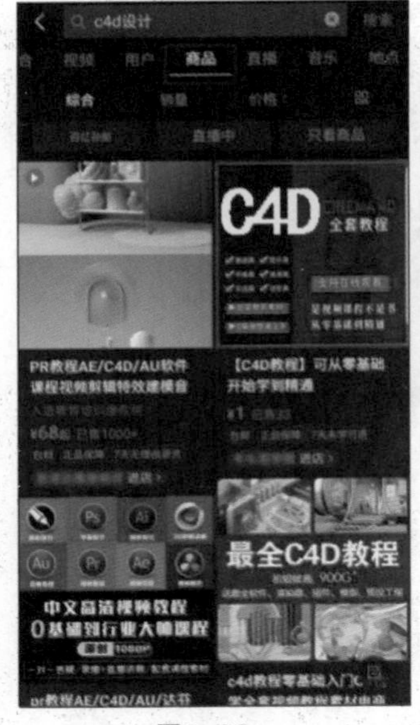
图9-26

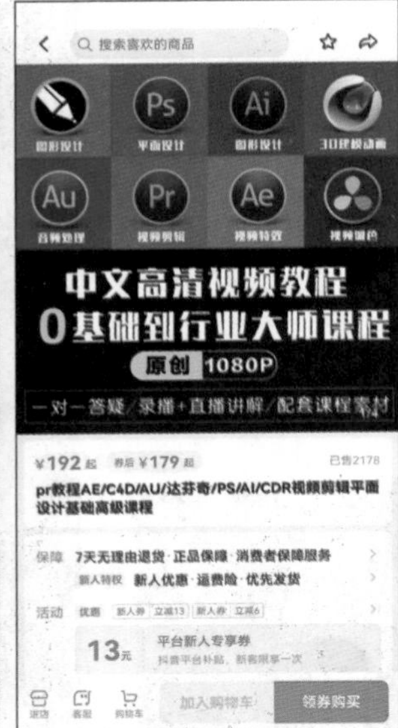

图9-27

图9-28

受欢迎、效果好的课程推广短视频通常有以下几个特点。

- 场景学习：以短视频的形式还原知识应用场景，让用户了解学习课程的必要性。
- 低门槛：获赞率较高的短视频时长通常在1分钟以内，观看门槛低，推广的大部分课程都针对零基础用户。
- 价格合理：短视频关联的课程价格低对用户的吸引力更大，能让用户产生“用最少的钱买最有用的知识”这种想法。
- 课程实用：大部分高赞短视频关联的付费课程都比较实用，对于一些零基础用户来说，课程中的技能知识实用才会激发他们的购买欲望。

让用户接受付费课程并非一件容易的事情。短视频运营者首先要确保用户能从推广短视频中学到内容。短视频运营者可以尝试着为培训课程制定一套完整的体系，为用户阶段性地进行讲解，也可以针对用户的某一需求和难题给出解决方案，有针对性地为用户提供帮助。

9.4.4 其他变现模式

使自己的变现方式与众不同，有效地将自己的流量转化为实在的收益，成了短视频创作者成功变现的决定性因素之一。除了上述一些变现模式外，短视频运营者还可以尝试从短视频平台提供的条件入手，寻求变现新方向。

1. 渠道分成

对于短视频运营者来说，渠道分成是运营初期最直接的变现手段。短视频运营者选取合适的渠道分成模式可以快速积累所需资金，从而为后期其他短视频的制作与运营提供便利。

2. 签约独播

如今各大短视频平台层出不穷，为了获得更强的市场竞争力，很多平台纷纷开始与短视频运营者签约独播。与平台签约独播是实现短视频变现的一种快捷方式，但这种方式比较适合粉丝众多的短视频运营者，因为对于新人来说，想要获得平台青睐，得到签约收益是一件不容易的事。

3. 活动奖励

为了提高用户活跃度，一些短视频平台会开展一些奖励活动，短视频运营者完成活动任务便可以获得相应的专属礼物和平台扶持等。图9-29所示为抖音推出的青年生活观察类视频活动的部分宣传海报。

图9-29

4. 开发周边产品

短视频变现不仅仅依靠付费观看或广告，现在，制作周边产品也成了一种短视频变现手段。周边产品本来指的是以动画、漫画、游戏等作品中的角色造型为设计基础制作出来的产品。现在在短视频领域，周边产品也指以短视频内容为设计基础制作出来的产品。图9-30所示为哔哩哔哩某UP主与某品牌联名推出的T恤类周边产品。

图9-30

9.5 习题

9.5.1 课堂练习——概述短视频变现的几种常见模式，并用抖音达人账号举例说明

1. 任务

说出短视频变现的几种常见模式，并且挑选抖音达人账号进行举例说明。

2. 任务要求

内容要求：每种短视频变现模式都需要列举出具体的达人账号示例，并且达人账号需要是抖音平台账号。

学习要求：明确广告变现、电商变现、粉丝变现和特色变现这4种短视频变现的常见模式，并结合具体的短视频账号运营示例，说明具体的变现类型。

3. 最终效果

参照9.4节的内容，简单说明变现模式的内容，并介绍对应变现模式的达人账号。

变现模式要包括广告变现模式、电商变现模式、粉丝变现模式与其他变现模式这四大类。若是列举的达人账号采用了多种变现模式，可以进行综合分析。

9.5.2 课后习题——选择一个快手达人账号进行运营分析

1. 任务

选择一个快手达人账号，对该账号的运营情况进行分析。

2. 任务要求

内容要求：选择的快手达人账号粉丝数应该在100万以上。

学习要求：结合对应达人账号的运营情况与快手平台的运营情况进行运营分析。

3. 最终效果

参照本章内容进行运营分析，至少要写明所选账号的3个运营特点，分析该账号的成功之处。

运营特点可以从账号的内容类型定位、封面图设计、选题方向、账号互动等方面进行分析，并且要附上具体的运营内容与数据进行补充说明。

在分析账号的成功之处时，可以选择一个与达人账号的定位相近的普通账号进行对比分析。